顾问 厉以宁

中国水安全发展报告

China Water Security Development Report 2013

武汉大学水研究院 编
伍新木 主编

人民出版社

《中国水安全发展报告》编委会

顾　问：厉以宁

主　编：伍新木

副主编：张杰平　王先甲　王树义　侯浩波

编　委：（以姓氏笔画为序）

　　　　　王先甲　王树义　伍新木　张杰平　李雪松

　　　　　侯浩波

三字令

水安全　关之切

(2013年6月20日)

张勇传

愉万物，孕生灵，
济苍生。
活宇宙，润文明。
克柔刚，低调恣，取庸平。

冰净净，雾蒙蒙，
雪霜清。
涓缓细，海盈瀛。
善之集，犹比美，道德中。

注：张勇传，男，1935年生，河南南阳人，中国工程院院士。长期从事水资源、水电能源专业领域的教学与科研工作，在水库运行基础理论、规划决策与风险管理、计算机实时监控等方面取得一系列重要创新成果，为现代水电能源理论的创立和发展作出了重要贡献。曾获国家科技进步一等奖。

序

宁 远[*]

最近国务院对重点领域政府信息公开工作做出了部署，政府信息公开是现代政府的内在必然要求，是打造"阳光政府"、提升政府公信力的重要举措。

中国的国情和水情决定了中国将会长期面临水资源水环境的严重约束。当前，水环境、水安全信息是公众的重要关切。但由于涉水管理制度的原因，水环境、水安全的系统信息披露工作不够及时、不够完整。武汉大学水研究院动员社会力量每年由人民出版社发布中国水安全发展报告，为公众能更好地了解国家的水环境、水安全状况增加一个新的渠道，为全面解读涉水部门的公众信息多一种新的视野，是水安全建设的一股正能量，这对促进涉水部门更好更快更完整更科学更实事求是地披露水安全的公共信息不无帮助。

---

[*] 宁远，男，1949年4月生于湖北武汉，现任武汉大学水研究院院长、教授级高级工程师，兼任清华大学、武汉大学等多所高校教授。曾任淮河水利委员会主任、党组书记，水利部水利水电规划设计总院院长、党委书记，国务院南水北调工程建设委员会办公室副主任。

本书的许多专题研究附有伍新木教授的点评，这些点评有画龙点睛之效。报告鲜明地提出用"安全工程"引领中国的经济结构升级、发展方式转型极具现实意义。只要我们全社会真正关注水安全建设，一个爱水、节水、护水、亲水的社会就能建成，天蓝水清的中国梦也就一定能实现。

目 录

【总 论】

中国需要准确、完整、及时的水安全信息 ·············· 3
    一　有一种需要：系统、准确、及时地披露中国水安全的信息 ···· 3
    二　有一种解读：中国 2012 年水安全的基本信息 ·········· 5
    三　有一种期盼：中国需要构建科学的水安全指标体系 ······ 14
    四　有一种选择：启动"安全工程"，作为经济发展的新引擎 ··· 19

【理论研究】

中国水资源制度创新的目标模式研究 ················ 23
    一　从国情水情出发认识中国的水资源危机··············· 23
    二　中国水资源制度体系构建的经济理论基础 ··········· 26
    三　中国水资源制度创新目标模式的构建 ············· 27
    四　结语 ································ 33
新木点评 ···································· 35

【综合报告】

长江源科学考察报告 ························ 39
    一　江源科考的背景 ·························· 39

二　地质地貌·················42
　　三　植被覆盖·················48
　　四　河流泥沙·················52
　　五　水体生境·················57
　　六　水生生物·················62
　　七　结语···················72
新木点评······················74

涉水上市公司的综合研究报告··············75
　　一　涉水上市公司的总体情况············75
　　二　城市水务行业上市公司·············76
　　三　水利水电··················93
　　四　涉水上市公司总体比较············104
新木点评·····················106

【专题报告】

2008—2012年中国城市水价状况统计分析报告·······109
　　一　中国城市水价概述·············109
　　二　2008—2012年中国水价发展状况分析······114
　　三　阶梯水价实施的政策依据、现状、问题及对策···121
新木点评·····················131

中国城市污水处理能力建设报告············133
　　一　污水处理的概念和目的···········133
　　二　污水处理的方法··············133
　　三　中国城市污水处理情况···········136
　　四　促进城镇污水处理行业发展的主要措施·····146
新木点评·····················149

2000年以来中国水利水电部分重大项目概述·······150
　　一　金沙江水电基地··············150

二　雅砻江水电基地 152
　　三　大渡河水电基地 153
　　四　乌江水电基地 154
　　五　长江上游水电基地 155
　　六　南盘江、红水河水电基地 156
　　七　澜沧江干流水电基地 157
　　八　黄河上游水电基地 158
　　九　黄河中游水电基地 159
　　十　湘西水电基地 160
　　十一　闽浙赣水电基地 162
　　十二　东北水电基地 164
　　十三　怒江水电基地 165
　　十四　江厦潮汐试验电站 166
　　十五　南水北调工程 168
新木点评 174

【企业评析】

中国水利水电主要企业综合实力评价 179
　　一　中国水利水电企业实力综合评价的原则和指标 179
　　二　中国主要水利水电企业综合实力排名和简介 184
新木点评 193

中国水安全水环境新兴产业主要企业 194
　　一　水安全水环境新兴产业概述 194
　　二　水安全水环境新兴产业综合实力评价指标 195
　　三　中国水安全水环境新兴产业主要企业综合实力排名 199
　　四　中国水安全水环境新兴产业主要企业简介 200
新木点评 208

【重大事件】

20世纪90年代以来中国五个重大水污染事件 211
  一　1994年淮河水污染事件 211
  二　2004年沱江水污染事件 212
  三　2005年松花江水污染事件 213
  四　2008年五龙金矿造成丹东饮用水源污染事件 214
  五　2011年绵阳水污染事件 216
新木点评 218

【境外经验】

境外水金融发展经验及其对中国的借鉴 221
  一　水金融概述 221
  二　境外水金融有效运行的方式选择 225
  三　境外水银行的应用 235
  四　境外水金融的主要经验 251
  五　境外水金融经验对中国的借鉴 254
新木点评 262
新加坡的节水护水经验及启示 263
  一　水资源基本情况 263
  二　水资源管理 264
  三　水资源开发 267
  四　水资源保护 270
  五　节约用水 272
  六　"ABC Waters"全民共享水源计划 277
  七　新加坡经验对中国的启示 278
以色列节水护水经验及其对中国的启示 282
  一　基本概况 283

二　水资源管理 · 286
　　三　以色列节水护水经验 · 295
　　四　以色列经验对中国的启示 · 303
新木点评 · 308

【相关链接】

中国"国家节水标志"的起源和含义 · 311
　　一　起源 · 311
　　二　含义 · 312

比尔·盖茨的马桶革命 · 313
　　一　"马桶"的进化史 · 313
　　二　比尔·盖茨的马桶革命 · 315
　　三　永无止境的马桶革命 · 317

新木点评 · 319

水龙头的技术发展 · 320
　　一　水龙头简述 · 320
　　二　水龙头分类 · 321
　　三　水龙头发展史 · 322
　　四　水龙头健康知识 · 323
　　五　新型节水水龙头 · 325
　　六　国家政策导向 · 329

新木点评 · 331

七种生活饮用水 · 332
　　一　自来水 · 332
　　二　纯净水 · 333
　　三　矿泉水 · 333
　　四　蒸馏水 · 335
　　五　磁化水 · 335

六　功能水 · · · · · 335
　　七　终端管道净化水 · · · · 336
新木点评 · · · · · 337
《淮河流域水环境与消化道肿瘤死亡图集》：研究首次证实
　癌症高发与水污染直接相关 · · · · · 338

总　论

中国需要准确、完整、及时的水安全信息

伍新木

一 有一种需要：系统、准确、及时地披露中国水安全的信息

2012年"7·21"暴雨，北京大街上也淹死人。当时，北京气象部门已预测到有大暴雨，但预警机制、体系、管理运作，全民安全教育等若干方面都有疏漏，酿成了淹死七十九人的惨剧。要深刻反思，说明我们确实需要全民的健全的水安全意识。飞机上有安全指南，一登机有安全教育，而空难的机遇是小概率事件。水安全与民众的生活、生产、生态、生命关系密切得多，所以中国需要在水安全领域和广泛的安全领域进行全民安全意识教育。

系统、准确、及时地披露水安全信息是对全民进行安全教育的前提，是一个国家的基本职能，基本责任，是以人为本的具体体现，是最需要的公共服务功能。将来应法定国家要定期、系统、准确、完整地发布水安全信息。

然而，我国的现状却是：

（一）水安全信息"零碎化"

由于国家现行的涉水管理体制多头，"七龙涉水、管水"（亦称"九龙管水"），致使国家完整的水安全信息零碎化了。水利部披露降雨、径

流、江河湖水量、工农业用水、大型水利工程信息；环境保护部披露水环境信息；气象局披露降水信息；住房和城乡建设部披露城乡供水设施、水源建设和污水处理设施建设信息；农业部披露农田水利建设、灌溉、节水、面源污染信息；国土资源部披露地下水信息；国家海洋局披露近海状况信息。这好比一个人做体检，有了一大堆体检信息和结果，但缺乏系统、准确、整体的健康诊断。

（二）水安全信息严重滞后

作为一部综合性研究报告，其总论应该是首先完成的。然而，本研究报告的总论，只能在最后定稿时才增写关键内容。事实上，本书的各分报告在2012年年底陆续完成后，就一直等待国家有关水安全的宏观信息，因为这些宏观整体权威的信息，除了政府，其他任何组织和机构都无法获取。但等了六个月后，分报告的一些信息又显"过时了"。这说明，我国水安全宏观信息的披露有多么滞后。这里面当然有管理体制的原因，有手段工具、技术困难的原因，有"综合"、"汇总"、"协调相关部门"、"分管部门审查"等原因，但实际上，只要认识到及时披露水安全信息是政府的责任，及时一些是完全可以做到的。

（三）未足够重视水安全信息中"不安全"的"少数"

每年我国政府部门的涉水公报都会频繁出现"总体"、"整体"、"一般"；"增强"、"推进"、"进展"、"提升"；"偏多"、"偏高"、"偏少"等等措词，许多国标的达标率达80%、90%，等等。其实，应该看到，我国环境的许多国标是在不断改变的，标准一提升，达标率会下降。还应该看到，有些指标的起点低，如城市污水处理率，即便100%，也只是不给湖泊、河流污染添新账，而已经严重污染了的湖泊河流的"旧账"，水环境修复那是难得多的事。还比如海洋环境，政府公报称"符合第一类海水水质标准的海域面积约占我国管辖海域面积的94%"，但是"部分近岸生态系统健康状况不佳"，"江河污染物入海量上升，陆源排污对海洋环境影响显著"。恰恰这6%的海域面积最是民生的关切。政府公报又称"流域断面的水质1至3类水质占68.9%"，但那31.1%的流域肯定是人口密集、城市化、工业化程度最高的区域。所以，在水安全、水环境问题上决不能满足于"总体的多数"，而更应该关注关键的重要的"少数"，因为"不安全"的"少数"，正是涉及民众的"多数"。

二 有一种解读：中国 2012 年水安全的基本信息

2013 年上半年，环境保护部、国土资源部、中国气象局、国家海洋局相继发布了公报，下面引用的是中国 2012 年涉水的公开的水安全信息。在这里，我只是适当作一点点评。点评不是结论，只是提供解读这些信息的另一种视角。

（一）《2012 中国环境状况公报》

2013 年 6 月 4 日，环境保护部发布《2012 中国环境状况公报》。公报显示 2012 年全国化学需氧量排放量为 2423.7 万吨，氨氮排放量为 253.6 万吨，分别比上年减少 3.05%、2.62%；废气中二氧化硫排放量为 2117.6 万吨，氮氧化物排放量为 2337.8 万吨，分别比上年减少 4.52%、2.77%。2012 年的监测结果表明，全国环境质量状况总体保持平稳，但形势依然严峻。

（**点评**：类似的措词描述已经十多年了，"平稳"一词难掩许多领域恶化的趋势，我们要记取水煮青蛙的教训。有些敏感信息披露不够，以后一些重要信息与指标不仅要自我纵向比较反应进步与成就，也应进行国际比较实事求是地反应差距。）

该公报共披露了七个方面情况，其中五个方面与水安全有关。

1. 全国水环境质量不容乐观。长江、黄河、珠江、松花江、淮河、海河、辽河、浙闽片河流、西南诸河和西北诸河等十大流域的国控断面中，Ⅰ—Ⅲ类、Ⅳ—Ⅴ类和劣Ⅴ类水质的断面比例分别为 68.9%、20.9% 和 10.2%。

（**点评**：不要局限于"流域断面"的比例统计，那个Ⅰ—Ⅲ类水断面的区域是人烟稀少的山区，那个劣五类水的10.2%的流域断面很可能是繁华的城市区。）

珠江流域、西南诸河和西北诸河水质较优，长江和浙闽片河流水质良好，而黄河、松花江、淮河和辽河为轻度污染，海河流域为中度污染。在监测的60个湖泊（水库）中，富营养化状态的湖泊（水库）占25.0%，其中，轻度富营养状态和中度富营养状态的湖泊（水库）比例分别为18.3%和6.7%。在198个城市4929个地下水监测点位中，优良—良好—较好水质的监测点比例为42.7%，较差—极差水质的监测点比例为57.3%。

（**点评**：这个结论印证了前面的解读，不要满足于"流域断面"水质的良好。要看到多数城市的水质较差—极差的比例为57.3%，这才应该是我们关注的重点，而且这只是城市的个数，还不是人口比例。）

2. 全国近岸海域水质总体一般。一、二类海水点位比例为69.4%，三、四类海水点位比例为12.0%，劣四类海水点位比例为18.6%。四大海区中，黄海和南海近岸海域水质良好，渤海近岸海域水质一般，东海近岸海域水质极差。9个重要海湾中，黄河口水质优，北部湾水质良好，胶州湾、辽东湾和闽江口水质差，渤海湾、长江口、杭州湾和珠江口水质极差。

（**点评**：这些水质极差的流域都是我国经济最发达、人口最密集的特大城市区，应该对"总体"、"比例"务实地细分一下。）

3. 全国城市空气质量总体稳定，酸雨分布区域保持稳定。2012

年，325个地级及以上城市环境空气质量仍执行《环境空气质量标准》（GB3095—1996），据此评价，达标城市比例为91.4%，但执行《环境空气质量标准》（GB3095—2012）后，达标城市比例仅为40.9%；113个环境保护重点城市环境空气质量达标城市比例为88.5%，按环境空气质量新标准评价，达标城市比例仅为23.9%。酸雨分布区域主要集中在长江沿线及以南—青藏高原以东地区，酸雨区面积约占国土面积的12.2%。

（**点评**：按环境空气质量新标准评价，这是进步，但达标城市比例仅为23.9%，这是非常严峻、严肃、严重的问题。2013年5月中共中央政治局就推进生态文明建设进行集体学习，6月李克强总理主持召开国务院常务会议，部署大气污染防治十条措施，从中可窥一斑。中国的环境污染、水污染的治理真是慢不得、等不得！）

4. 生态建设进展较好。截至2012年年底，全国（不含香港、澳门特别行政区和台湾地区）共建立各种类型、不同级别的自然保护区2669个，总面积约14979万公顷，其中陆地面积14338万公顷，占全国陆地面积的14.94%；国家级自然保护区总数363个，面积9415万公顷。

5. 农村环境问题日益显现。随着工业化、城镇化和农业现代化不断推进，农村环境形势严峻。突出表现为工矿污染压力加大，生活污染局部加剧，畜禽养殖污染严重。全国798个村庄的农村环境质量试点监测结果表明，试点村庄空气质量总体较好，农村饮用水源和地表水受到不同程度污染，农村环境保护形势依然严峻。

（**点评**：农村的空气质量总体上比城市好，但农村的生活污染、畜禽养殖污染过度施用农药化肥的严重后果应引起高度重视。）

公报指出，2012年是中国环境保护发展征程上具有特殊重要意义的一年。中国共产党第十八次全国代表大会胜利召开，把生态文明建设纳入中国特色社会主义事业五位一体的总体布局，提出推进生态文明，建设美丽中国，实现了中国共产党执政兴国理念和实践的重大创新。全国环保系统根据党中央关于环境保护的决策，进行了几大工作部署。

一是贯彻落实第七次全国环境保护大会精神。

二是主要污染物减排年度任务全面完成。

（**点评**：要清醒地认识到，中国的能源结构是以燃煤为主，是世界上第一大二氧化碳排放国，正面临着巨大的国际压力。中国每年的二氧化碳排放总量还在增长，现在完成的只是相对量的"减排"任务，到2020年才可能会出现总量绝对量下降的拐点。）

三是环境保护优化经济发展作用进一步显现。

四是解决民生问题取得新进展。

五是重点流域海域区域污染防治有较大突破。

六是生态保护和农村环境保护不断强化。2012年6月，李克强同志主持召开中国生物多样性保护国家委员会第一次会议，审议通过《联合国生物多样性十年中国行动方案》；对363处国家级自然保护区开展人类活动卫星遥感监测和实地核查工作；全国15个省（区、市）开展生态省建设，1000多个县（市、区）开展生态县建设，53个地区开展生态文明建设试点；（**点评**：这表明生态文明建设已渐渐成为潮流，但要警惕许多地方假生态文明建设之名，行房地产、行工业园区、行娱乐旅游业之实，获污染环境、破坏生态之后果。）中央财政安排55亿元农村环保专项资金，支持各地开展农村环境综合整治；完成全国土壤污染状况调查。

（**点评**：国家即将绘制出中国土壤污染图，这也说明中国的水安全问题,已不是单纯性的水的安全问题,而是水生态系统性安全问题,它已危及生物链,危及人的生命、健康安全。)

七是国家重点生态功能区生态补偿机制初步建立。2008年中央财政设立国家重点生态功能区转移支付资金以来,转移支付范围不断扩大,转移支付资金量不断增加。2012年,转移支付范围包括466个县(市、区),转移支付资金达到371亿元。

(**点评**:这是很好的开头,但需要法制化、指数化、动态化,形成长效化的机制。应逐步由财政转移支付方式过渡到市场补偿方式为主的多元补偿机制。)

八是核与辐射安全保障有力。
九是政策法制科技监测等各项工作扎实推进。
十是环境保护能力和队伍建设进一步加强。

(**点评**:十大工作是促进环保的重大措施,如果有第十一大举措则更好,即充分发挥社会的有序监督,公开一些重大敏感项目的环评,充分发挥志愿者、环保者在生态文明建设中的正能量。)

(二)《2012年中国气候公报》

2012年,我国气候年景正常,降水总体偏多,气温接近常年,气象灾害种类多,局部地区灾情重。2012年,降水偏多,但时空分布不均;气温接近常年,但起伏较大。全国平均降水量669.3毫米,较常年偏多6.3%,比2011年偏多20.4%;冬季降水偏少,春、夏、秋季偏多。全国平均气温9.4℃,接近常年,较2011年偏低0.3℃;冬季和秋季气温偏低,春、夏季偏高。

2012年,东亚夏季风偏强,入夏时间偏早,汛期主要多雨带偏北。

华南前汛期开始早、结束晚、雨量多，长江中下游入梅晚、出梅早、雨量少；华北雨季雨量多，华西秋雨雨量少；西南雨季开始晚、结束早、雨量少。从区域看，东北、华北、长江中下游、西北、华南降水量分别偏多31.5%、27.4%、12.7%、10.0%、9.7%，其中，东北为近62年最多，华北为近35年最多，北京和天津降水量也是近35年最多。

七大江河流域中除淮河流域降水偏少外，其他流域均偏多，海河流域为近22年最多。2012年，气象灾害种类多，局地灾情重。暴雨过程多，局部洪涝和山洪地质灾害重，长江、黄河、海河等流域先后出现明显汛情，北京、甘肃、四川、重庆、云南、贵州、宁夏、青海和新疆等地出现山洪地质灾害；台风登陆时间集中，影响范围广，8月上旬"达维"、"苏拉"、"海葵"3个台风一周内接连登陆我国，影响15个省（区、市）；区域性、阶段性低温阴雨天气多发，对农业生产造成一定影响；11—12月北方3次大范围强降雪天气，部分地区遭受雪灾。

据初步统计，2012年，我国主要气象灾害造成的直接经济损失3358亿元，高于1990—2011年平均；因灾死亡或失踪人数（1390人）和受灾面积（2496万公顷）均明显少于1990—2011年平均。综合来看，2012年气象灾害为偏轻年份。

（**点评**：在涉水公报中，《国家气候公报》是最及时、最准确、最权威的。它有三个特点：一是依据气象卫星云图，依据完备的监测手段和技术，依靠全国全球信息交流共享，及时预报天气；二是监测标准、指标体系、计量公式已科学统一；三是人为因素、人干预信息披露的因素很弱。它的信息获取、处理、整理、安全性判别已规范化、程序化，对水安全指标体系评价很有借鉴意义。）

(三)《2012中国国土资源公报》

国土资源部于2013年4月发布的2012中国国土资源公报显示：2012年，全国新增耕地46.56万公顷，批准转为建设用地的耕地25.94

万公顷，统筹保障发展和保护耕地取得新成效；全年完成1∶5万区调填图面积23.5万平方千米，投入地勘资金1259.24亿元，新发现固体矿产大中型矿产地227处，矿产资源保障能力得到显著增强。

（点评：我们还应关注这样的国土资源信息：中国人均资源占有状况和国际比较；资源使用效率和国际比较；资源供给需求状况；资源市场化改革进程状况。这都是更宏观更重要的安全信息。）

公报指出，2012年，国土资源系统坚持积极主动服务、严格规范管理、持续改革创新、加快制度供给，在保障发展、保护资源、改善民生、维护秩序、创新制度等方面实现新突破。坚守18亿亩耕地红线，为粮食"九连增"奠定坚实基础。全年投入土地整治资金691.19亿元，新增农用地54.45万公顷，新增耕地46.56万公顷。

海洋经济持续保持较快发展，海洋维权斗争取得重大胜利。全年实现海洋生产总值50087亿元，同比增长7.9%，占国内生产总值的9.6%。测绘地理信息重大工程稳步推进，服务能力不断提升。全国311个地级以上城市开展数字城市建设，158个已建成并投入使用。天地图数据现势性增强，搜索性能提升60倍。

（点评：我国的天河二号、云计算、北斗计划、天地图、国土全覆盖的监测手段、工具、技术已相当先进，整合好，运用好，完全可以更有效地对国土资源的多种信息实施实时安全监测。）

（四）《2012年中国海洋环境状况公报》

2013年3月20日，国家海洋局发布《2012年中国海洋环境状况公报》（以下简称《公报》），《公报》显示，2012年，我国管辖海域海水环境状况总体较好，符合第一类海水水质标准的海域面积约占我国管辖海域面积的94%；近岸以外海域水质总体良好并保持稳定；沉积物质量状况总体良好，96%以上站位符合第一类海洋沉积物质量标准。部分近岸海域污染依然严重，未达到第一类海水水质标准的海域面积为17万平方公里，高于2007—2011年15.0万平方公里的平均水平。海水水质为劣四类的近岸海域面积约为6.8万平方公里，较2011年增加了2.4万平方公里。近岸约1.9万平方公里的海域呈重度富营养化状态。

（**点评**：我们不能满足于"总体较好"、"第一类海水水质标准的海域面积约占我国管辖海域面积的94%"，而是应该高度关注那个6%的近海；关注海水水质为劣四类的近岸海域约为6.8万平方公里，较上年增加了2.4万平方公里！这是对城市、对沿海人民、对渔业、对人民健康安全影响最大的6%的近海海域。）

《公报》表明，我国海洋生物多样性状况基本稳定，部分近岸生态系统健康状况不佳。2012年，海洋生物多样性状况监测结果显示，海洋浮游生物和底栖生物主要类群基本保持稳定，符合其自然分布规律，海草、红树等群落结构保持基本稳定。国家级海洋保护区环境质量总体良好，主要保护对象或保护目标基本保持稳定。长江口、苏北浅滩等典型海洋生态系统和关键生态区域生物多样性水平呈下降趋势，变化情况值得关注。81%实施监测的近岸河口、海湾等典型海洋生态系统处于亚健康和不健康状态。栖息地生境丧失、富营养化严重、生物群落结构异常是造成典型生态系统健康状况不佳的主要原因。

2012年，我国江河污染物入海量上升，陆源排污对海洋环境影响显著。72条主要江河携带入海的污染物总量约1705万吨，较2011年有所增加。辽河口、黄河口、长江口和珠江口等主要河口区环境状况受到明显影响。监测的435个入海排污口达标排放次数占监测总次数的51%，与2011年基本持平。入海排污口邻近海域环境质量状况总体依然较差，排污口邻近海域75%水质、30%沉积物质量不能满足海洋功能区的环境质量要求。

此外，海洋功能区环境状况基本满足使用要求。海水增养殖区环境状况总体稳定，基本满足养殖活动要求。实施重点监测的海水浴场、滨海旅游度假区水质状况总体良好。海洋倾倒区环境状况总体稳定，未因倾倒活动产生明显影响。

《公报》同时显示，2012年我国海洋赤潮灾害多发，海洋环境突发事件风险加剧。全海域共发现赤潮73次，累计面积7971平方公里。赤潮发现次数为近五年最多，但累计面积较近五年平均值减少2585平方公里。赤潮多发区仍集中于东海近岸海域。黄海绿潮发生规模为近五年最小。渤海滨海平原地区海水入侵和土壤盐渍化依然严重。我国砂质海岸和粉砂淤泥质海岸侵蚀严重。

（**点评**：2013年2月26日，国家海洋局发布了《2012年中国海洋灾害公报》和《2012年中国海平面公报》。2012年，我国共发生138次风暴潮、海浪和赤潮过程，各类海洋灾害造成直接经济损失155.25亿元，死亡（含失踪）68人。中国沿海海平面呈波动上升趋势，1980年至2012年，上升速率为2.9毫米/年，高于全球平均水平。）

2012年，国家海洋局继续对2011年发生的蓬莱19—3油田溢油事故和2010年发生的大连新港"7·16"油污染事件实施跟踪监测，结果表明，事故对邻近海域生态环境造成的污染损害依然存在。日本福岛核泄漏事故尚未对我国管辖海域造成影响，但日本福岛以东及东南方向的西太平洋海域仍受到福岛核泄漏事故显著影响。

（**点评**：我曾经讲过六个中国：城市中国、农村中国、东部中国、中部中国、西部中国、海洋中国。300万平方公里的海洋，我们多么想获得海洋中国的更多信息。2020年以后，海洋一定是中国伟大复兴事业的重要的发展极。）

（五）水安全信息的综合解读

虽然多个部门披露的水安全信息是零碎的，是滞后的，是有所掩饰的，但我们仍然可以从这些公报信息中获取一些综合性信息。

我们发现：

1. 涉水灾害频次增加，应该重视次生灾害的防治。
2. 由于大型水利工程的兴建，大流域洪灾减缓，但小流域灾害却在增加。
3. 城市水污染在减缓，农村、小城镇的污染在加重。
4. 城市点源污染在减缓，城乡面源污染在加重。
5. 中国东部沿海地区污染在减缓，中西部地区的污染在加重。
6. 城市新增污染在减缓，城市污染的旧账却难还。
7. 地面径流污染在减缓，地下水的污染在加重。
8. 大流域上游的污染在减缓，大流域的下游和陆源入近海的污染在加重。

三 有一种期盼：中国需要构建科学的水安全指标体系

什么叫水安全？什么叫水不安全？水不缺，水不脏，水不多，水不少，"好雨知时节"，叫水安全吗？不发洪水，不闹旱，不淹死人，不渴死人，不减产，叫水安全吗？经济学定义的水安全是"水资源的生态、经济、社会效用与贡献最大化和水资源的生态、经济、社会负面影响的最小化即是水安全"。

贡献日益增加，负面影响日益减少即是安全，倘若贡献日益减少，负面影响日益增加，则是不安全。如果有的正影响增，有的正影响减；有的区域正常，有的区域不正常。有的季节正常，有的季节不正常；呈现复杂的情况，该如何评价安全性呢？水安全与否，如何评价，要构建起水安全科学的评价指标体系。

水安全评价指标体系可以设想为三大类、三维的指标体系：自然指标、生态指标、社会指标。

（一）自然指标：描述涉水的自然现象与自然过程

1. 水量安全

降水总量。与30年均值比较（1980—2010年为基准）正常、偏高或偏低、显著偏高或偏低、异常偏高或偏低。超五十年、百年雨量记录。

2. 降水强度、过程安全

小雨、中雨、大雨、暴雨；小雪、中雪、大雪、暴雪；异常；极端；致灾；灾害指数。因为有的灾大害不大，有的灾小但害大，指数化才科学。

3. 灾害指数

灾害指数是指被评价区域内农田、草地、森林等生态系统遭受气象灾害的面积占被评价区域面积的比重。包括：干旱、洪涝、渍害、雹灾低温冷害、霜冻、雪灾、高温热害、暴风雨灾等。

灾害指数 $DIS = \sum (S_i)$

式中 S_i 为各灾害因子指数：干旱、洪涝等。

S_i =（0.1×轻度灾害面积）/区域面积+（0.3×中度灾害面积）/区域面积+（0.6×重度灾害面积）/区域面积+（1.0×毁灭性灾害面积）/区域面积

灾害强度权重：轻度的为0.1，中度的为0.3，重度的为0.6，毁灭性的为1。

4. 次生灾害

暴雨的次生灾害：泥石流、地质灾害诱因；干旱的次生灾害：森林火灾、沙漠化荒漠化加剧；雾霾的次生灾害：交通影响和事故，健康与疾病。

自然指标只描述涉水的自然现象与自然过程，这只是水循环水文运动规律的记录与反映。

（二）生态环境指标：描述水生态安全状况，大量的后果与人的涉水行为相关

1. 水质安全

流域、江、河、湖、海，水域水质变化。I 类至劣五类；流域断面比重。

2. 水源安全

城乡水源达标率（新、老标准），水源地。

3. 地下水安全

地下水量、水质、超采强度、深度、取水井、取水量。

4. 生态质量综合评价指数计算及标准分级（借鉴中国气象局的观测规范、分类分级规范和统计规范）

（1）属性同一化

根据不同属性指标对总体生态质量的影响方向不同，对全部指标属性进行正向化处理。5 项指标中，2 项为负项指标，因此将负向指标进行正向化处理（1—负项指标）。负向指标主要包括：土地退化指数、灾害指数，属性同一化后全部数据的大小变化趋势反映了生态现状相同的优劣变化趋势。

（2）计算方法

采用生态综合评价指标来评价生态质量的好坏，根据评价单元各单项评价指标值及各单项指标权重值，采用加权求和方法计算综合评价指标值，用公式表示如下：

$$P_i = \sum_{j=1}^{p} W_{ij} \times Y_{ij}$$

式中：P_i 为 i 区域的生态综合评价指数；W_{ij} 为 i 区域第 j 项指标的权重值；Y_{ij} 为 i 区域第 j 项指标值。

生态综合评价指数 = 湿润指数 × 权重 + 植被覆盖指数 × 权重 + 水体密度指数 +（1- 土地退化指数）× 权重 +（1- 灾害指数）× 权重

生态综合评价指标权重表

指标	湿润指数	植被覆盖指数	水体密度指数	土地退化指数	灾害指数
权重	0.25	0.30	0.2	0.15	0.1

(3) 评价指标权重确定

由于不同的因素对生态的影响程度是不一样的,因此需要对参评因素进行权重系数测定。确定权重系数的方法采用专家打分法。

(4) 生态质量评价分级

根据生态监测资料计算的结果,将生态质量划分成五级,即优、良好、一般、较差和差。

(三) 涉水社会指标:描述水安全的建设能力

设置这一指标是想说,虽然自然的水不安全,生态的水也不安全,但我们的水安全建设能力、应对能力很强,也能获得水安全后果。

1. 供水能力

工程性缺水的城乡人口、供水设施、供水总量、供水比例。大跨度宏观调配水能力,调水总量。

2. 城市排水能力

排水设施达标率。雨污分流设施建设。

3. 水污染处理能力

城、乡水污染处理能力。百分比。治污投入。

4. 工业节水

中水回用比例。GDP耗水比例。

5. 农业节水

灌溉面积、节水灌溉面积,农村水利投入投资数。

6. 水环境产业产值

7. 水板市场上市公司数、市值

8. 人工增雨全社会投入

9. 植被覆盖指数

10. 水环境指数

水域面积/区域面积。

11. 涉水保险、应急机制、应急能力

避灾避害措施能力建设。

12. 护水志愿者数量

13. 涉水法律国家和地方的立法数

14. 全社会功能水产量、商品水产量

水安全指标体系的构建，还需要细化到科学的二级指标、三级指标。还涉及指标的科学解释，指标的信息采集，采集手段、工具、成本。

我们的经常用语是，"比常年偏多"、"异常"、"频发"，安全评价要解决"基准"、"常年"、"正常值"、"正常年份"、"常量"的值。我主张以自然指标近三十年的平均值为参照，某些指标以"百年"均值为参照。均值与峰值比较应考虑人类大环境变化的前提。生态环境指标和社会指标基准选择应充分考虑中国国情和水情，作适当的国际比较，有些应逐步和国际标准接轨。

指标选择，涉及监测手段、工具、布点、信息化的联网等技术问题。指标采信涉及分级、权重、打分。模糊区间、时间的数据修正补缺。可以确定单风险阈值，按不同权重，评估单类风险，再作三类综合风险的整体评价。

以后条件具备了，许多长期预报工作科学性增强了，我们还可以作水安全信息的远期预警。我们可对安全度描述分为绿色、蓝色、橙色、黄色、红色五级。

中国的水安全信息的发布应该完整、准确、及时，这主要是各级政府的职责。中国的水安全信息收集、整理、披露也可以多元化、多渠道，这有利于提高全民水安全意识，有利于增强中国水安全建设。

中国涉水的部门、高校、科研院所、社会组织应积极动员组织起来，为系统、准确、及时地发布中国水安全的发展报告做出共同的努力。

四 有一种选择：启动"安全工程"，作为经济发展的新引擎

2013年5月24日上午，中共中央政治局就大力推进生态文明建设进行第六次集体学习。中共中央总书记习近平在主持学习时强调，生态环境保护是功在当代、利在千秋的事业。要清醒认识保护生态环境、治理环境污染的紧迫性和艰巨性，清醒认识加强生态文明建设的重要性和必要性，以对人民群众、对子孙后代高度负责的态度和责任，真正下决心把环境污染治理好、把生态环境建设好，努力走向社会主义生态文明新时代，为人民创造良好生产生活环境。

民以食为天，食以水为先，水安全正是人民群众的高度关切，这既是我们编辑出版《中国水安全发展报告》的初衷，也是我们提出用"安全工程"引领中国经济发展的重要依据。

中国的国情和水情决定了我们社会主义建设将会长期面临水资源短缺约束和水环境恶化的压力与风险。

中国不仅面临日益严重的传统的国家安全，中国也面临日益严重的一系列非传统安全。居安思危，是人类的社会经验，也是人类应对自然风险的深刻体验。日本正在认真研判发生九级大地震的应对措施，中国也是一个灾害频发的大国，中国也应研判多种百年一遇大灾的应对。

中国可以有计划地率先启动"水安全工程"、"大气环境安全工程"、"食品安全工程"、"矿山生产安全工程"、"地震减灾安全工程"。生活安全、生产安全、生态安全是实现中国梦的前提。中国巨大的过剩产能为实现生活安全、生产安全、生态安全建设提供了巨大的物质保障。我们可以将生活、生产、生态安全建设融入生态文明建设，融入新型城镇化、新型工业化建设，融入产业升级与创新驱动这些战略的实施过程中。用"安全工程"战略引领经济发展是顺民意、得民心的工程，是实现中国梦的战略工程。

参考文献

[1] 胡锦涛:《坚定不移沿着中国特色社会主义道路前进 为全面建成小康社会而奋斗》。

[2] 《习近平在中共中央政治局第六次集体学习时强调,坚持节约资源和保护环境基本国策,努力走向社会主义生态文明新时代》,新华网2013年5月24日。

[3] 国家海洋局:《2012年中国海洋灾害公报》。

[4] 环境保护部:《2012中国环境状况公报》。

[5] 国家海洋局:《2012年中国海洋经济统计公报》。

[6] 中国气象局:《2012年中国气候公报》。

[7] 水利部、国家统计局:《第一次全国水利普查公报》。

[8] 国土资源部:《2012中国国土资源公报》。

[9] 国家海洋局:《2012年中国海洋环境状况公报》。

[10] 国家海洋局:《2012年中国海平面公报》。

[11] 国家质量监督检验检疫总局:《生态质量气象评价方法(征求意见稿)》。

作者简介

伍新木,男,1944年4月生,武汉大学水研究院教授、博士生导师;教育部哲学社会科学研究重大课题攻关项目《中国水资源利用的经济学分析》首席专家。

理论研究

中国水资源制度创新的目标模式研究

李雪松　夏怡冰　张　立

水是生命之源、生产之要、生态之基。2011年中央一号文件《中共中央国务院关于加快水利改革发展的决定》和2011年7月召开的中央水利工作会议，标志着中国的水资源问题被放在国家战略的层面上提了出来，表明党和政府对水资源危机的重视，标志着中国治水步入了一个新的历史时期。在新的历史起点，重新审视中国的水资源危机，构建水资源制度创新的目标模式具有非常重要的理论和现实意义。水资源制度创新的目标模式就是水资源管理的理想模式，它涵盖了与水资源有关的所有利益方及其在水资源使用、流转中的权利与义务，通过明确各方职责可使水资源得到最好的利用，缓解水资源危机。本课题提出转变以工程措施为主、政府为主、单一措施为主、单一水域为主的传统的治水模式，构建以社会为主体、市场为基础和政府为主导的水资源制度创新目标模式。

一　从国情水情出发认识中国的水资源危机

（一）中国水资源危机的国情水情特点

中国的国情有两个基本点：一是人口众多。中国是世界上人口最多的国家，国家第六次人口普查显示现有人口13.7亿，2030年高峰值将达15亿以上。二是资源人均占有量低。尽管资源丰富,但庞大的人口规模对自然资源造成巨大压力。

中国地处欧亚大陆板块东南,受季风气候影响,雨热同期,地貌呈西高东低阶梯状,河川水系自然也呈东西横贯。这些基本特征决定了中国水资源的时空分布特点:一是水资源时空分布与其他资源配置不协调,与人口、耕地、经济布局不匹配;二是洪涝灾害、旱灾发生范围广、次数频繁、突发性强、损失大。据统计,从公元前206年至新中国成立前夕,全国有案可查的水灾共发生1092次,平均每两年发生一次较大的水灾。20世纪50年代,十年间发生了11次大洪水。由此可见,水资源分布不均的问题十分突出。

随着改革开放和市场经济的深化,中国进入社会加速转型、经济加速转轨的发展阶段。工业化、城市化进程加快、人口增加必然会改变传统的水资源供需结构,加大水资源压力。主要表现在:(1)水生态系统已遭破坏的流域、区域、水域自身难以自我修复,会按水生态系统自身的规律扩散其影响;(2)中国虽然提出走新型工业化道路,但实际上难以跨越重化工业化阶段,这一进程必然加重水环境的压力;(3)中国现存的耗水经济结构的调整将是一个较长的过程,至少要十年之久;(4)现行的弊端种种的水制度、水体制、水机制的改革和改进也会是一个渐进的艰难的过程。但是,这个发展阶段也为中国水资源问题的解决提供了机会:(1)国家以科学发展观为指导,以"两型社会"建设为目标,把资源节约和环境友好放在了突出的战略位置;(2)加快了经济结构战略性调整和升级的步伐。认识这些发展阶段性特征,可以在整体上树立起缓解水资源危机的信心[1]。

(二)水生态系统危机是最严重的水资源危机

当前对水资源危机的表述有很多种,如水资源短缺危机、水环境污染危机等。笔者认为,进入21世纪以来,我国的水问题已经不是单纯的水污染或者是水短缺,而是更加复杂的综合性问题,突出表现为水生态系统危机,这一表述能更本质、更全面、更根本地突出危机的系统特征，体现危机的严峻与复杂。水生态系统危机随着水资源过度开发，水污染加剧和水利设施管理不善而日益凸显，江河断流、湖泊萎缩、湿地减少、地面沉降、海水入侵、水生物种受到威胁，淡水生态系统功能还将维持"局部改善、整体退化"的局面。由于全球气候变暖，我国基本国情，城市化工业化加快等原因，水生态系统已遭到严重破坏，一些地区和流域的水生态系统已迈向不可逆的境地[2]，因此水生态系统危机是我国水资源问题的主要表现形式，集中凸显了水资源危机的严峻性。

（三）制度缺陷是水资源危机的根本原因

目前，对中国水资源危机产生的原因分析主要有三种解释：第一种是全球气候变暖论。由于气候变暖，平均气温上升，气候异常，灾害频繁[3]。笔者认为，全球气候变暖肯定对中国水资源状况有长期的深远的负面影响。但全球气候的异动是大时间尺度，其过程是渐进的，缓慢的，并不是中国水资源危机产生的主要根源。第二种是工业化、城市化引发水资源危机难免论。中国水资源危机确实是伴随着中国工业化、城市化的进程而逐步加剧的，从现象上看，是同步的，工业化、城市化似乎是水资源危机的主因。但中国明确决不走西方传统工业化、城市化的老路，要以科学发展观为统领，走一条新型工业化、新型城市化的道路。经过努力完全可以用最小的环境代价实现最好的工业化和城市化，在这方面以色列、新加坡为我们提供了成功的经验。第三种是中国水资源的国情决定论。中国要用占全球7%的淡水，支撑占全球18%的人口的需要[4]。尽管中国选择了走新型工业化的道路，但不可避免会经历重化工业化的阶段，而且中国的自然地理气候特征决定了水资源分布的不均衡与配置失当。

笔者认为，以上都是产生中国水资源危机的重要原因，但不是根本原因。中国水资源危机产生的根本原因是人类活动的结果，是人类涉水行为、涉水观念存在偏差；涉水的经济制度、社会制度、管理制度存在缺陷；水资源的管理体制和运行机制不恰当；是人水关系不和谐。近20年来，人们针对中国水资源的危机提出了种种应对之策，如建设节水型社会；转变经济增长方式；防污、治污、修复水生态系统；教育全民转变水观念，改变水行为，改变浪费水的生活方式；完善水法律，改进水体制，实现治水转型，引入市场水机制等等，这些对策都非常重要和必要，是在某一特定的、具体的水资源危机或某一个环节上具有关键决定性意义的对策。但是，水资源危机是系统性危机，应对危机的措施也应该是综合性的、系统性的，节水、治污、调水等具体的技术措施只有得到制度、体制、机制的创新的支撑、促进和保障才能产生长久的效益。因此，构建完善的水资源制度是缓解我国水资源危机的第一步，水资源管理制度、体制和机制的创新在解决水资源危机中起关键的根本性作用。

二 中国水资源制度体系构建的经济理论基础

长期以来，主流经济学理论认为水资源是公共资源，是具有竞争性但不具有排他性的准公共物品。由于水资源具有竞争性和非排他性，仅靠市场来配置水资源达不到预期效果，无法缓解水资源危机，需要政府通过行政干预来配置水资源，达到市场和政府双管齐下，实现水资源的优化配置。这是现行水资源制度的理论依据。

但是这一认识存在根本性理论缺陷，因为水资源是一种非常特殊的经济要素。水资源具有生活资料和生产资料的双重属性。一方面，水是最重要的生活资料，是生存环境的重要组成部分，包括人类生存与发展而必需的水资源，以及维持生态系统和水环境而必需的水资源，必须由社会（或政府）提供；另一方面，水资源又是生产资料，在利用过程中能够创造价值，如用于工业、农业和其他行业的用水。因此水资源具有"混合商品"的特征。私人商品的特性决定了水资源不完全是公共品，一旦进入社会经济生活领域就成为水资源资产。尽管这些资产因水的自然特性而具有流动性、循环性、不均匀性、难运输难交易性和很强的负外部性，使其非常容易受到污染，造成环境和生态危害。但这些特性只会改变水资源资产化管理的具体形式，不能改变水资源资产化管理的方向选择。

此外，不同形态水源的商品性和公共性是不同的；不同形式水设施的商品性和公共性也是不同的；不同用途的水，其商品性和公共性也是不同的。如农田水利设施，越靠近干渠公共性越强，越靠近支渠、毛渠公共性越弱。生态性用水公共性强，生产性用水公共性弱。大水源、大水域、大水量取水用水商品性强，小水域、小水源、小水量用水商品性弱。发电、航运、养殖与工农业生产，与饮水商品性都有细小的差别。即便是纯粹公共品，也可引入企业化制度和市场化机制，使水资源保护最有效，使水资源利用最优化。

因此，从总体上看，水资源的基本属性为准商品更为准确。水资源产权不应虚设，应该明晰，做到向全部使用者直接收费。不能明晰产权的水资源主要是生态用水和大气降水。只要明晰水权，实行许可证制度，实现合理收费，水资源的消费就既具有竞争性，又具有排他性，水资源具有的就是准商品属性。同样地，明确排污权也是排污权市场交易的前提和基础。水资源的准商品属性为理想的水资源制度体系构架提供了直接的理论支撑。

三 中国水资源制度创新目标模式的构建

中国高度重视水资源危机。在治理水土流失、防风固沙、筑堤修库、湿地保护、修复生态、节水推广、安全饮水、水权交易探索等方面成绩斐然。但这仅仅是单方面的成绩，从整体上看，水生态系统仍然是局部好转，整体恶化；小治理、大破坏，边治理、边污染，假治理、真破坏的状况，水生态系统危机愈演愈烈。究其原因，主要是现行水资源制度存在一定的不足：一方面是水资源管理体制不顺，这表现为水利部是国务院的水行政主管部门，国家发改委、环保部、建设部等政府部门协同负责水事务，但是实际运行过程中，长期职能交叉重叠，边界不清，职责不明，矛盾冲突频发。另一方面，尽管许多部门都意识到这种制度不顺，在现行制度上加以"矫正"，其结果却是"叠床架屋"，部门利益主体越来越多，政策越追加边际效用越递减。所以，改进制度安排的实质还是还水于民，还利于民，还权于民，在市场化基础上构建符合科学发展水资源制度体系。

（一）现有研究的评述

我国水资源制度构建的核心是管理制度转型，其总体方向是从以"控制"为核心的传统治理模式，转向以"良治"为目标的现代治理模式，从工程技术控制走向综合治理、建立新型水治理结构和体制。其关键是解决好三大问题：一是政府职能转变；二是所有利益相关者的参与；三是信息和知识共享。由中国科学院发布的《2007中国可持续发展战略报告》中提出了我国新时期水治理模式。报告指出：从长远来看，建立适合中国国情的现代水资源制度，根本上是要正确处理水资源管理中的政府、市场和社会的关系，建立三者鼎足而立和有机结合的水治理结构（见图1）。

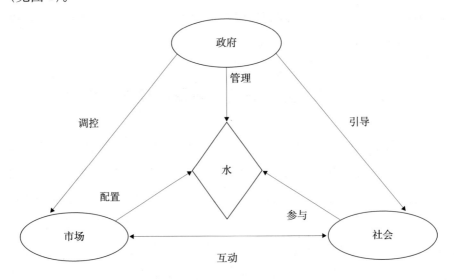

图1 我国新时期水治理模式

中国的国情决定了在转型期的水治理结构中，政府仍要以制度建设为核心，发挥主导作用和基础性作用；社会参与是政府调控下的有限参与，并在政府引导之下逐渐扩大参与范围，逐渐形成广泛参与的格局。在市场经济条件下，需要迅速扩大市场在水资源配置和管理中的作用，但市场要在政府调控之下发挥作用[5—7]。

上述是我国最权威研究机构提出的水资源制度模式，勾画了水资源制度改革的蓝图。这个模式和制度安排作为过渡性的构想是十分可取的、清晰的、全面的，特别具有可操作性。相对现状而言，已经具有前瞻性和创新性，但其仍然存在着一定的局限性：

首先，市场在配置水资源中应发挥基础性作用，而不只是辅助作用和借用的工具，不是"引入"的外在的附加的功能作用。

其次，政府发挥主导作用，并不能承担基础性作用，其权力应当受到限制，依法行权，体现其职能的民主性、法制性、公开性、有效性。

最后，社会参与不能只是政府调控下的有限参与，而是社会广泛、全面、深度参与，这种参与不仅限于协会、协商、咨询、听证、对话等形式，重要的是要体现还水于民、还利于民、还权于民。

（二）水资源制度创新目标模式构架

根据上述分析，在现有研究基础上，笔者建立了我国水资源制度创新的目标模式（见图2）。这个目标模式也是三者鼎足而立的模式，是对上述研究报告中所提出的模式的改进。首先，这个模式让社会处于制度的顶端，而不是政府，因为社会的主体是人民、全体人民，人民发挥作用的主体形式是宪政、民主。所以它处于制度的顶端；其次，社会、政府和市场三者是循环的、互动的关系，政府并不是仅处于单向的、主导的、控制性地位。第三，市场配置（1）和政府配置（2）作用是不同的，政府配置考虑宏观利益、长远利益、生态利益、水权的公平；市场配置讲求效益。具体而言，市场配置水资源起基础性作用，政府配置水资源更多地起到的是总体控制的作用，同时也是市场配置失灵时的一种积极补充。市场配置与政府配置两者的有效结合才能使水资源得到更好的利用，获得最佳社会收益。

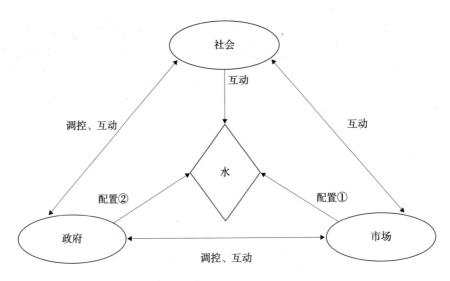

图 2 我国水资源制度创新的目标模式

这个制度安排的构架，所以称之为目标模式，是因为从中国国情出发，这需要长期不懈的努力，需要整个国家在经济、社会、政治、文化、生态建设的长足进步，需要水资源管理体制和中国政治、经济体制改革的继续深化才有可能实现。

（三）水资源制度创新目标模式的解读

1. 强化社会主体作用

公众参与是现代公共管理的要求，也是水管理科学、合理的保证。在新的历史条件下，水资源的开发使用和管理还要求重新审视国家和社会的关系，在涉水的各个层面和各个环节引入民主管理和广泛参与。因此，应提高政策制定过程的开放度和信息透明度，建立涉水相关利益团体在政策制定和实施过程中的制度化表达机制和参与机制；建立强制性的信息披露制度，加强水文、水环境信息系统建设，定期在媒体报刊上公布实际用水量、排污量、水灾、水质监测、水土流失等方面的信息；建立和完善与公众利益有密切相关的水重大事项社会听证制度，形成水资源管理的公共决策机制；发挥科技界在水管理中的技术支撑作用，扩大科学家、技术专家和社会学家在决策制定中的发言权和参与权；鼓励各种用水者协会的建立,使其成为连接政府、公众和组织的桥梁以及国家与社会寻求共识的制度渠道。通过强化水资源制度创新目标模式中的社会主体地位,扩大公民有序的政治参与,增强决策的公众参与度,实现全方位的公众参与,推进决策科学化、民主化和制度化,实现还水于民、还利于民、还权于民。

2. 完善水资源市场基础

我国水资源配置的市场化程度非常低下,主要制约因素是水权模糊和水价长期偏低。促进水资源配置市场化的战略选择重点在于明晰水权,建立合理水价形成机制、全面开放水务市场,即通过水资源的产权化、资本化和产业化,完善水资源市场体系建设和秩序规范。

水资源管理的核心是产权管理,水资源产权明晰是实现水资源转让和交换的先决条件。将宪法规定的水资源所有权落实到具体法人,使其人格化,分级分类管理。大江大河大湖、大海域和地下水资源主要国有,分散的小水权,沟河塘堰也可以多级所有。将水资源所有权体现在水资源开发利用的收益上,体现在治理、保护的法定责任上,实现所有权和经营权、使用权分离,充分引入市场机制,实施企业化管理。

水资源资本化实质上是水权的资本化,通过把水权出让、合作或作为股份进行投资以获取一定的经济报酬,可以激励水资源买卖双方把水当作经济物品,提高水资源配置的经济效率和利用效用。资本市场的引入将会产生许多涉水的上市公司,水股票、水证券、水基金等均会产生,相应的水期货、水期权、水指数也就会出现。而水资源资本市场的发育,必然催生水资源金融的深化,各类水银行及衍生金融工具会层出不穷,人们对水资源的占有、控制并不需要把重点放在直接购买水资源上,而是去购买水资源的金融产品。水消费者将成为水供给、水保护的投资者和直接受益者。[8]

水资源产业化是在实现水资源产权化、资本化之后,在水资源领域中全面引入市场化机制和企业化运作方式形成的。当今国际上的主要投资银行金融机构都已开始锁定与水资源的开发、利用保护相关的产业领域。传统的水资源产业如城市水务产业、农村水务产业、水循环经济产业和水电、水运产业等目前正处于成长期，在中国有做大做强的巨大发展空间。而随着引入市场机制和企业化产业化运作方式，将会涌现出水资源金融产业（如水银行、水股票、水期货、水交所、水基金等）、为水产业服务的现代服务业（如水资源的多种中介、网站、评估、咨询机构等）、"功能水"产业和代表未来发展趋势的海水淡化、固态水（南北极）、大气水的利用及其关联产业等一系列新兴水产业。[9]

3. 规范政府主导职能

在市场经济条件下，水资源的开发使用和管理要求重塑政府与市场的关系。政府要从直接调配水资源转向实施水权管理调控、配置水资源；从直接投资办水利转向大规模利用社会资本（包括民间资本和外资）办水利；从直接办污水处理厂转向制定标准和强化监管来保障水安全；从全方位提供水利产品转向专注于提供贫困人口吃水、生态用水、灌区节水改造和跨行政区污染控制等公共物品和服务；从直接行政管制转向宏观调控，做好水市场的裁判员、服务员和信息员。其主导职能体现在：建立职责明确、权威高效的水资源统一管理体制和跨部门协调机制，加强涉水事务的协调工作；推进政企分开、政资分开、政事分开、政府与市场中介组织分开，规范水行政审批，提高运用经济手段和法律手段的能力；强化水利规划在规范和约束社会涉水行为方面的作用，依法管理和规范水事活动；建立以公共财政体系为主的多元化、多层次、多渠道的水利投资机制，形成科学规范的水价机制；强化对涉水事务的社会管理和公共服务，加强水利信息发布，强化社会监督，推进水利政务公开；通过完善预案，增强应对各种水事危机和突发事件的能力；建立公共参与、专家论证和政府决定相结合的水行政决策咨询机制，推进决策科学化、民主化。

4. 构建法律保障体系

社会、市场和政府三者之间的良好互动需要一定的法律保障。在法律的约束和保障之下，才能在有序的状态下进一步加强社会、市场以及政府三方的合作，形成合力更好地治理我国水资源危机。因此，水资源制度的建设需要构建完整的、可操作性强的水资源法律体系。首要任务就是要明晰水权，水权不明是导致水资源管理上诸多问题的重要原因。水法律中最重要的就是《水法》，其对于水权的界定经由实践的检验并不十分合理，在使用权的定义上并没有体现出水资源准商品的特性，这就无法发挥市场对于水资源的基础配置作用，因此《水法》亟待完善和修订。除此之外还需要制定包括如《长江法》、《黄河法》这样的流域统一管理方面的法律、法规和规章。[10] 不但要制定具有原则性的中央相关法律规定，还要有针对各地复杂情况的地方性水资源法规和规章及操作性更强的细则，才能有效地治理、管理、利用和保护水资源。

四　结　语

水资源问题具有复杂性，其影响又很广泛。只有把经济循环、社会循环和水循环三大循环当作一个有机整体，在相互作用过程中作出价值判断，实现社会、市场和政府的良性互动和合理作用，构建一套完整科学的制度，寻找对水权、水配制、水法、水市场、水价、水交易制度的科学安排，改变人们的涉水观念和行为，才能达到经济循环、社会循环和水循环的良性互动，协调和谐，最终保障中国的水生态系统安全。

参考文献

[1] 王腊春、史运良、王栋、张兴奇：《中国水问题》，东南大学出版社2007年版，第11—15页。

[2] 伍新木：《水生态系统危机是最严重的水危机》，《中国水利》2009年第19期，第30—31页。

[3] 夏军：《全球变化与水文科学新的进展与挑战》，《资源科学》2002年第3期，第1—7页。

[4] 张光斗：《21世纪的中国水资源问题》，《中国水利报》1998年9月

21日第四版。

[5] 中国科学院可持续发展战略研究组：《2007中国可持续发展战略报告——水：治理与创新》，科学出版社2007年版，第221—230页。

[6] 钱正英、张光斗：《中国可持续发展水资源战略研究综合报告及各专题报告》，中国水利水电出版社2001年版，第13—16页。

[7] 中国科学院可持续发展战略研究组，《2008中国可持续发展战略报告——政策回顾与展望》，科学出版社2008年版，第22—25页。

[8] 汪恕诚：《水权和水市场——谈实现水资源优化配置的经济手段》，《水电能源科学》2001年第19期，第1—5页。

[9] 伍新木：《水资源资本化、市场化、产业化》，《光明日报》2008年7月20日第10版。

[10] 叶华：《实行最严格的水资源管理制度的法律思考》，《湖北省水利年会2010年实行最严格水资源管理制度高层论坛》，第76—79页。

本研究报告为国家社会科学基金一般项目（10BJY064）、教育部人文社会科学规划项目（09YJA790159）和司法部国家法治与法学理论研究项目（09SFB3039）研究成果，得到武汉大学"70后"学者学术发展计划"可持续发展战略下的环境法治"团队和"中央高校基本科研业务费专项资金"支持。

作者简介

李雪松，男，1974年生，湖北襄阳人，武汉大学水研究院副院长、经济与管理学院副教授，经济学博士。

夏怡冰，女，1988年生，浙江舟山人，武汉大学经济与管理学院硕士研究生。

张　立，女，1989年生，河南安阳人，武汉大学资源与环境科学学院硕士研究生。

新木点评

本研究报告讲的是目标模式,目标模式就是顶层的制度设计。人们常以"目标模式"是远期的、是将来的、是理想状态的而不予以关注,这是不对的。对目标模式可以有不同的构想,不同的目标模式构想反映出人们的理论依据不同,不同的理论依据往往使人们"缺乏共同的语言"。

所以我常倡导研究问题的方法论和路径应该是:基本理论——应用理论——逻辑地推导出理想、理论模式——结合中国国情和发展阶段自然产生出过渡模式和中国特色的模式——结合行业、地方特点特征必然形成具体的制度、体制、机制和政策安排。

研究水资源问题的方法应该是:水资源的基本理论(经济学的、社会学的、水资源水文学的)——水资源的应用理论——逻辑地推导出水分配、水管理的理论模式——结合中国国情水情产生中国特色的水管理制度——再细化管理制度、法律制度、水权、水价等具体制度。

综合报告

长江源科学考察报告

长江科学院江源科学考察队

陈　进　李　浩

一　江源科考的背景

青海省三江源地区为长江、黄河和澜沧江的源头区，这里河流密布，湖泊沼泽众多，雪山冰川广布，是世界上海拔最高、面积最大、湿地类型最丰富的地区，素有"中华水塔"之称，在我国乃至东南亚的生态安全中具有十分重要的地位。随着人类活动的加剧，全球气候变暖的影响，三江源地区冰川、雪山逐年萎缩，湖泊、湿地面积缩小，沼泽湿地草甸植被向中旱生高原植被演变，大量野生动物栖息环境遭到破坏，生态环境处于极其脆弱状态。水利部发布的《西部大开发水利发展"十二五"规划》中着重提出需要"加强'三江源'等重点区域水源涵养和综合治理力度"，《长江水利发展战略》更将源头生态脆弱区作为长江水利科学发展的重点区域，提出必须加快源头区的治理与保护，恢复源头区水源涵养重要功能，确保资源的持续利用。

为了获取长江、澜沧江源区的第一手资料和数据，发现并凝练江源地区在水资源保护与利用方面的重大科学问题，为江源地区生态环境和社会经济可持续发展提供技术支撑，2012年7月27日至8月8日，长江科学院组织河流泥沙、水资源、水土保持、水环境、水生态、地质以及空间信息等多个学科和专业的技术专家,以及青海省水利厅、青海省水文水资源勘测局、武汉智能鸟无人机有限公司等单位人员共21人,历时13天,对长江和澜沧江源区河道形态、水文泥沙、水资源变化及开发利用情况、水土流失现状及成因、水环境水生态状况及地质地貌等进行了系统科学考察。

考察过程中,通过运用卫星遥感、无人机航拍和车载激光移动测量系统等天空地一体化先进仪器设备与手段,先后在澜沧江扎曲河的杂多、囊谦香达和通天河直门达、楚玛尔河、沱沱河以及隆宝湿地等8个河段及湿地采集了水样、底泥、底栖动物、浮游生物、鱼样本,对相应河段的河宽、近岸流速、河流泥沙、河岸植被种类、水土流失、地理信息等进行了测量和采样,获得了长江、澜沧江源区的水土信息、空间地理信息、水环境、水生态和地质地貌等方面珍贵的第一手资料和数据,发现并提出了江源地区水资源、水土保持、水环境、水生态等方面存在的问题及相应解决对策,为江源地区生态环境保护、加强流域综合管理以及相关基础研究工作奠定了良好基础。

(一)江源考察的历史

早在1976年,长江水利委员会(简称长江委)就组织江源考察队走进了长江源区,探明了长江源头所在地,从而确定了长江6380km的世界第三长度,从此改写了长江在世界大河的排名。1978年,长江委又在1976年江源首次考察的基础上,再次组织专家深入江源考察,确定出长江的三源:正源沱沱河、南源当曲和北源楚玛尔河。

2008年9月6日至10月12日,为了确定长江、黄河、澜沧江源头的地理位置,准确测定其坐标、高程等重要地理信息数据,由青海省政府组织、国家测绘局指导、武汉大学测绘学院技术支持、青海省测绘局负责实施了"三江源头科学考察"。此外,近些年一些民间团体、个人也开始关注三江源地区并开展了有关的考察活动。2009年10月,由14名地质专家、探险家组成的"为中国找水"科考队,以横断山研究会首席科学家、中国治理荒漠化基金会专家委员会副主任杨勇领队,对长江源进行了考察。

2010年10月,长江委时隔30多年后成功组织开展了第三次江源综合考察,此次考察围绕江源地区水文、水资源量、水生态、水环境、地理、冰川、气象、地质、地球空间信息变迁等九大方面问题,旨在通过考察客观评价江源地区水资源、水生态、水环境现状,探查存在的问题并提出相应对策措施,为促进江源保护、加强流域管理打下坚实的基础。这次考察在全社会引起了强烈反响,是长江委近年来组织的规模最大、参与人员最多的一次多学科、多专业综合考察,意义重大而深远。

(二)江源科考的路线

2012年长江科学院组织的江源科学考察重点是针对长江委2010年江源综合考察时发现的气候变化对水循环影响、河道演变及功能退化、冻土环境变化、鼠害及植被退化、冻融和土壤侵蚀等五大生态环境问题,运用多种考察手段与方法,对澜沧江流域及长江流域源区河道形态、水文泥沙、水资源变化及开发利用情况、水土流失现状及成因、水

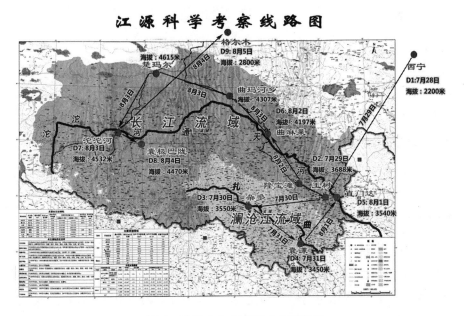

图1 2012年江源科学考察路线图

环境水生态状况及地质地貌等进行全面、系统、专业的科学考察。因此，此次的科学考察路线（参见图1）是对长江委2010年江源综合考察的重要补充，具体选择了澜沧江流域的扎曲，以及长江流域的通天河、楚玛尔河和沱沱河两条线路。科考队2012年7月27日自武汉出发，在西宁停留两天做适应性调整，7月29日从青海省西宁市正式向江源挺进。正式的科学考察分两个阶段，第一阶段（7月29日至8月1日）澜沧江流域的扎曲考察路线为玉树—扎多—囊谦—玉树，第二阶段（8月1日至8月4日）长江源区考察路线为玉树（通天河直门达）—隆宝滩—曲麻莱（楚玛尔河）—沱沱河（囊极巴陇）—格尔木，全程3700余km。8月5日至8日科考队员陆续返回武汉，历时13天。

此次科学考察主要在地质地貌、植被覆盖、河流泥沙、水体生境、水生生物等五大方面获得了大量的科学观测结果，进一步加深了对长江源生态环境的认识和了解。

二　地质地貌

（一）地理地貌

江源地区主要的地形地貌为冰川冰缘作用极高山、高山，冰川冰缘作用山原与台原，侵蚀——剥蚀高原，湖积——冲积——冰碛平原。总体上具有以下特征：高原形态完整，地面辽阔坦荡；高大山脉东西横亘，起伏和缓；海拔很高，地势自西向东微倾，现代冰川地貌发育。

本次考察江源区的范围内主要发育了冰川冰缘——流水作用的高山和冰川冰缘作用的山原两种地貌。在河流源头均为山原地貌，河网密集，湖泊、沼泽、草甸发育，在源头尚保留了部分海拔5000m的较为完整的原始高原面，湖盆最低侵蚀面在4400m左右。湖盆以下河曲发育，逐步进入由冰川冰缘——流水作用而形成的岭谷相间地段。（见图2至图12）

图2 典型冰川——冰缘——流水作用的高山峡谷地貌

图3 典型冰川——冰缘作用山原地貌

图4 扎曲杂多县城下游河段

图5 扎曲杂多县城河段

图6 扎曲囊谦香达河段

图7 通天河直门达水文站河段

图8 通天河金沙江分界点——马塘河口

图9 通天河隆宝滩湿地

图10 通天河曲麻莱河段

图11 楚玛尔河

图12 沱沱河

江源区地貌成因的内部地质营力为印度板块和欧亚板块相互挤压碰撞，其外部地质营力作用则主要包括冰川作用和流水作用。(见图13至图18)

图13 冰川侵蚀作用

图14 冰川冻融作用

图 15　冰川堆积作用

图 16　流水侵蚀作用

图 17　流水搬运作用

图 18—1

图 18—2

图 18　流水堆积作用

（二）地质构造

本次江源考察路线主要穿行于金沙江缝合带，区内地层主要为下石炭统杂多群、下二叠统开心岭群尕笛考组、中二叠统诺日巴尕日保组、中二叠统九十道班组、上三叠统结扎群甲王拉组二叠统、上三叠统结扎群甲王拉组、波里拉组、中上侏罗统雁石坪群、白垩系风火山群、古近系沱沱河组、雅西错组和新近系五道梁组、曲果组。

地层系统、岩石组合与构造单元具有很好的对应关系，金沙江缝合带以北为上三叠统巴颜喀拉群，为深海和半深海环境下的浊积岩和复理石建造，缝合带以南、杂多县以北地区为巴塘群、结扎群和二叠系开心岭群，其中二叠系开心岭群更远离缝合带，为一套碎屑岩——火山岩——碳酸盐岩建造，与下伏石炭系和上覆上三叠统地层多为断层和不整合接触；南部主要为下石炭统杂多群、中上侏罗统雁石坪群、白坚系风火山群，杂多群主要为被动大陆边缘台地相碎屑岩——碳酸盐岩沉积，雁石坪群、白奎系风火山群为一套碎屑岩碳酸盐岩建造；古近系沱沱河组、雅西错组和新近系五道梁组、曲果组为新生界为陆相盆地沉积产物。（见图19至图22）

图19 粉砂岩（澜沧江 杂多县）

图20 灰岩（澜沧江 杂多县）

图21 碎屑岩（澜沧江 囊谦香达）

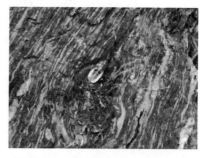

图22 金沙江缝合带蛇绿岩

江源地区褶皱、断裂发育，褶皱平缓而不完整，多呈方向性不定的短轴状褶皱；岩浆侵入活动微弱；褶皱为圈闭良好的短轴状，平缓开阔，轴向不定。带内走向断裂十分发育，因断裂分叉、合并而使各地层单元呈构造透镜体产出，整体构造格局似垒堑相间。

（三）地质灾害

江源地区新构造运动活跃，谷地坡陡而且不坚固，经常发生岩体崩塌，地表疏松物质比较丰富，加之雨季集中，常有强烈的暴雨，造成水流排泄湍急，滑坡泥石流频发。同时，江源地区冷热两季交替，因温度变化，季节性冻土发生反复冻结与融化，导致冻胀、滑塌、沉陷等多种地质现象。破坏房屋、铁路、公路、桥梁等工程设施的安全。（见图23、图24）

图23　滑坡泥石流灾害

图24　冻融灾害导致的滑塌

江源区地处偏僻、地广人稀，历史上曾是水草丰美、湖泊星罗棋布、野生动物种群繁多的高原草原草甸区，被称为生态"处女地"。近年来，除受自然因素影响外，随着江源区人口的增加以及国家的政策支持，江源地区受人类活动的影响也越来越大。江源地区的安居工程、交通工程、水利水电工程和采矿工程不同程度上加剧了江源地区生态环境恶化程度。（见图25至图28）

图25 安居工程

图26 青藏铁路

图27 水利水电工程（澜沧江）

图28 309省道（多拉麻科至杂多）

三 植被覆盖

植被的生长情况与当地降水、气温等众多因素有关。从沿途采集的图片所显示的植被生长情况来看，江源地区植被的生长遵循"纬度越低、植被越好"和"海拔越低，植被越好"的自然规律。（见图29、图30）

图29—1 澜沧江杂多 4000m
N32°51′28.4″

图29—2 澜沧江囊谦 3674m
N32°18′53.5″

图29—3　通天河直门达3527m
N33°00′46.1″

图29—4　通天河曲麻莱4081m
N34°01′38.7″

图29　对比表明：纬度越低，植被越好

图30—1　通天河曲麻莱4081m

图30—2　隆宝滩湿地4216m

图30—3　沱沱河水文站4536m

图30—4　昆仑山口4767m

图30　对比表明：海拔越低，植被越好

通过对澜沧江源区与长江源区植被生物量典型样方调查结果的统计分析，可见澜沧江上游地区植被生物量明显高于同纬度地区的长江源植被生物量（见图31）。

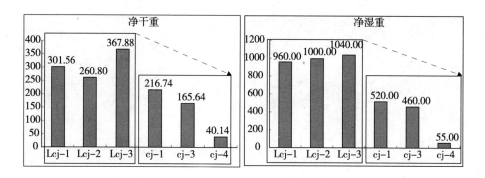

图 31 澜沧江源区与长江源区植被生物量（单位：g）

随着海拔的升高，植被生物量呈现降低趋势，即海拔与植被生物量间呈现负相关关系，随海拔（3600m—4415m）升高，植被生物量呈降低趋势。（见图32、图33）

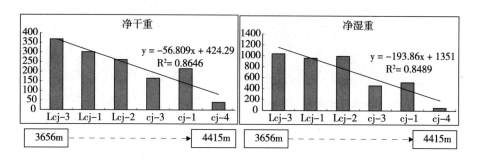

图 32 海拔与植被生物量的关联

统计结果显示不同区域的生物多样性未呈现显著的空间异质性。（见图 34）

为进一步统计分析生物多样性随海拔变化的趋势，选择了数据量相对较多的点位进行多元统计分析，分析结果初步表明海拔与生物多样性指数间未呈现典型相关关系。（见图 35）

对于生物多样性的区域差异性差以及随海拔变化趋势不显著的结果，主要原因可能是由于此次科考的时间较短、调查样方数量相对较少，同时，样点缺乏一定的代表性。为深入分析不同区域与海拔下的生

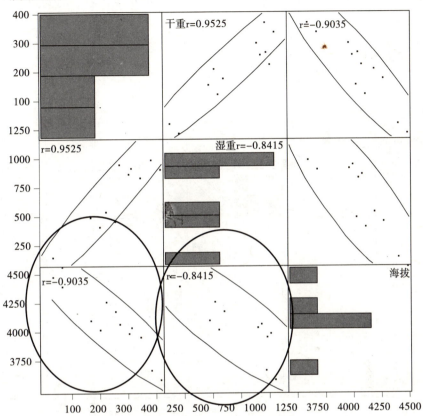

图33 海拔与植被生物量的多元相关性分析

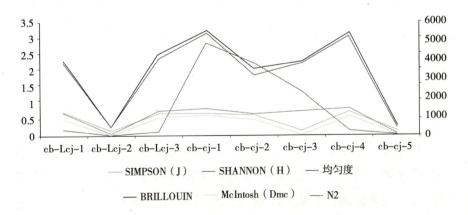

图34 不同样地的生物多样性指数

物多样性问题，样点选择将是后续江源科考的重点内容，将会进行进一步的调整。

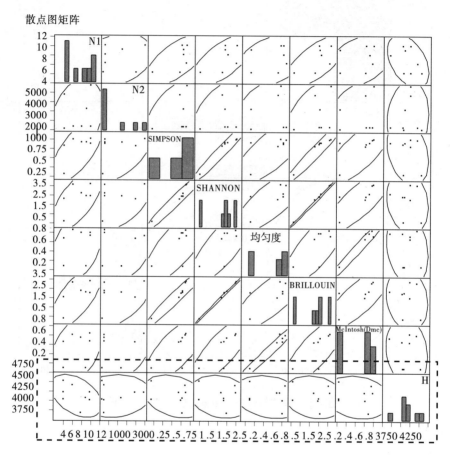

图35　生物多样性指数统计与模拟分析

四　河流泥沙

在河流泥沙考察方面，采用手段包括水文测量、样品采集以及影像资料收集等，通过考察获取的影像资料主要包括河流地貌演变、河岸带植被变化等方面的图像资料，共获得相关原始图像资料200余张。（见图36）

图 36　江源河流泥沙考察点分布

（一）泥沙粒径及含沙量

本次科学考察所采集样品颗粒较小，其中约 40% 属于细沙（fine sand），约 33% 属于极细沙（very fine sand）。将河道新淤积床沙与河岸带土壤对比可以发现，河道新淤积床沙基本可以归类为沙（sand），而河岸带土壤颗粒相对较细，介于沙与泥之间。（见图 37）

从采样点河道新淤积床沙粒径空间分布来看，以所采集沙样的中值粒径（d50）为代表（见图 38），可以看出澜沧江和通天河河道床沙粒径从上往下均呈增加趋势（直门达水文站除外）。直门达水文站床沙粒径反而略小于上游，表现出反常趋势，分析其原因可能是因为玉树震后重建工程任务中，建筑砂石料需求量巨大，造成直门达水文站附近上游大规模的河道采砂，一定程度上人为改变了河道床沙原有的粒径级配。

此外，从采样点所采集水样含沙量分析结果的空间分布来看（见图 39），可以看出通天河河道水流悬移质含沙量呈现沿程增加趋势，而澜沧江河道水流悬移质含沙量呈现沿程减小趋势。分析其原因，可能是因

图 37 沙样与土样的颗粒大小属性分析成果

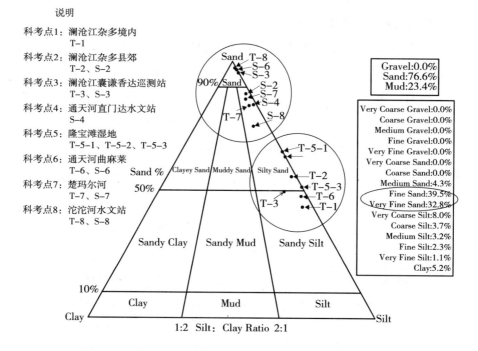

图 38 河道新淤积床沙中值粒径 d50 空间分布图（单位：mm）

为澜沧江在两考察点之间有已建成水电站导致泥沙淤积，下游含沙量相对较低；而通天河上目前尚没有大型水利枢纽工程，因此其河道水流悬移质含沙量遵循沿程增加的自然规律。

图39　河道水流悬移质含沙量空间分布图（单位：kg/m³）

（二）河流地貌演变

本次科学考察获得了大量的河道地貌形态方面的影像资料，通过资料对比分析，可明显看出河道流量及河岸带植被等对河道地貌形态的影响。图40所示，河流流量较小，河岸带植被较好，河道为分汊型，河中洲滩上有植被生长，由于河流本身需要释放的能量较小，且河道边界较为稳定，因此河中洲滩较为稳定，因此该河流河势总体来说处于基本平衡和稳定状态。图41所示，河流流量较大，河岸带植被较差，洲滩之上亦无植被生长，洲滩消长和易位可能性都较大，因此该河流河势总体来说处于不稳定状态，尤其是洲滩位置和大小变化较快。

图40 分汊型河流地貌（流量小、植被好、洲滩稳定）

图41 分汊型河流地貌（流量大、植被差、洲滩不稳定）

五 水体生境

在水体生境方面,本次考察主要进行了水体理化指标的分析及底泥的采集分析。同时为了比较江源地区与长江中游武汉段的水体生态环境状况差异,在江源科考回来当天,在长江武汉段进行了水样的采集。

(一)源区水质状况

江源地区地处高原,河流比降大,水流急,加上江源地区植被退化,水土流失严重,因而泥沙含量高,透明度较低。从调查的江源地区7个点位来看(见图42),由于江源地区特殊的地理环境条件,地势起伏大,水体流速较快,调查的各个点位水体流速都达到1m/s以上,流速最高的是金沙江流域的直门达水文站处,水体流速达到1.8m/s左右;由于江源地区水土流失较为严重,加上玉树地震后建设节奏加快,建筑

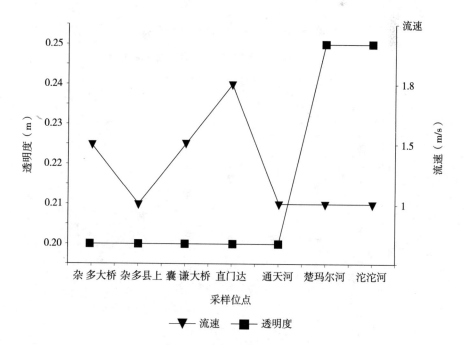

图42 采样点位水体透明度和流速变化图

用沙量增加，非法采砂等作业普遍，以及水体流速普遍偏高等多种因素，引起水体浑浊，透明度偏低，从调查的7个点位的透明度来看，都在0.2—0.25m之间，从而导致水体的透光性减弱，不利于浮游植物的光合作用，因而影响水体的初级生产力。

整个江源科考期间，天气状况良好，只在沱沱河采样的时候为阴雨天气。采样期间，江源地区的气温变化较大，气温最高达到34.5℃（杂多县，采样时间为中午）。最低气温为沱沱河（11℃），由于沱沱河海拔最高，达到4536m，而且天气阴雨。水温的变化也比较大，从最低的8.9℃到18.8℃。水体的pH值变化不大，整个江源地区的7个采样点位，

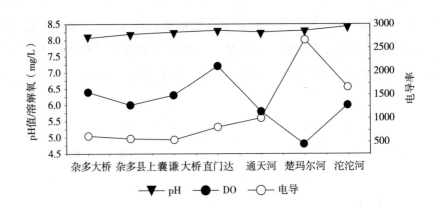

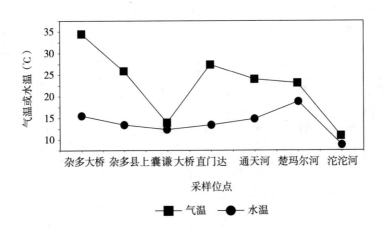

图43 水体其他主要物理指标变化图

pH值在8.09—8.43范围内波动，长江流域和澜沧江流域没有明显的差异。各个采样点位水体的电导率变化较大，澜沧江扎曲河水体电导率最低（525μS/cm），而楚玛尔河水体的电导率最高（2673μS/cm），电导率差异表明水体中溶解性离子的种类和浓度差异较大。水体溶解氧的浓度变化也较为显著，变动范围为4.8—7.2mg/L（见图43）。

江源地区水体的营养盐普遍偏低，基本达到了地表水Ⅰ—Ⅱ类水质标准（0.15—0.5mg/L）。其中娘曲、隆宝滩两个点位的氨氮较其他点位偏高，隆宝滩湿地的氨氮偏高可能是因为该湿地放牧较多，牛、羊畜牧业发展较快，这些动物排泄的粪便没有进行集中处理，而直接排放在湿地内，大量的粪便进入水体，导致水体氨氮偏高。江源地区采集的8个采样点的总磷浓度基本在地表水Ⅱ类水质标准之内，相比较武汉段，总磷浓度明显偏高，接近80μg/L。从江源地区各个采样点位的总氮指标浓度来看，基本上属于地表水Ⅱ类水质标准，而武汉段的总氮浓度接近1.5 mg/L。

从江源地区的水体氮磷营养盐来看，江源地区水体的水质较好，氮磷污染较少，应当加以保持和保护；对比长江中游武汉段的水体营养盐状况可以看出，武汉段的营养盐浓度明显高于江源地区，但由于长江流量大，水体交换频繁，自净能力强，因而武汉段水质也在地表水Ⅲ类水质标准之内。

江源区和澜沧江源区铁、锰浓度显著高于《地表水环境质量标准（GB3838—2002）》饮用水源地标准限值，澜沧江源区的钛有超标准限值的情况，其他元素浓度均优于《地表水环境质量标准（GB3838—2002）》饮用水源地标准限值或Ⅲ类水标准，其中长江源区铜、锌、镉、铬、汞、砷、硒等元素含量优于Ⅰ类水标准，澜沧江源区锌、镉、铬、汞、砷、硒等元素含量优于Ⅰ类水标准，铜优于Ⅱ类水标准。铁、锰、钛含量偏高应与源区地质背景状况和水体中泥沙含量高有关。（见图44）

沱沱河和楚玛尔河的钾、钠、镁含量明显高于下游曲麻莱和直门达，呈现出由北向南、由上游到下游显著下降的趋势，而且楚玛尔河钾、钠、镁含量显著高于沱沱河。其他元素没有类似的变化趋势。类似于长江源区，澜沧江干流钾、钠、镁含量也呈现出杂多到囊谦，从上游到下游逐渐降低的趋势，但变化没有长江源区显著。其他元素没有类似的变化趋势。源区除氯化物浓度有超标准限值情况外，其他水质参数浓度均优于《地表水环境质量标准（GB3838—2002）》饮用水源地标准限值或Ⅲ类水标准，CODMn、总磷、氟化物均优于Ⅱ类水标准。河流中氮、磷含量没有超标情况，没有富营养化现象，氯化物含量偏高可能与地质条件有关。

长江源和澜沧江源矿化度、氯化物、硫酸盐含量呈现出与钾、钠、镁类似的变化趋势。长江源的沱沱河和楚玛尔河的矿化度、氯化物、硫酸盐含量明显高于下游曲麻莱和直门达，也呈现出由北向南、由上游到下游显著下降的趋势，而且楚玛尔河矿化度、氯化物、硫酸盐含量显著

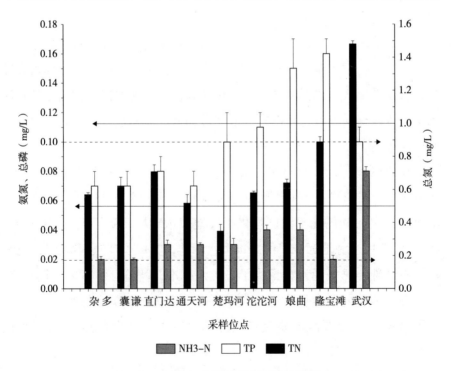

图44　江源地区及武汉段水体的营养盐状况

高于沱沱河。其他阴离子没有类似的变化趋势。同样，澜沧江干流矿化度、氯化物、硫酸盐含量也呈现出杂多到囊谦、从上游到下游逐渐降低的趋势，但变化趋势没有长江源显著。其他阴离子没有类似的变化趋势。

江源地区人类活动相对较低，工矿企业较少，点源和面源污染带来的重金属的量非常小。因此，江源地区的水体重金属主要来自地球循环过程的地质土壤，各个采样点位的水体重金属含量差异与地质环境条件密切相关。从调查的结果来看，江源地区各个采样点位的水体重金属含量差异较大，其中的差异原因需要从当地的地质环境条件状况进行深入的分析研究后进行解释。（见图45）

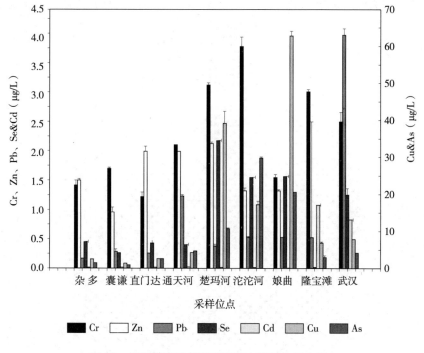

图45 江源地区及长江武汉段水体重金属含量

（二）源区底泥状况

除澜沧江源区底泥汞、钛的含量明显高于长江源区外，源区其他元素含量相近，而且波动不大。与地壳克拉克值相比，长江源区钙、镉、砷、硒、锑,以及澜沧江源区钙、镉、汞、砷、硒、锑明显偏高,呈富集状态,源区其他元素含量均低于或接近于地壳克拉克值,呈分散状态。分析结果还发现长江源区的底泥(类)重金属含量除钠外,曲麻莱底泥的其他元素含量均为最高,其原因有待进一步查明。

六 水生生物

(一)浮游植物

本次考察中采集浮游植物的8个样点共采集浮游植物29种,隶属于3门,10科,18属。其中硅藻门26种,占89.6%;蓝藻门2种,占6.9%;绿藻门1种,占3.5%(见图46)。硅藻门中桥弯藻科和舟形藻

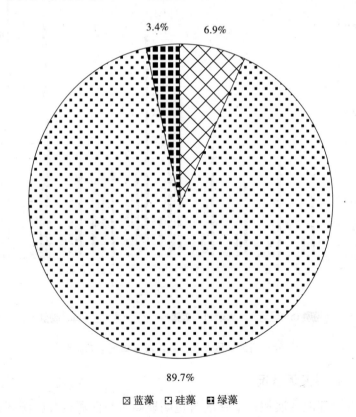

图46 长江和澜沧江源区浮游植物各门种类数所占比例

科的种类最多。其中长江源区采集浮游植物 22 种，澜沧江源区采集 19 种，隆宝滩湿地采集 4 种。各样点平均种类数为 8 种。

以密度百分比大于 20% 为标准，8 个采样点共有优势物种 3 种，针杆藻属（Synedra sp.）、舟形藻属（Navicula sp.）和脆杆藻属（Fragilaria sp.），并且在 8 个样点中浮游植物出现频率最高的也是针杆藻属和脆杆藻属。出现频率较少的是巨颤藻（Oscillatoria princeps）、膨胀桥弯藻（Cymbella pusilla）、双眉藻属（Amphora sp.）、羽纹藻属（Pirnularia sp.）、丝藻属（Ulothrix sp.）和双头辐节藻（Stauroneis smithii）等种类。

本次考察 8 个样点浮游植物平均密度为 3.28×10^4 ind/L。其中长江源区的 5 个样点平均密度为 3.68×10^4 ind/L。澜沧江源区的 3 个样点平均密度为 2.76×10^4 ind/L，按照国内水体富营养化标准：藻类细胞密度 <10^6ind/L，为贫营养；$(3-10) \times 10^6$ind/L 为中营养型；>10^6ind/L，为富营养型。本次调查的样点浮游植物密度均小于 10^6ind/L，属贫营养型。

图 47 显示了长江源区（A）和澜沧江源区（B）浮游植物各样点香农—维纳多样性指数。可以看出，长江源沱沱河的物种多样性指数最高，为 1.67，其次是直门达和曲麻莱，楚玛尔最小，仅为 0.86。澜沧江源区浮游植物物种多样性指数最高的是杂多 1#，为 1.61，其次是杂多 2# 和囊谦。隆宝滩湿地的物种多样性指数为 1.28。处于中等水平。

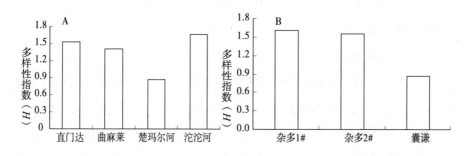

图 47 长江（A）和澜沧江（B）源区浮游植物各样点香农—维纳多样性指数（H）

2010 年长江委的调查结果表明 6 个采样点共采集浮游植物 42 种，其中硅藻门种类占 88.1%，蓝藻门种类占 4.76%。说明长江源区浮游植物种硅藻门的种类占绝对优势。2010年调查时长江源浮游植物平均密度为2.6×10^5 ind/L，几乎是本次调查的8倍，可能与本次调查的泥沙含量较多有直接的关系。舒俭民等（1998）在对沱沱河、尕尔河和楚玛尔河浮游生物调查时，共检出浮游植物7属，出现频率较多的是桥弯藻属、舟形藻属、羽纹藻属等一些种类，和本次调查非常相似。

（二）浮游动物

本次考察7个样点共采集浮游动物10种，其中原生动物4种，占40%；轮虫5种，占50%；桡足类1种，占10%。7个采样点只有3个样点采集到浮游动物，各样点平均种类数仅为2种，其中长江源9种，曲麻莱的种类数最多，为6种，沱沱河4种。澜沧江源只有囊谦采集到1种。

在浮游动物定量样品中，仅在长江源的曲麻莱、楚玛尔河和澜沧江源的囊谦3个样品中检出有浮游动物。其中曲麻莱浮游动物总密度为400ind/L，楚玛尔和囊谦样点密度均为33.3ind/L。

2010年长江委的调查结果表明5个采样点共采集浮游动物24种，其中原生动物8种，占33.3%，轮虫9种，占37.5%，枝角类1种，占4.2%，桡足类6种，占25.0%。舒俭民等（1998）在对沱沱河、尕尔河和楚玛尔河浮游生物调查时，共检出浮游动物9种，主要种类是表壳虫。本次调查种类较少，可能由于各样点泥沙含量较大，另外可能与采样量不够大有关系。

（三）底栖动物

本次考察共采集底栖动物28种，隶属于8科，26属。其中寡毛类2种，占7.1%，软体动物3种，占10.7%，水生昆虫20种，占71.4%，其他动物1种，占3.6%。各类群所占比例见图48。各样点种类数均值为5种。其中，长江源区采集底栖动物12种，澜沧江源采集到底栖动物8种，隆宝滩湿地采集到底栖动物13种。2010年长江委的调查采集到钩虾（Gammaridae sp.）和青海萝卜螺（Radix cucunorica）2种底栖动物。

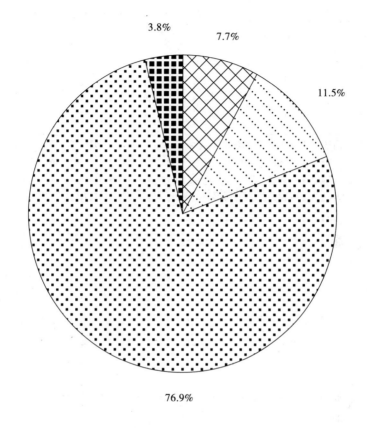

☒ 寡毛类　☐ 软体动物　☐ 水生昆虫　☒ 其他动物

图48　长江和澜沧江源区底栖动物各类群所占比例

以密度或生物量百分比大于20%为标准，长江和澜沧江源共有底栖动物优势种4种，分别为多足摇蚊属（Polypedilum sp.）、直突摇蚊属（Orthocladius sp.）、正颤蚓（Tubifex tubifex）和四节蜉属（Baetis sp.）。

本次考察7个样点的底栖动物平均密度和生物量分别为178.5ind/m^2和0.081g/m^2，其中长江源区的4个样点平均密度为68.0ind/m^2和0.048g/m^2（图49、图50），澜沧江源区的2个样点平均密度和生物量分别为399.6ind/m^2和0.144g/m^2，隆宝滩湿地的底栖动物密度和生物量分别为744.4 ind/m^2和39.6g/m^2，远高于澜沧江和长江流域其他样点，主要是因为隆宝滩采集到了较多的螺类。

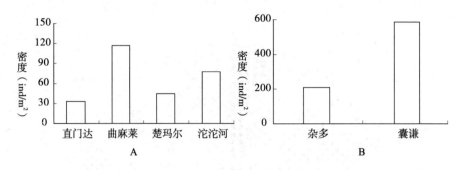

图 49　长江（A）和澜沧江（B）源区底栖动物密度（ind/m²）

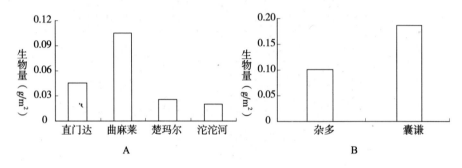

图 50　长江（A）和澜沧江（B）源区底栖动物生物量（g/m²）

与历史资料和长江流域其他河段资料相比，长江源区底栖动物的现存量较小。潘保柱等（2012）2009 年在长江源沱沱河、尕尔曲、布曲、楚玛尔等调查时底栖动物的平均密度和生物量分别为 59ind/m² 和 0.03g/m²。谢志才等研究表明长江上、中、下游大型底栖动物的密度分别是 6488 ind/m²、2738 ind/m²、1181 ind/m²。赵伟华（2010）研究表明长江中下游干流底栖动物的密度和生物量分别是 377 ind/m² 和 0.853g dry mass /m²。均远高于长江源底栖动物密度。可能的原因是长江源底质很不稳定，属游荡型河流，生境稳定性很差，不利于底栖动物生产，另外，长江源泥沙含量较大，不利于浮游生物生存，减少了底栖动物的食物来源。

香农—维纳物种多样性指数分析结果表明（见图 51），澜沧江和长江源区底栖动物物种多样性指数均值为 1.18，隆宝滩湿地的物种多样性指数最高，为 2.04，直门达的物种多样性最低，为 0。雅鲁藏布江日喀则河段底栖动物物种多样性均值为 2.4（赵伟华和刘学勤，2010），长江干流从枝江到江阴的底栖动物香农—维纳多样性指数均值是 2.65（赵伟华，2010）。可见，长江源底栖动物的物种多样性较低。

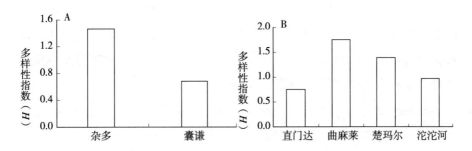

图 51　长江（A）和澜沧江（B）源区底栖动物香农—维纳多样性指数（H）

（四）鱼类

本次考察共采集鱼类 7 种，98 尾。隶属于 2 科，5 属。其中高原鳅 3 种，裂腹鱼 4 种。其中长江源区采集到 6 种，澜沧江源区只在杂多段采集到 1 种。

由于鱼类未进行定量采集，以出现频率为标准分析其优势种。在 3 种高原鳅中，细尾高原鳅（Triplophysa stenura）为优势种，出现频率最高，除杂多外其他站点均出现。裂腹鱼中小头高原鱼（Herzensteinia microcephalus）为优势种，出现频率最高，除杂多和曲麻莱小河外其他站点均出现。

长江源的鱼类资源的调查资料相对于其他水生生物类群要多一些。长江源的鱼类调查始于 19 世纪俄国军官对青海、甘肃和新疆等地区鱼类资源的调查。在随后的 100 多年时间里，先后有一些调查研究对长江源鱼类进行过记录。根据资料记载，长江源区可能分布的鱼类共有 14 种，其中裂腹鱼 9 种、高原鳅 5 种。裂腹鱼中除长丝裂腹鱼（S. (S.) Dolichonema）、细鳞裂腹鱼（S. (S.) Chongi）、四川裂腹鱼（S. (Racoma) Chongi kozlovi）、硬刺松潘裸鲤（Gymnocypris potanini firmispinatus）

和软刺裸裂尻鱼（Schizopygopsis malacanthus）外，其他四种均在本次调查中采集到标本。5种高原鳅中，除拟硬刺高原鳅（T.（T.）Pseudoscleroptera）、唐古拉高原鳅（T.（T.）Tanggulaensis）外，其他3种，均在本次调查中采集到标本。

在直门达采集到的厚唇裸重唇鱼（Gymnodiptychus pachycheilus），由于个体较小，其分类特征不是十分明显，且只采集到1尾。因此，该种类是否分布于长江源有待进一步调查考证。下面简单对其他5种鱼类的分类学和生物学特征进行简单介绍：

1. 高原鳅

（1）细尾高原鳅（见图52）

细尾高原鳅（Triplophysa stenura Herzenstein）。体延长，呈圆筒形，仅在尾鳍基附近略侧扁。背缘轮廓线弧形，自吻端至背鳍起点逐渐隆起，往后逐渐下降。腹缘轮廓线较直，腹部圆。头大，略平扁。吻略呈锥形，吻长略大于眼后头长。眼较小，位于头背面，腹视不可见。眼间隔宽平，明显大于眼径。口下位，浅弧形。上下唇厚，有较深的皱褶。上颌弧形，下颌匙状，边缘不锐利。须3对，较长。内侧吻须后伸接近前鼻孔，外侧吻须伸达前、后鼻孔间的垂直线，口角须伸达眼中央至眼

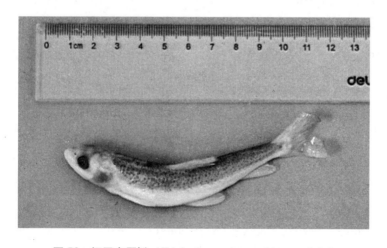

图 52 细尾高原鳅（*Triplophysa stenura* Herzenstein）

后缘的两垂直线之间。尾柄细长。其起点处的宽约等于该处的高。主要分布于金沙江、澜沧江中上游。

（2）东方高原鳅（见图 53）

东方高原鳅（Triplophysa orientalis Herzenstein）。口下位，较宽。唇厚，上唇具皱褶，下唇具乳突和深皱褶，下颌匙状。腹鳍末端后伸达或超过肛门。尾柄较高。体表光滑无鳞。底层鱼类，生活于溪流缓流或浅水多砂砾及水草处，以动物性食物为食。广泛分布于青海、西藏、甘肃、新疆和四川西部。

图 53　东方高原鳅（*Triplophysa orientalis* Herzenstein）

（3）修长高原鳅（见图 54）

修长高原鳅（Triplophysa leptosoma Herzenstein）。唇厚，上唇乳突

图 54　修长高原鳅（*Triplophysa leptosoma* Herzenstein）

较多，排列成流苏状；下唇具乳突及深皱褶。下颌匙状。腹鳍基部起点约与背鳍第1分枝鳍条之基部相对。鳔后室退化。肠短，呈Z字形。生活于河流、沟渠及湖泊多水草浅滩处。主要以昆虫幼虫为食。在河道融冰时即开始繁殖。分布于长江及黄河上游、西藏北部、柴达木盆地、青海湖及甘肃河西走廊等地。

2. 裸腹叶须鱼（见图55）

裸腹叶须鱼（Ptychobarbus kaznakovi Nikolsky）。体长，略呈圆筒形，头锥形，吻突出。口下位，马蹄形，下颌前缘无角质，内侧微具角质。下唇发达，分2叶，无中叶，两侧叶前部相连，后缘内卷。须1对，位于口角，粗壮而长。体被细鳞，体侧近腹部处鳞片退化，埋于皮下或胸、腹部裸露；侧线鳞98—117个，其大小约为体鳞的2倍。臀鳍发达。背鳍无硬刺，起点在腹鳍之前。体背灰褐色，分布有均匀、不规则的小斑点，腹部灰白，头上部及背、胸、尾鳍具有多数斑点。

图55　裸腹叶须鱼（*Ptychobarbus kaznakovi* Nikolsky）

3. 短须裂腹鱼（见图56）

短须裂腹鱼（Schizothorax wangchiachii Fang）。体长，稍侧扁。头钝锥形。口下位，横裂。下颌具锐利角质。唇肉质，下唇新月形，具乳突，唇后沟连续。须2对，较短，等长，为1/2眼径。体被细鳞，胸腹部鳞片明显；侧线上鳞约25枚；具臀鳞。背鳍刺较强，具锯齿，起点在腹鳍之前。生活于流水环境，常集群。食着生藻类，以硅藻为主。分布于金沙江、雅砻江和乌江等水系。

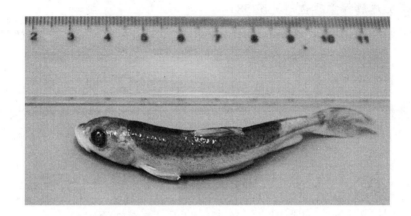

图 56　短须裂腹鱼（*Schizothorax wangchiachii* Fang）

4. 小头高原鱼（见图 57）

小头高原鱼（Herzensteinia microcephalus Herzenstein）。体修长，略侧扁。口下位或亚下位，横裂或深弧形。下颌具细狭的锐利角质前缘。上唇粗厚，下唇细狭，仅限于两侧口角处。唇后沟中断。无须。除肩部的少数几枚鳞片和臀鳞外，体裸露无鳞。背鳍末根不分枝鳍条为强

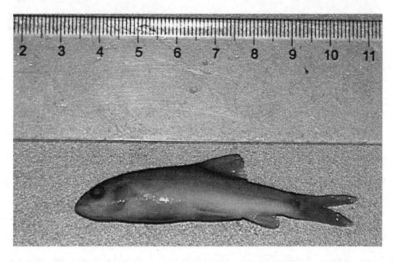

图 57　小头高原鱼（*Herzensteinia microcephalus* Herzenstein）

壮硬刺，其后缘每侧约具 15 枚深的锯齿。下咽骨宽阔，下咽齿 1 行。体背侧青灰或灰褐色，腹侧银白；头背和体侧具许多黑褐色小斑点。

5. 厚唇裸重唇鱼（见图 58）

厚唇裸重唇鱼（Gymnodiptychus pachycheilus Herzenstein）。体呈长筒形，稍侧扁，尾柄细圆。头锥形，吻突出，吻皮止于上唇中部；口下位，马蹄形。下颌无锐利的角质边缘。唇很发达，下唇左右叶在前方互相连接，后边未连接部分各自向内翻卷，两下唇叶前部具不发达的横膜，无中叶；口角须 1 对，较粗短，末端约达眼后缘的下方。体表绝大部分裸露。仅在胸鳍基部上方的肩带后方有 2—4 行不规则的鳞片。侧线平直，背鳍无硬刺。以底栖动物和植物碎屑为食。栖息于青海、甘肃、四川等省长江和黄河上游各水系的高原宽谷河流中。

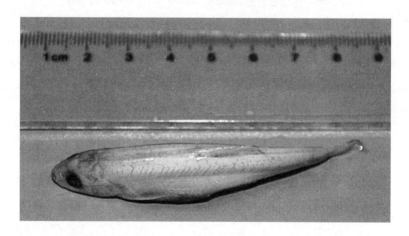

图 58　厚唇裸重唇鱼（*Gymnodiptychus pachycheilus* Herzenstein）

七　结　语

本次江源科学考察是长江委 2010 年综合考察的延续，其目的是根据公益需求，积累基础数据，发现科学问题，探索科学规律，研究解决措施，提供科技支撑，是"维护健康长江，促进人水和谐"治江宗旨的一次重要实践。

通过对江源水资源、水生态、水环境状况开展野外观测、选点取样和信息采集工作，进一步掌握了江源地区的水土信息、空间地理信息、水环境和水生态本底资料，尤其是在相应河段建立的生态环境观测断面，对今后开展江源地区生态环境长期定点野外科学观测和基础研究工作均具有重要意义。同时，此次江源科学考察也为破解长江、澜沧江源头地区生态环境保护及治理工作中的一系列难题，以及进一步加强流域水资源管理、切实维护健康长江积累了大量宝贵的基础数据，为维护江源生态环境、为促进长江水利事业又好又快发展作出了重要贡献。

此外，本次考察还为长江科学院开展大型综合科学考察提供了宝贵经验，培养了科学考察人才，开阔了治江科研的视野，进一步唤醒全社会对江源地区生态环境的关注发挥了重要作用。对于本次江源科考的意义，时任长江委主任蔡其华指出："长江科学院此次江源科考，是我委2010年综合考察的延续，也是长江科学院建院61年来规模最大、时间最长、行程最远、内容最全、手段最多的一次科学考察，充分体现了我委尊重科学、重视实践的优良传统，对于长江源头区的生态建设与保护具有重要意义。长江科学院将以此次江源科考为契机，深入贯彻落实科学发展观，认真践行'维护健康长江，促进人水和谐'为基本宗旨的新时期治江思路和长江水利科学发展战略，继续关注江源，为维护江源生态环境、为促进长江水利事业又好又快发展作出新的更大贡献！"

作者简介

陈　进，男，1959年生，湖北武汉人，现任长江水利委员会长江科学院副院长，教授级高级工程师，博士生导师。

李　浩，男，1976年生，湖北洪湖人，博士，现任职于长江科学院国际河流研究所。

新木点评

　　三江源是国家重点区域水源涵养和综合治理区，此次长江科学院的江源科考获得了大量的第一手资料和数据，为江源地区生态环境保护，加强流域综合管理和治理奠定了良好基础。

　　综合管理和保护、治理三江源当然会实施一系列的工程措施，而我们最关注的是三江源已在国家功能分区中确定为禁止发展区，而发展权是平等的，所以功能分区的制度安排一定要有生态补偿制度的安排来保障。"谁受益谁补偿"，三江源是全体中华民族的，所以三江源应该尽早建立起国家补偿制度，尽快出台国家的《三江源区生态补偿办法》，明确补偿的多元主体、补偿原则、补偿对象、补偿方式、补偿标准和补偿额，并随着社会经济的发展而不断加大建设保护和补偿的力度。

涉水上市公司的综合研究报告

朱乾宇　罗　兴

一　涉水上市公司的总体情况

随着水资源的日益短缺以及我国市场经济的发展，市场在水资源管理中的作用越来越大。这不仅表现在价格机制在水资源分配中的作用，也表现在水资源管理主体的市场化——涉水公司的出现。涉水公司分布在水资源开发、运用及管理的庞大产业链中，包括水利建设、水输送设备、节水设施、水电以及由庞大的城市用水需求衍生出的城市水务行业。其中不少公司已经上市，成为公众公司。在本报告中，我们根据行业的性质及上市公司的分布，将其分为两大行业：城市水务行业和水利水电行业。其中，城市水务行业又根据具体业务将其分为两类：供水及污水处理和水处理设施及服务；水利水电行业分为：水利建设、管道管材、提水设施、节水设施以及水电五个具体行业。（见表1）

表1　涉水上市公司行业分布情况

行业	主业涉水	辅业涉水	
城市水务行业	城市供水及污水处理	16	2
	水处理设施及服务	8	9

续表

行业	主业涉水	辅业涉水	
水利水电行业	水利建设	6	0
	管道管材	9	0
	提水设施	3	0
	节水设施	4	1
	水电	15	0

数据来源：WIND。

二 城市水务行业上市公司

（一）水务行业介绍

城市水务行业包含了与城市用水的生产、利用和处理相关的整个产业链（见图1）。包括原水资源的开发与输送，自来水生产与输送，污水的收集、处理与排放，还包括一些相应的衍生行业如：再生水的生产与利用，污水处理后所产生污泥的处理、海水淡化等。当然也包括为整个产业提供设备和服务的水处理设施的设计与建造，水务服务和方案策划等行业。涉水上市公司主要分布在以下几个环节：原水的生产和供应，自来水供应，污水处理（工业污水处理、市政污水处理），再生水和中水回收，污泥处置以及海水淡化等。

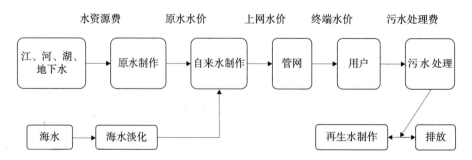

图1 城市水务行业产业链

其中，原水行业的运营模式是通过建设水库等蓄水设施将天然的水资源开发储存起来（需要向国家缴纳水资源费），并通过管网将其输送到自来水厂，同时收取相应的费用。在城投控股（原来的原水股份600649.sh）2008年进行资产重组之后，A股已经没有主业涉及原水生产和供应的上市公司。目前只有港股粤海投资（270.hk）经营东莞到香港及深圳的原水业务。

供水行业的运营模式比较简单，自来水供应商直接将水供给终端用户并向其收取水费，但是水价由政府严格控制。由于自来水带有极强的公共品色彩，而且价格上涨直接体现在终端用户上，其政治影响较大，水价上涨很困难。目前A股市场上存在大量经营供水业务的上市公司。

污水处理行业的运营模式又有所不同：终端用户缴纳的污水处理费（有些地方称为排污费）需先缴纳给政府，然后由政府加上部分财政补贴再转给污水处理厂。污水处理厂不直接向终端用户收费，而是根据预先约定的合同，按污水处理量和处理标准向政府收费。A股市场上经营污水处理业务的上市公司也有很多，也有很多提供污水处理设施及服务的上市公司。

再生水行业是指对处理过的污水进行深度处理，使其可以再循环利用。再生水是对水资源的一种补充，如果要达到供水标准，成本远较普通供水水费高，不经济。因此中国再生水的水质标准相对供水低，主要用在城市杂用水、工业用水等对水质要求不高的项目。低标准再生水的生产成本远小于标准供水成本，在城市园林用水、洗车、冲厕等特定领域的使用上和标准供水几乎没有区别。再生水的使用既节约了用户成本，又节约水资源，是应该大力提倡的产业。再生水行业一般和污水处理行业紧密联系在一起。

污泥处置特指对污水处理过程中产生的污泥进行处理，目前A股市场上还没有主营污泥处置的上市公司，都是在污水处理的过程中兼营污泥处置或者生产污泥处理相关的设备。

海水淡化是提供原水的另外一种途径。目前A股市场上有提供海水淡化技术（主要是渗透膜）以及海水输送管道的上市公司。

（二）城市水务行业上市公司

目前，A股市场上涉及城市水务的上市公司总共有35家，其在城市水务产业链中的分布可见表2。

A股已经没有涉及原水供应的上市公司。经营自来水供应业务的上市公司有14家，公司旗下都有供水厂。经营污水处理业务的上市公司主要分为两类：一类是下辖污水处理厂，有15家上市公司；一类是供应污水处理设备、方案及工程，有13家上市公司。再生水行业的上市公司也主要有两类：一类是污水处理厂和再生水厂，有3家上市公司；一类是提供再生水设备、方案及工程，也有3家涉及。涉及污泥处理的上市公司有6家，主要是经营污泥处理厂及提供污泥处理设备。涉及海水淡化的上市公司主要有6家，主要提供海水淡化所需要的渗透膜及用于输送海水的管道。

从上市地点来看，经营自来水厂和污水处理厂的上市公司集中在上海证券交易所和深圳证券交易所主板上市，其大部分为原国有企业改制而成；而设备、服务供应商集中在深圳的中小板和创业板上市，大部分为民营企业。

从上市时间来看，也存在明显的区别。经营自来水厂和污水处理厂的上市公司上市时间较早，大部分在2000年及之前；而供应设备及服务的上市公司的上市时间集中在2008年之后，且大部分是2009年之后在创业板上市。

表2 城市水务上市公司业务分布情况

公司	代码	上市时间	自来水供应	污水处理	再生水	污泥处理	海水淡化
首创股份	600008	2000—4—27	水厂	污水处理厂	污水处理厂		
武汉控股	600168	1998—4—27	水厂	污水处理厂			

续表

公司	代码	上市时间	自来水供应	污水处理	再生水	污泥处理	海水淡化
国中水务	600187	1998—11—11	水厂	污水处理厂	污水处理厂		
钱江水利	600283	2000—10—18	水厂	污水处理厂			
南海发展	600323	2000—12—25	水厂	污水处理厂		固废处理厂	
洪城水业	600461	2004—6—1	水厂	污水处理厂			
城投控股	600649	1993—5—18	水厂				
同济科技	600846	1994—3—11		污水处理厂			
创业环保	600874	1995—6—30	水厂	污水处理厂	再生水厂		
重庆水务	601158	2010—3—29	水厂	污水处理厂			
江南水务	601199	2011—3—17	水厂				
力合股份	000532	1994—1—3		净水厂			
中原环保	000544	1993—12—8		污水处理厂			
兴蓉投资	000598	1996—5—29	水厂	污水处理厂		垃圾处理厂	
中山公用	000685	1997—1—23	水厂	污水处理厂			
锦龙股份	000721	1997—4—15	水厂				
桑德环境	000826	1998—2—25	水厂	污水处理厂		污泥处理设备	
阳晨B股	900935	1995—7—27		污水处理厂			
处理设备							
新日恒里	600165	1998—5—29		净水炭			
天通股份	600330	2001—1—18				脱水干燥机	
江苏索普	600746	1996—9—18		水处理化学品			
航天长峰	600855	1994—4—25		污水处理设备			
创元科技	000511	1994—1—6		污水处理设备			
南方汇通	000920	1999—6—16					膜
海亮股份	002203	2008—1—16					海水输送铜管

续表

公司	代码	上市时间	自来水供应	污水处理	再生水	污泥处理	海水淡化
宝莫股份	002476	2010—9—15		水处理化学品			
亚太科技	002540	2011—1—18					海水输送铝管
万邦达	300055	2010—2—26		污水处理工程承包			
碧水源	300070	2010—4—21		污水处理解决方案或产品		膜	
金通灵	300091	2010—6—25		污水处理设备			
中电环保	300172	2011—2—1		污水处理系统			
维尔利	300190	2011—3—16		垃圾处理方案			
巴安水务	300262	2011—9—16		污水处理技术		固废处理技术	
兴源过滤	300266	2011—9—27		压滤机		压滤机	
开能环保	300272	2011—11—2		全屋净水设备			

数据来源：WIND，按股票代码排序。

城市水务上市公司的基本财务情况见表3。2011年，总资产前五位的上市公司分别为：城投控股、首创股份、重庆水务、创业环保及中山公用；总市值最高的五家分别为：重庆水务、碧水源、城投控股、首创股份以及桑德环境。总资产和市值较高的上市公司大多位于城市供水和污水处理行业。市盈率最低的五家公司分别为：中山公用、城投控股、兴蓉投资、南海发展及重庆水务。就总体而言，城市供水和污水处理业公司的市盈率要低于水处理设备及服务供应行业的市盈率，前者平均市盈率为19倍，后者为44倍，这主要与投资者对于行业成长性的预期有关，投资者认为水处理设备及服务供应行业有更高的成长性。市净率最低的五家公司分别为：阳晨B股、城投控股、亚太科技、中山公用及洪城水业；就总体而言，依然是水处理设备及服务供应行业较高。净利润增长率最快的5家公司分别为：阳晨B股、新日恒里、碧水源、中山公用、江南水务。就平均水平来说，2011年城市水务上市公司的净利润都实现了正增长。

表3 城市水务上市公司基本财务情况

公司名称	股票代码	总市值（亿元）	总资产（亿元）	每股收益（元）	市盈率	市净率	净利润增长率（%）
首创股份	600008	114.4	190.2	0.24	22	2.1	8.33
武汉控股	600168	30.3	31.9	0.14	50	1.8	-44.91
国中水务	600187	42.6	18.6	0.16	65	4.0	-12.83
钱江水利	600283	28.1	29.2	0.26	37	2.9	-36.23
南海发展	600323	27.4	39.0	0.46	18	1.7	-73.11
洪城水业	600461	26.9	39.8	0.30	27	1.6	5.81
城投控股	600649	138.4	274.8	0.48	13	1.1	29.42
同济科技	600846	27.3	66.8	0.18	24	2.1	18.73
创业环保	600874	63.9	90.9	0.19	23	1.8	1.71
重庆水务	601158	288.5	173.9	0.34	18	2.5	24.37
江南水务	601199	31.4	21.9	0.55	26	1.9	57.65
力合股份	000532	26.3	10.2	0.08	95	4.1	4.66
中原环保	000544	29.2	13.7	0.30	36	4.4	10.79
兴蓉投资	000598	95.4	70.9	0.51	16	2.6	40.24
中山公用	000685	85.5	79.9	1.83	8	1.5	65.35
锦龙股份	000721	30.8	13.4	0.07	141	3.6	-85.88
桑德环境	000826	104.2	37.8	0.73	35	6.6	45.37
阳晨B股	900935	5.6	21.9	0.07	32	1.1	157.94
均值					19	2.1	12.08
处理设备							
新日恒里	600165	20.8	20.0	0.01	1057	2.1	103.66
天通股份	600330	43.9	24.6	0.02	363	3.2	-85.64
江苏索普	600746	17.7	8.1	0.07	87	3.9	34.67
航天长峰	600855	26.2	12.1	0.10	80	3.5	16.13
创元科技	000511	23.9	31.6	0.14	64	1.9	-41.18

续表

公司名称	股票代码	总市值（亿元）	总资产（亿元）	每股收益（元）	市盈率	市净率	净利润增长率（%）
南方汇通	000920	26.7	18.7	0.14	46	3.0	0.52
海亮股份	002203	56.1	69.4	0.52	24	2.2	-3.16
宝莫股份	002476	23.4	9.9	0.38	35	2.5	6.03
亚太科技	002540	28.8	23.3	0.60	23	1.3	1.98
万邦达	300055	43.9	21.1	0.33	58	2.6	22.84
碧水源	300070	134.2	44.1	1.07	39	4.1	94.68
金通灵	300091	22.4	13.4	0.29	37	2.7	0.28
中电环保	300172	22.9	9.4	0.48	50	3.0	1.91
维尔利	300190	24.1	10.5	0.92	50	2.8	5.74
巴安水务	300262	15.6	5.0	0.42	68	3.7	-26.58
兴源过滤	300266	15.1	6.9	1.02	33	3.0	18.55
开能环保	300272	16.8	4.9	0.46	42	3.7	8.92
平均			44.5	0.4	44	2.8	9.37

数据来源：WIND，按股票代码排序，计算日为2011年12月31日。

上述35家涉及城市水务的上市公司中，主业涉水的有24家。其中主营供水和污水处理业务的有16家，主营水处理设备及服务供应的有8家。从毛利率的角度看，污水处理业务的毛利率明显高于供水业务；而污水处理设备中，提供水处理设备和整体解决方案业务的毛利率较高，其中技术服务的毛利率达到98%。从主业来看，目前主要集中在供水、污水处理以及水处理设备供应这三个行业中。（见表4）

表4 城市水务上市公司业务构成

公司名称	业务项目	业务收入（万元）	毛利率（%）	占主营收入比例（%）	主业涉水	备注
首创股份	污水处理	119578	45.93	33.79	是	
	自来水生产销售	64678	26.74	18.27		
	水务建设	26708	46.83	7.54		
武汉控股	自来水生产与供应	15779	18.94	56.9	是	
	城市污水处理	3191	19.99	11.5		

续表

公司名称	业务项目	业务收入（万元）	毛利率（%）	占主营收入比例（%）	主业涉水	备注
国中水务	污水处理收入	13902	48.11	45.53	是	
	供水及水务工程	7917	37.6	25.93		
钱江水利	自来水供应	52191	44.73	91.03	是	
南海发展	自来水供应业务	45681	41.03	61.09	是	
	污水处理业务	14556	37.68	19.46		
洪城水业	自来水供应业务	97628	35.45	98.29	是	
	污水处理					
城投控股	环保处理	37110	22.48	7.92	否	以前是原水供应，现偏离水务行业
	水务收入	23438	53.66	5		
同济科技	环境工程	14957	6.67	7.42	否	
创业环保	污水处理及建设业务	127055	42.91	81.31	是	
	中水及管道接驳	10510	33.98	6.72		
	自来水供水业务	3998	38.93	2.55		
重庆水务	污水处理服务	202807	65.86	53.71	是	
	自来水销售	79320	35.33	21		
江南水务	自来水业	45021	59.47	86.35	是	
力合股份	污水处理	3949	55.19	18.45	是	
	环境工程	370	54.94	1.73		
中原环保	污水处理	16450	49.64	41.86	是	
兴蓉投资	自来水行业	117844	46.39	61.45	是	
	污水处理	70436	57.01	36.73		
	垃圾渗滤液处理					
	膜产品及水处理					
中山公用	供水	52868	21.9	66.52	是	
	污水、废液处理	10010	41.25	12.59		
锦龙股份	自来水业	8449	39.56	88.38	是	
桑德环境	固体废弃物处置	116105	34.48	72.18		
	污水处理	17531	36.3	10.71		
	自来水供应	7697	31.42	4.78		
阳晨B股	城市污水处理服务	40090	35.9	99.75	是	
处理设备						

续表

公司名称	业务项目	业务收入（万元）	毛利率（%）	占主营收入比例（%）	主业涉水	备注
新日恒里	煤炭采选业	21359	10.48	12.73	否	部分涉及，数据不详
天通股份	脱水干燥机	\	\	\	否	部分涉及，数据不详
江苏索普	水处理化学品	\	\	\	否	部分涉及，数据不详
航天长峰	污水处理设备	\	\	\	否	部分涉及，数据不详
创元科技	洁净产品	68188	23.98	27.42	是	
南方汇通	复合反渗透膜	23636	37.71	13.36	是	
海亮股份	海水输送管道	\	\	\	否	部分涉及，数据不详
宝莫股份	阳离子聚丙烯酰胺	3496	25.65	6.44	是	
	阴离子聚丙烯酰胺	5288	18.13	9.74		
亚太科技	海水输送管道	\	\	\	否	部分涉及，数据不详
万邦达	工程承包项目	25301	20.27	72.45	是	污水处理工程承包
	托管运营	8906	43.53	25.5		
	商品销售类	571	35.27	1.63		
	技术服务	140	98.69	0.4		
碧水源	污水处理解决方案	91593	49.91	89.27	是	
	给排水工程	9109	16.69	8.87		
	膜销售					
	净水器	1900	75.15	1.85		
金通灵	污水处理设备	\	\	\	否	部分涉及，数据不详
中电环保	凝结水精处理	6513	37.94	27	是	
	给水处理	9619	26.79	39.88		
	废污水处理及中水回用	3285	30.71	13.61		
	市政污水工程	4248	42.52	17.61		
	建造、安装工程承包	25	78.89	0.1		
	自动化控制	171	51.11	0.7		

续表

公司名称	业务项目	业务收入（万元）	毛利率（%）	占主营收入比例（%）	主业涉水	备注
维尔利	环保工程	15915	39.8	60.32	否	垃圾处理方案中涉及水
	环保设备	10060	45.79	38.13		
	运营服务	390	26.29	1.47		
	技术服务	12	38.42	0.04		
巴安水务	市政水处理	6245	50.12	39.11	是	
	工业水处理	9721	28.82	60.88		
兴源过滤	压滤机	\	\	\	否	部分涉及，数据不详
开能环保	水处理整体设备	10875	47.9	52.51	是	
	水处理核心部件	6859	39.1	33.12		

数据来源：WIND，按股票代码排序。

（三）财务数据分析

我们对主业涉及城市水务的24家上市公司的财务数据从盈利能力、经营能力、偿债能力和成长能力四个角度进行比较。

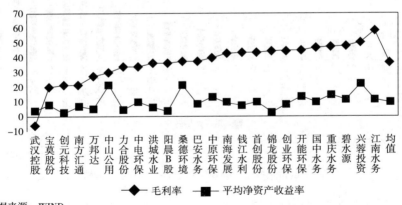

数据来源：WIND。

图2 城市水务上市公司盈利能力

考察盈利能力主要选取了毛利率和平均净资产收益率这两个指标。

2011年，这24家上市公司毛利率的平均值为36.29%，最高的5家为开能环保、重庆水务、碧水源、兴蓉投资及江南水务，都超过了44%，最高的江南水务达到57%。平均净资产收益率的平均值为9.62%，最高的5家为中山公用、桑德环境、兴蓉投资、开能环保及重庆水务，集中在污水处理以及水处理设备及服务供应行业，其中最高的重庆水务为20.9%。相比于供水行业的价格限制，污水处理行业受到国家鼓励，而水处理设备以及水处理方案作为一般的商品，其供应完全受市场价格的指导，价格弹性也相对较大，因而盈利能力也相对较强。(见图2)

总资产周转率反映企业的资产利用效率。以自来水和污水处理为主的上市公司由于其行业特点，总资产周转率普遍较低，大多未超过0.5次/年，均值也只有0.34次/年。其中超过0.5次/年的有：钱江水利、宝莫股份、开能环保、创元科技及南方汇通，业务多涉及水处理设备及服务供应。(见图3)

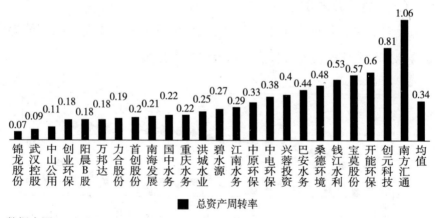

数据来源：WIND。

图3　城市水务上市公司经营能力——总资产周转率

各公司在存货周转率方面表现出很大差异。桑德环境、洪城水业、国中水务等公司的存货周转率非常突出，都在40次/年以上。而钱江水利、武汉控股、首创股份等水务公司的存货周转率较低。总体来说污水处理行业的存货周转率比自来水供应的存货周转率要高。(见图4)

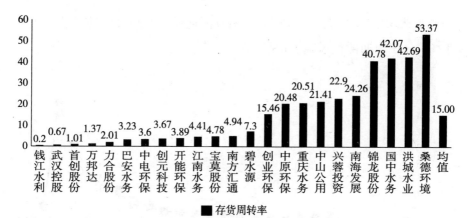

数据来源：WIND。

图4　城市水务上市公司经营能力——存货周转率（次/年）

24家上市公司的资产负债率均值为37.7%，水平比较低，仅有8家公司的资产负债率超过50%，总体来说经营比较稳健。其中部分新上市的公司资产负债率都在25%左右，资金充足。（见图5）

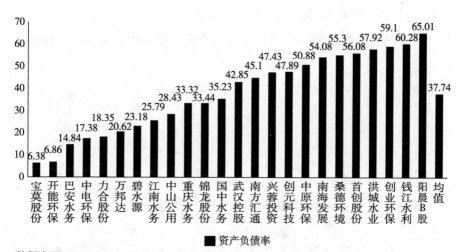

数据来源：WIND。

图5　城市水务上市公司偿债能力——资产负债情况

流动比率和速动比率反映企业偿还流动债务的能力。流动比率和速动比率都低于1的有5家，分别为钱江水利、锦龙股份、阳晨B股、

洪城水业及中山公用。武汉控股、南方汇通及创元科技的速动比率也低于1，存在短期偿债风险。（见图6）

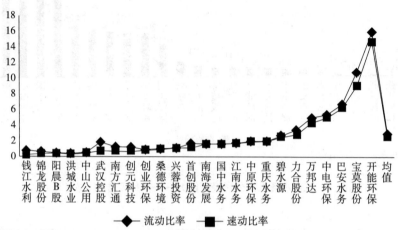

数据来源：WIND。

图6 城市水务上市公司偿债能力——短期偿债能力

2011年，共有18家水务公司实现了营业收入的正增长，17家水务公司实现了利润总额的正增长，大部分公司营业收入增长速度普遍高

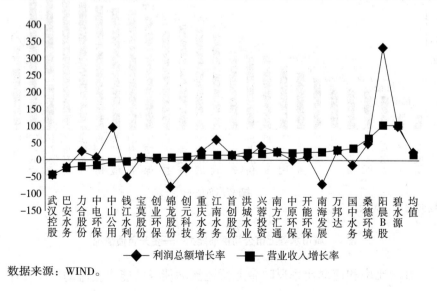

数据来源：WIND。

图7 城市水务上市公司成长能力——盈利增长情况

于净利润增长速度。其中增长率超过50%的有桑德环境、阳晨B股以及碧水源。桑德环境及碧水源为新型环保公司，体现了其较高的成长性。（见图7）

企业资产扩张方面，大部分公司实现了正增长。巴安水务、开能环保、江南水务及中电环保增长超过100%，原因在于都是2011年上市发行股份，获得了大量的募集资金。国中水务2011年也通过定向增发获得大量资金。中原环保、中山公用、桑德环境等企业通过发展，规模有了强劲的增长。（见图8）

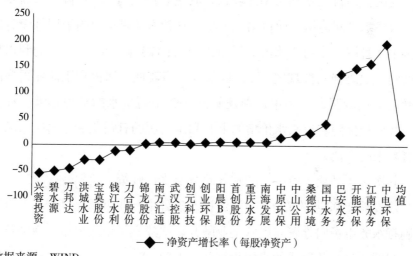

数据来源：WIND。

图8　城市水务上市公司成长能力——净资产增长情况

（四）水务上市公司的经营趋势

了解我国城市水务行业的整体发展背景，有利于我们预测水务上市公司的经营趋势。

我国水资源整体分布不均匀，处于缺水状态；水的使用以农业为主，但是工业与居民用水比例在缓慢上升；与此同时水源污染日益严重，供水安全受到威胁。

城市供水业务的现状是城市供水总量基本平稳；随着管网建设的加

强，用水普及率大幅上升；单位GDP耗水量下降，用水效率提高，但是效率仍不高。随着城镇化的加快发展，供水管网的加快建设，我国城市供水业务在今后的几年会有一定的发展，但不会有大发展；城市供水业务的另一个发展趋势是在保证量的情况下，提高供水的质量。

目前，城市污水排放量保持稳定，污水处理厂建设迅猛，但是收集污水的排水管网建设滞后，所以我国污水处理能力目前处于过剩状态，应加强排水管网建设，增加污水处理量；中国污水处理相关投资保持快速增长，污水处理标准还有较大提升空间。

我国目前再生水利用率还较低，其主要原因有：(1)再生水需要专门的再生水管网运送，而目前无论是市政管道还是房产内管网都没有预留再生水管网，令再生水的利用范围受限；(2)国家对再生水的利用只是鼓励，缺乏强制性规定；(3)自来水价格较低，居民和工商业用户的承受能力都较强，使得用户新建管网并转用再生水的动力不够。往前看，我们相信随着自来水价格的上升和水资源的日益紧张，再生水的应用将越来越广泛。

其次，还必须了解中国的水务政策及水价政策。

建设部2002年发布的《关于加快市政公用行业市场化进程的意见》，明确将水务市场向外资与民营企业敞开，并建立了市政公用行业的特许经营制度，为水务行业的市场化打开了大门。

2004年，国务院颁布《关于推进水价改革，促进节约用水，保护水资源的通知》，该《通知》明确了水价应包含四大因素：水资源费、水利工程供水价格、城市供水价格和污水处理费。现在，由于水资源获得难度加大，供水水质和污水处理标准需要提高，水价需要进一步上涨，然而模糊的水价成本使得民众对水价上涨怨言颇多，原有的水价机制面临重大挑战，水价改革正处于突破的关键时期。

城市供水业务基本饱和，城市水价改革处于关键期，供水上市公司的发展前景在于通过并购扩大供水规模以及通过改变水的品质来获得额外的收入，同时也将受益于水价改革。而城市污水处理业务目前需要做的就是加强排水管网建设,释放现有的污水处理能力,提高污水处理量;同时也要积极抢占新业务如污泥的处理以及再生水的生产及供应的市场。设备及方案供应商由于受政府干预少,主要应根据市场的形式以及国家的产业政策方向,不断提高产品的科技含量,提高水处理的效率,以科技占领市场。

我们对2008—2011年上市公司经营业务比重进行统计,发现如下两条规律:

(1)从上市时间来看,主营供水及污水处理的上市公司大多在2000年之前,而2008年后集中在中小板及创业板上市的公司多为水处理设备及服务供应商。从这里我们可以发现我国城市水务上市公司发展的一个趋势,从水供应向水环保发展。

(2)根据具体业务在总收入中所占比例的变化来看,经营供水业务的上市公司中,供水业务收入贡献比例有所下降,相反污水处理的贡献比例有所上升。这也说明了城市水务行业的发展更趋向于水环保。(见表5)

表5 2008—2011年城市水务上市公司业务构成变化

公司名称	业务项目	2008	2009	2010	2011
首创股份	污水处理	36.99	29.51	30.74	33.79
	自来水生产销售	36.12	17.37	21.71	18.27
	水务建设		19.80	16.40	7.54
武汉控股	自来水生产与供应	66.78	48.02	31.13	56.9
	城市污水处理	4.98	11.51	7.46	11.5
国中水务	污水处理收入	11.41	11.21	10.90	45.53
	供水及水务工程	74.77	73.70	61.93	25.93
钱江水利	水利水电行业	64.02	58.81	88.01	91.03
南海发展	自来水生产和供应业务	84.86	81.09	75.27	61.09
	污水处理业务	7.81	10.30	15.33	19.46

续表

公司名称	业务项目	2008	2009	2010	2011
洪城水业	自来水的生产和供应业	100.00	99.49	97.65	98.29
	污水处理				
城投控股	环保处理	9.03	10.87	9.47	7.92
	水务收入	48.20	29.57	20.12	5
同济科技	环境工程		0.45	0.37	7.42
创业环保	污水处理及污水处理厂建设业务	84.19	84.85	83.13	81.31
	中水及管道接驳	4.18	4.49	4.76	6.72
	自来水供水业务	3.77	2.91	2.56	2.55
重庆水务	污水处理服务	64.14	63.39	58.48	53.71
	自来水销售	22.79	21.06	21.73	21
江南水务	自来水业	98.36	96.91	85.02	86.35
力合股份	污水处理	11.73	14.01	12.51	18.45
	环境工程				1.73
中原环保	污水处理	55.49	52.01	50.57	41.86
兴蓉投资	自来水行业				61.45
	污水处理			99.55	36.73
	垃圾渗滤液处理				
	膜产品及水处理				
中山公用	供水	68.65	62.00	58.20	66.52
	污水、废液处理	12.23	10.76	9.61	12.59
锦龙股份	自来水业	78.95	42.79	88.23	88.38
桑德环境	固体废弃物处置工程市政施工业务		69.47	75.75	72.18
	污水处理	15.20	19.73	16.01	10.71
	自来水供应	2.26	9.53	7.44	4.78
阳晨B股	城市污水处理服务	97.69	98.45	98.38	99.75

数据来源：WIND，浅色表示递增，深色表示递减。

三 水利水电

(一) 水利水电行业介绍

我们将水利水电行业分为5个具体行业：水利工程、管道管材、提水设施（水泵）、节水设施、水力发电。相比于城市水务行业，水利水电行业上市公司的业务要单一许多，大多数上市公司以经营一项业务为主。

水利工程行业主要指承担国家投资的重大水利建设的施工任务。从国家投资方向上来看，水利工程主要有水电工程、水土生态、防洪工程以及水资源工程，其中水资源工程和防洪工程占主导。水资源工程主要包括农田水利工程，灌溉和排水工程，城镇给水排水以及跨地区大规模的输水工程，如南水北调、引黄工程等。防洪工程主要包括堤坝、河道整治工程、分洪工程和水库兴建修缮等。作为政府主导投资特征明显的行业，水利工程的增速很大程度上与国家的投资规模有关。

水利工程的建设以及城市水务行业的发展，必然会带来对输水管道的大量需求。管道按材质可以分为混凝土管道、金属管道以及塑料管道。混凝土管道由于赖腐蚀性强，使用年限久，而且可以运用于城市供排水以及各种水利工程的干支流，其需求量最大。混凝土管道包括：PCCP（带钢筒的预应力混凝土管）、PCP（预应力钢筋砼输水管）及RCP（钢筋砼排水管）。金属管道由于赖腐蚀性弱，主要运用于城市供水。塑料管道赖腐蚀性强，但承载能力有限，可运用于专项输水工程的支线。塑料管道有PVC（合成材料管）、HDPE（高密度聚乙烯管材）、PP—R管（三型聚丙烯管）及PB管材（聚丁烯）等。

提水设施主要是指水泵，水泵广泛运用于农业灌溉、城市供排水以及水利工程中。节水设施行业包括生产或运用节水材料、设备（如喷灌滴管设备）及生产水量水质监测设备（如水表）的公司。前者广泛运用于现代农业中。

水力发电行业包括经营水力发电厂的公司，在中国清洁能源的发展已经成为战略规划，水电作为清洁能源之首，其地位也越来越重要。

（二）水利水电行业上市公司

目前在A股市场上，涉及上述水利水电业务的上市公司有39家，其中经营水利工程建设的有6家，供应管道管材的有9家，生产提水设施的有3家，生产和使用节水设施的有5家，经营水电业务的有16家。（见表6）

表6 水利水电行业上市公司的基本财务情况

公司名称	股票代码	上市时间	总市值（亿元）	总资产（亿元）	每股收益（元）	市盈率	市净率	净利润增长率（%）
水利工程								
中工国际	002051	2006—06—19	123.3	119.2	1.05	27	4.9	27.4
粤水电	002060	2006—08—10	32.4	82.1	0.20	46	1.4	−21.8
围海股份	002586	2011—06—02	23.9	17.5	0.78	32	3.0	31.8
葛洲坝	600068	1997—05—26	268.5	663.2	0.45	17	2.4	12.6
安徽水利	600502	2003—04—15	44.9	60.4	0.75	18	4.0	24.4
中国水电	601669	2011—10—18	392.6	1632.2	0.49	11	1.4	24.3
均值				429.1	0.6	15	2.0	16.4
管道管材								
国统股份	002205	2008—01—23	16.1	15.7	0.25	56	1.9	−45.2
伟星新材	002372	2010—03—18	39.4	21.3	0.87	18	2.3	28.9
青龙管业	002457	2010—08—03	29.5	18.7	0.54	25	1.9	−2.3
巨龙管业	002619	2011—09—29	12.6	8.1	0.67	25	2.1	1.9
大连三垒	002621	2011—09—29	20.0	10.0	1.08	23	2.1	25.1
永高股份	002641	2011—12—08	27.8	23.5	1.14	16	1.8	6.2
龙泉股份	002671	2012—04—26	\	5.1	1.02	\	\	18.0
顾地科技	002694	2012—08—16	\	11.9	0.94	\	\	161.2
纳川股份	300198	2011—04—07	23.0	9.9	0.56	31	2.5	31.0
均值				13.8	0.8	18	1.9	25.0
提水设施								

续表

公司名称	股票代码	上市时间	总市值（亿元）	总资产（亿元）	每股收益（元）	市盈率	市净率	净利润增长率（%）
利欧股份	002131	2007—04—27	37.2	18.2	0.39	32	3.7	5.3
新界泵业	002532	2010—12—31	33.5	10.4	0.38	56	4.0	1.7
南方泵业	300145	2010—12—09	25.9	12.7	0.68	27	2.6	44.4
均值				13.8	0.5	35	3.4	17.2
节水设施								
大禹节水	300021	2009—10—30	32.2	11.2	0.11	108	7.6	2.2
三川股份	300066	2010—03—26	13.7	10.6	0.60	22	1.6	−5.2
先河环保	300137	2010—11—05	27.8	9.2	0.26	69	3.2	−13.8
新疆天业	600075	1997—06—17	38.3	44.7	0.22	40	2.1	−14.0
亚盛集团	600108	1997—08—18	85.1	44.7	0.06	77	3.2	−14.9
均值				24.1	0.3	58	3.0	−9
水电								
湖北能源	000883	1998—05—19	99.3	313.2	0.29	17	1.1	−42.2
闽东电力	000993	2000—07—31	23.7	28.0	0.05	128	1.6	−82.1
黔源电力	002039	2005—03—03	26.9	155.1	−0.41	−32	1.7	−229.4
明星电力	600101	1997—06—27	28.9	24.8	0.68	13	1.9	43.9
三峡水利	600116	1997—08—04	34.6	28.9	0.25	53	3.4	2.1
岷江水电	600131	1998—04—02	25.6	24.6	0.25	20	3.3	−10.7
桂冠电力	600236	2000—03—23	86.4	209.6	0.09	45	2.8	−70.9
桂东电力	600310	2001—02—28	35.8	51.4	0.38	34	1.9	−36.7
西昌电力	600505	2002—05—30	32.3	15.7	0.50	18	4.2	5.2
乐山电力	600644	1993—04—26	27.1	37.6	0.24	34	3.5	27.0
川投能源	600674	1993—09—24	104.5	134.9	0.38	30	1.7	2.7
梅雁水电	600868	1994—09—12	38.3	36.4	0.01	388	1.8	−95.9
长江电力	600900	2003—11—18	1049.4	1583.9	0.47	14	1.5	−6.4
郴电国际	600969	2004—04—08	31.5	41.8	0.43	35	3.3	8.1
广安爱众	600979	2004—09—06	27.1	32.2	0.10	46	2.9	7.2
文山电力	600995	2004—06—15	32.7	21.3	0.28	24	3.0	6.7
均值				171.2	0.2	17	1.7	\

数据来源：WIND，按股票代码排序。

从上市地点来看，水电行业的上市公司基本在上海证券交易所上市，且上市时间一般较早，都在2004年之前。而管道管材、提水设施及节水设施行业的上市公司集中在深圳证券交易所的中小板及创业板上市，且上市时间大多在2008年之后，集中在2010年及2011年。

水利工程行业中，中国水电的资产及市值规模最大，市盈率及市净率最低，葛洲坝次之；行业平均市盈率为15倍；该行业净利润增长率的平均值达到16.4%。管道管材行业中，龙泉股份和顾地科技在2012年上市；总资产及市值规模排名前三的是伟星新材、永高股份及青龙管业，平均市盈率为18倍；该行业的净利润增长率的平均值也达到了25%。提水设施行业的平均市盈率达到了35倍，净利润增长率的平均值也达到了17.2%。节水设施行业无论市盈率还是市净率都较高，市盈率高达58倍，目前盈利能力不强，利润总体实现了负增长，净利润平均下降了9%。水电行业上市公司较多，其中最大的几家分别是长江电力、桂冠电力、湖北能源及黔源电力，都分布在水力资源丰富的地区。水电行业除个别公司由于特殊原因出现利润大幅下降的情况外，总体增长比较缓慢。（见表7）

表7 水利水电行业上市公司业务构成

公司名	业务项目	业务收入（万元）	毛利率	占主营收入比例（%）	备注
水利工程					
中工国际	工程承包和成套设备	527129	14.19	73.46	部分为水利工程
粤水电	土木工程建筑业	389415	8.23	96.77	水利水电工程
	水力发电行业	6726	53.2	1.67	
围海股份	海堤工程	110427	16.48	84.89	海堤、防洪工程
	城市防洪工程	2204	6.82	1.69	
	水库工程	4589	8.65	3.52	
	技术服务	2773	50.53	2.13	
	河道工程	6803	8.09	5.23	

续表

公司名	业务项目	业务收入（万元）	毛利率	占主营收入比例（%）	备注
葛洲坝	工程承包施工	3551759	9.63	76.31	水利水电工程
	水力发电	11777	33.54	0.25	
安徽水利	水利工程	150955	7	28.41	水利水电工程
	发电	2615	17.97	0.49	
中国水电	建筑工程承包	10137714	12.75	89.34	水利水电工程
	电力投资与运营	404558	40.84	3.56	
均值		1093531.7	20.6	33.4	
管道管材					
国统股份	PCCP	56961	26.94	88.98	
	PVC、PE、HDPE管道	2598	12.02	4.05	
	钢筋混凝土管片	3576	9.7	5.58	
伟星新材	PPR 管材管件	63618	45.63	37.49	
	PE 管材管件	67303	26.61	39.66	
	PB 管材管件	9492	43.03	5.59	
	HDPE 双壁波纹管	8449	33.27	4.97	
青龙管业	钢筋混凝土管材	61901	33.09	62.2	
	塑料管材	31179	20.05	31.33	
巨龙管业	PCCP	25702	35.98	74.45	
	PCP	4310	51.8	12.48	
	RCP	4192	33.86	12.14	
	自应力管	201	20.44	0.58	
大连三垒	PE/PP 管自动化生产线	16187	45.88	67.59	
	精密磨具	2210	49.64	9.23	
	设备	858	49.9	3.58	
	PVC 管自动化生产线	3985	52.48	16.64	
永高股份	PPR 管材管件	43165	31.22	18.57	
	PE 管材管件	18840	15.75	8.1	
	型材	8302	3.57	3.57	
	CPVC 管材管件	4792	18.67	2.06	
	PVC 管材管件	149115	18.21	64.15	

续表

公司名	业务项目	业务收入（万元）	毛利率	占主营收入比例（％）	备注
龙泉股份	PCCP	53660	33.13	98.62	
顾地科技	PVC 管道	89468	17.36	64.68	
	PE 管道	30929	25.63	22.36	
	PP 管道	17489	27.34	12.64	
纳川股份	DN600—DN1400	12540	54.37	45.53	
	DN1500 以上	7121	47.07	25.85	
	DN300—DN500	6980	54.71	25.34	
均值		27762.9	32.3	29.9	
提水设施					
利欧股份	微型小型水泵	91314	20.2	70.81	
	清洗和植保机械	9313	26.53	7.22	
新界泵业	机械制造业	73617	21.25	96.29	水泵
南方泵业	专用设备制造业	85305	36.39	98.61	水泵
均值		64887.3	26.1	68.2	
节水设施					
大禹节水	节水材料	27182	36.36	68.03	
	节水工程收入	12629	23.94	31.6	
三川股份	智能表	19377	29.18	41.78	
	节水表	5806	24.34	12.52	
	普通表	13964	21.49	30.11	
先河环保	水质连续自动监测系统	652	44.27	4.45	
	污水在线自动监测系统	407	52.93	2.78	
新疆天业	塑料制品	71835	12.1	19.84	
亚盛集团	农业	118380	27.83	80.51	农业涉及滴灌技术
均值		30025.8	30.3	32.4	
水电					
湖北能源	水电业务	233346	62.24	24.28	
闽东电力	售电收入	28484	28.14	73.99	
黔源电力	水电	95874	50.48	98.14	
明星电力	电力销售	63178	30.28	78.15	

续表

公司名	业务项目	业务收入（万元）	毛利率	占主营收入比例（%）	备注
岷江水电	电力行业	66494	18.18	99.07	
桂冠电力	水电	131806	49.57	62.96	
桂东电力	电力销售	123297	22.42	59.96	
西昌电力	电力	54851	27.54	98.98	
乐山电力	电力	90091	16.89	43	
川投能源	电力	99663	45.32	86.58	
梅雁水电	水力发电	14559	19.85	22.2	
长江电力	电力	2010401	60.39	97.11	
郴电国际	电力销售	147707	14.49	79.59	
广安爱众	电力	48487	32.21	52.07	
文山电力	电力行业	153286	25.74	98.72	
均值		224101.6	33.6	71.7	

数据来源：WIND，按股票代码排序。

从水利水电行业上市公司业务构成来看，都比较单一，基本以其所在行业的主营业务为主进行经营。其中，水利工程承包的整体毛利率较低，而管道管材及水力发电的毛利率较高，中国最大的水电上市公司长江电力的毛利率达到了60%。

（三）财务数据分析

水利工程行业中，2011年收益能力和总资产周转率最高的企业是安徽水利和围海股份，其经营能力较强。该行业的整体资产负债率水平较高，均值达到了72.5%，最低的也超过了50%，这是因为工程行业需要巨大的初始投资。其中有4家公司的速动比率低于1，存在一定的偿债风险。除粤水电以外，其他几家公司的营业收入和利润总额均实现了正增长。（见图9）

管道管材行业中毛利率最高的公司是纳川股份、大连三垒以及巨龙管业，接近40%。但就净资产收益率来讲，2012年上市的永高股份和龙泉股份最高，都超过20%；这两家公司的经营能力也较强，资产的利用效率均较高。总体而言，该行业的负债水平较低，偿债能力较强。

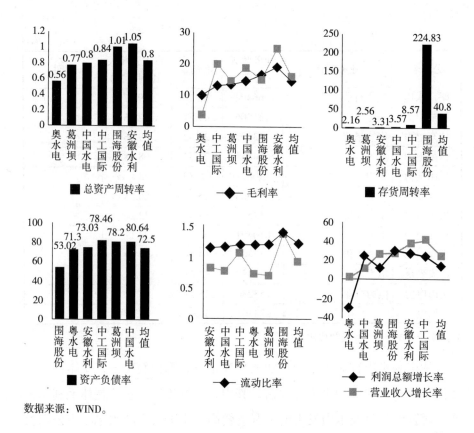

数据来源：WIND。

图 9 水利工程行业财务分析

2011年营业收入均实现了正增长，仅有3家公司的利润总额出现了下降，每股净资产除青龙管业外也均实现了正增长。（见表8）

表 8 管道管材行业财务分析

公司名称	毛利率	平均净资产收益率	总资产周转率	存货周转率	资产负债率	流动比率	速动比率	利润总额增长率	营业收入增长率	净资产增长率
国统股份	25.22	3.35	0.42	2.81	39.82	2.51	2.14	-49.48	17.94	2.18
伟星新材	34.25	13.33	0.84	4.13	19.44	3.52	2.81	30.41	35.83	9.18

续表

公司名称	毛利率	平均净资产收益率	总资产周转率	存货周转率	资产负债率	流动比率	速动比率	利润总额增长率	营业收入增长率	净资产增长率
青龙管业	27.97	8.08	0.54	2.17	17.4	5	3.93	-4.7	16.8	-32.75
巨龙管业	37.67	12.44	0.53	3.19	25.93	2.47	2.06	-0.07	7.58	112.87
大连三垒	47.19	14.08	0.35	2.16	4.56	20.51	19.04	25.56	9.9	136.91
永高股份	20.25	16.09	1.28	6.6	33.07	2.28	1.83	6.95	28.13	116.48
龙泉股份	32.64	36.43	1.26	6.55	59.15	1.15	0.9	16.19	27.73	12.12
顾地科技	20.46	24.32	1.36	5.3	58.06	1.06	0.74	151.04	35.23	27.65
纳川股份	52.54	13.51	0.43	4.2	8.22	9.63	9.07	31.39	43.7	138.41
均值	33.1	15.7	0.8	4.1	29.5	5.3	4.7	23.0	24.8	58.1

数据来源：WIND，按股票代码排序。

在提水设备中，南方泵业从盈利能力、经营能力、偿债能力和成长能力来说，都是最强的。总体来说节水设施的盈利能力较弱，2011年除大禹节水外，利润总额都出现了负增长。（见表9）

表9 提水和节水设施行业财务分析

公司名称	毛利率	平均净资产收益率	总资产周转率	存货周转率	资产负债率	流动比率	速动比率	利润总额增长率	营业收入增长率	净资产增长率
利欧股份	20.31	14.02	0.9	4.11	42.63	1.43	0.99	7.89	7.89	49.07
新界泵业	20.6	7.5	0.75	3.78	18.71	3.84	2.82	4.41	34.73	-46.7
南方泵业	35.96	10.28	0.73	4.1	20.26	3.94	3.3	50.05	36.08	-39.54
均值	25.6	10.6	0.8	4.0	27.2	3.1	2.4	20.8	26.2	-12.4
大禹节水	32.54	7.16	0.42	1.24	61.91	1.3	0.86	0.93	22.15	-47.96
三川股份	26.32	7.32	0.47	3.34	12.92	6.75	5.7	-4.73	21.6	-47.51
先河环保	55.52	4.74	0.16	1.57	5.73	16.51	15.67	-12.76	-14.64	-19.39

续表

公司名称	毛利率	平均净资产收益率	总资产周转率	存货周转率	资产负债率	流动比率	速动比率	利润总额增长率	营业收入增长率	净资产增长率
新疆天业	17.27	5.45	0.8	2.08	48.81	0.93	0.21	-11.01	5.33	-18.54
亚盛集团	26.1	4.17	0.34	2.93	38.87	1.22	0.87	-8.1	4.23	2.65
均值	31.6	5.8	0.4	2.2	33.6	5.3	4.7	-7.1	7.7	-26.2

数据来源：WIND，按股票代码排序。

水力发电的整体盈利能力在整个水利水电行业中处于中等水平，平均净资产收益率较高的几家为西昌电力、岷江水电以及明星电力，该行业由于初始投资高，资产负债率水平整体较高，流动比率和速动比率较低，存在短期偿债风险；该行业有将近一半公司的利润总额出现的负增长，受宏观用电量的影响较明显。（见表10）

表10 水力发电行业财务分析

公司	毛利率	平均净资产收益率	总资产周转率	存货周转率	资产负债率	流动比率	速动比率	利润总额增长率	营业收入增长率	净资产增长率
湖北能源	16.87	6.78	0.32	27.59	68.66	0.6	0.56	-44.23	-15.18	6.76
闽东电力	33.59	1.21	0.14	0.51	43.38	1.17	0.45	-87.08	-24.44	-1.93
黔源电力	51.06	-5.14	0.06	314.94	79.12	0.12	0.12	-181.68	-32.43	-6.96
明星电力	30.46	15.85	0.33	10.95	37.71	0.48	0.38	53.41	-3.93	15.29
三峡水利	19.78	6.62	0.32	4.01	62.9	0.71	0.5	-12.4	12.53	4.12
岷江水电	18.85	18.25	0.29	2120.8	68.39	0.19	0.19	2.54	24.52	19.69
桂冠电力	29.07	6.28	0.2	18.69	78.09	0.47	0.44	-60.67	-9.03	3.01
桂东电力	19.72	6.95	0.47	19.99	57.82	0.65	0.6	-43.69	3	58.6
西昌电力	26.91	27.36	0.34	160.21	45.5	0.24	0.23	3.09	8.5	31.45

续表

公司	毛利率	平均净资产收益率	总资产周转率	存货周转率	资产负债率	流动比率	速动比率	利润总额增长率	营业收入增长率	净资产增长率
乐山电力	22.81	10.58	0.57	8.8	70.54	0.42	0.24	12.98	17.76	8.6
川投能源	46.08	5.96	0.1	9.24	51.78	0.8	0.73	5.12	5.14	12.5
梅雁水电	14.78	0.47	0.17	11.1	39.02	0.31	0.23	−93.89	−0.03	1.44
长江电力	59.31	11.46	0.13	26.15	56.91	0.13	0.13	−7.19	−5.39	3.14
郴电国际	21.31	10.26	0.46	52.05	72.36	1.12	1.09	0.49	10.03	20.01
广安爱众	33.97	6.65	0.29	22.85	62.85	0.63	0.59	−7.52	23.01	6.21
文山电力	23.66	12.81	0.76	356.15	48	0.42	0.41	5.51	15	11
均值	29.3	8.9	0.3	197.8	58.9	0.5	0.4	−28.5	1.8	12.1

数据来源：WIND，按股票代码排序。

（四）水利水电行业的发展趋势

了解国家关于水利水电行业的政策，有利于把握水利水电行业的发展趋势。

大力发展水利水电事业一直是中国的重要国策。由于极端天气频发，而且我国水资源整体紧张，2011年中央1号文件《中共中央国务院关于加快水利改革发展的决定》做出了加快水利建设的决议，这意味着整个"十二五"期间我国水利投资会有很大的提升。国家加强水利水电投资，意味着更多的水利水电项目上马，直接受益的是水利工程建设企业。2011年，我国最大的水利工程公司中国水电上市，也是这一趋势的表现。与此同时也会带来对建材的大量需求，带动上下游企业如水泥、管道管材行业的发展。随着现代农业的发展以及国家对节水的日益重视，节水设施和提水设施的需求也会越来越大，特别是当发生极端天气时。中国曾向国际社会承诺节能减排的目标是：2020年非化石能源消费占整体能源消费的15%。要达到这个目标，光是加速发展核能、风能、太阳能等清洁能源还远远不够，必须要尽快大力发展水电，与此同时随着电力价格的逐步改革，电价也会逐步上升，这也利于增加水电行业的盈利能力，由于自然原因的限制，新的大规模的水电工程开发也不可能。

我们从水利水电板块公司的上市时间可以发现该板块的发展趋势。从上市时间来看，水电企业上市时间较早，基本都在2004年之前，最近几年没有相关企业上市，行业发展已经较为成熟。而在2008年之后的上市公司集中在节水设施、提水设施、管道管材以及部分水利建设行业。一方面水利建设是水资源利用的根本，国家每年都会大力投资，尤其是中央1号文件的指示，该行业在将来也会有大的发展；另一方面，由于我国水资源有限，而城镇化进程加快发展，水资源供需矛盾的出现会促使节水时代的到来。这必然会带来对节水设施、管道管材的大量需求。这些行业集中在最近几年上市，且估值水平较高，投资者对其有较高的增长预期。水利水电行业总的发展趋势是向提高水资源的利用效率方向发展。

四 涉水上市公司总体比较

（一）各行业的综合比较

综合比较各行业数据的平均值，能够对行业之间的比较产生较好的认识。从图10中可以看出，2011年盈利能力最强的是管道管材和水务行业，管道管材及提水设施行业的总资产周转率也较高，这与行业的性质是有关系的。负债水平较高的行业是水电及水利工程行业，都超过50%，而其他则很低。从增长情况来看，管道管材、水务行业、提水设施的利润增长速度相对较高。

（二）与整体市场比较

通过与整体市场比较，有利于我们发现上述涉水各行业在A股市场上的估值水平。从涉水上市公司内部来看，平均市盈率从低到高依次是水利工程、管道管材、供水及污水处理、提水设施、水处理设备及节水设施；节水设施及水处理设备行业估值水平较高，投资者对其将来的成长性预期很高。和整体市场比较来看，各行业平均市盈率均高于全部A股的市盈率水平，从市净率的角度来看，也会发现同样的结论；涉水行业的整体估值水平较高，这在一定程度上说明投资者涉水行业的发展存在一定的预期，尤其是对估值水平较高的处理设备及节水设施行业。（见图11）

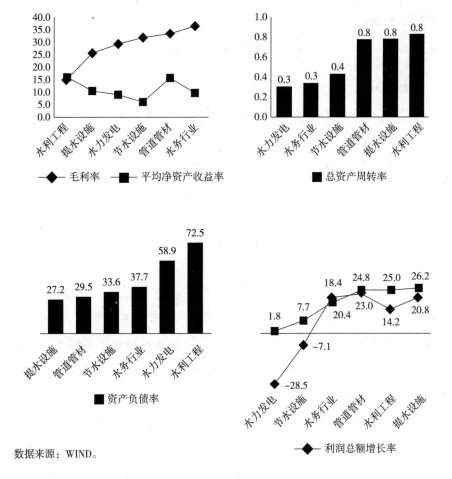

数据来源：WIND。

图10　涉水各行业综合比较

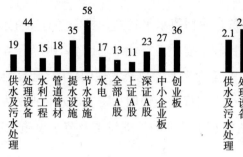
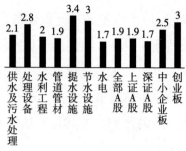

数据来源：WIND。

图 11　与整体市场估值比较

作者简介

朱乾宇，女，1975年6月生，湖北武汉人，经济学博士，应用经济学博士后，中国人民大学农业与农村发展学院副教授。

罗　兴，男，1990年生，中国人民大学农业与农村发展学院硕士研究生。

新木点评

涉水上市公司2012年的整体数据未到公告期，本报告只是2011年的总体数据结论。但这个报告已经告诉了我们一些最重要的信息：涉水上市公司与整体资本市场比较，平均市盈率高于全部A股的市盈率水平，这一结论符合我们的理论假设。这一结论反映了《中共中央国务院关于加快水利改革发展的决定》的威力。

但这一结论并不完全吻合我们的业绩猜想。原因大体是：水务部门并未完全走出公共品供给的制度困局，这类企业多为社会包袱沉重，城市基础设施建设（水厂、管网、污处设施）欠账太多，国企大股东受制政府的非经济目标，激励不足，水价受限，房地产诱惑使涉水企业非水化。

涉水上市公司的国家宏观政策的"利好"消息不断，我乐观预期涉水公司的整体盈利水平会不断向好！

专题报告

2008—2012年中国城市水价状况统计分析报告

刘 迅 任俊霖

我国现有660座城市，本报告将从中选取部分城市，对其近5年的水价实施情况进行统计分析。主要包括居民饮用水、工业用水和非工业用水价格分析，以及"阶梯水价"实施状况分析。本报告所指主要城市包括各省会城市（包括直辖市）、副省级城市及部分大城市（人口规模100万以上）。由于条件限制，港澳台地区的水价资料搜集有一定困难，数据不够完备。

一 中国城市水价概述

（一）中国城市水价类型及其价格

水价指城市供水价格，是指城市供水企业、单位通过一定的工程设施，将地表水、地下水进行必要的净化、消毒处理，使水质符合国家规定的标准后供给用户使用的商品水价格，包括居民生活饮用水、工业生产用水以及非工业类用水。污水处理费计入城市供水价格，按城市供水范围，根据用户使用量计量征收。

目前，中国城市主要针对以下几类用水行业进行收费：城市居民饮用水、工业用水、行政事业类用水、经营服务类用水、特种行业用水，各类水价之间的比价关系由所在城市人民政府价格主管部门会同同级城市供水行政主管部门结合本地实际情况确定。

城市供水价格由供水成本、费用、税金和利润构成。成本和费用按国家财政主管部门颁发的《企业财务通则》和《企业会计准则》等有关规定核定。中国城市水价实行的是各省市自行根据实际情况定价原则，因此，全国各城市、各行业用水价格并不统一。

（二）中国城市水价管理机构

按照国家发展和改革委员会与水利部联合制定的《水利工程供水价格管理办法》规定，水利工程供水价格采取统一政策、分级管理方式，区分不同情况实行政府指导价或政府定价。政府鼓励发展的民办民营水利工程供水价格，实行政府指导价；其他水利工程供水价格实行政府定价。

根据国家计委和建设部1998年制定的《城市供水价格管理办法》第四条规定，县级以上人民政府价格主管部门是城市供水价格的主管部门。县级以上城市供水行政主管部门按职责分工，协助政府价格主管部门做好城市供水价格管理工作。

（三）中国城市水价制定原则

1. 可持续发展原则

可持续发展是既满足当代人的需求，又不损害后代人满足其需求的能力的发展，包括代际公平和代内公平，强调经济社会发展要与水资源开发利用相协调。水价制定应该保证水资源的可持续开发利用。水价应该包含水资源开发利用的外部成本——环境水价，如水环境污染造成的经济损失和水环境恢复所需要补充的水资源费用。

2. 可承受原则

承受包括心理承受和物质承受两个维度。物质承受能力和心理承受能力都会影响供水价格。承受能力较高则价格较高，相反则价格较低。社会各阶层收入不同，因此承受能力也不尽相同。政府出于社会公平、经济发展等因素的考虑，应该出台政策和措施保证所有的用水对象都有足够的能力支付其所购买的必需的用水，因此，水价制度过程中应考量用水户的承受能力。

3. 合理收益原则

合理的水价应该保证供水企业能够收回供水过程中所有的成本以及获得合理的收益。这有两层含义：一方面，只有收回成本和正常的获利，才能保证供水企业的正常运行，使其有足够的资源进行扩大再生产；另一方面，正常的价格才能反映资源供求关系，才能传递准确的成本信号，杜绝资源浪费。目前我国的水价制定中，水价水平明显偏低，水生产企业不能回收成本，导致难以正常运行。而对用户来讲，价格不能传递准确的成本信号，所以浪费严重。

4. 公平与效率兼顾原则

公平原则要求水价制定需考虑不同收入阶层、不同区域、不同国家、不同用水户和代际之间的公平，保证每个人在既定条件下都有平等的权利获取其生存和发展所需要的水资源。效率原则要求水价制定应该符合资源配置最优化的原理。应该制定合理的水价使水资源流向效率最高的领域，谋求水资源的最有配置。

公平与效率二者往往相互矛盾，不能兼得。这要求水价政策的制定者在制定水价过程中创造性解决问题。针对那些公共品性质较强的行业，如必需的基本性的生活用水，就将公平放在首位，对于市场性和商品性较强的行业，则优先考虑效率原则。

5. 区域统一定价原则

我国水资源分布受地域因素和气候因素影响，大体上呈现出南多北少特点，但各地因自然地理条件、社会经济条件差异，水资源的供求状况差异较大，因此，制定全国统一的水价不具有操作性。在同一区域或者水资源供求相似地区，可以制定统一的水价政策，按照用水户类型和各行业特点，分别制定具体供水价格。

（四）中国水价发展历程

新中国成立以来，我国经历了计划经济时代和中国特色社会主义市场经济时代，水价也经历了无偿使用到有偿使用的过程，不同时期不同经济发展状况下的水价主要经历了四个阶段。

1. 无偿使用时期（1949—1965年）

1949年新中国成立后，政府投资兴建了大量的水利工程与设施，工程建设费和维护费、涉水单位活动经费基本上由国家财政支付，居民和工业用水实行无偿使用。

2. 福利供水时期（1965—1985年）

此阶段的标志是《水利工程水费征收、使用和管理试行办法》的颁布实施。该办法旨在逐步改变无偿供水模式，渐进推行供水收费制度。该办法按照自给自足、适当积累的原则，期望通过收费来补偿水利工程管理、维修建筑物、设备更新等费用。但是，由于没有考虑供水成本，水价标准较低，水利工程管理单位也难以实现"自给自足，适当积累"。

3. 重视成本时期（1985—1997年）

这一时期逐渐重视供水成本，强调供水的商品属性，将供水视作有偿的经济行为，提倡合理收取水费。1985年国务院颁发的《水利工程水费核定、计收和管理办法》明确提出在供水成本基础上核算水费标准，使水费向商品化迈进奠定了基础。

1988年颁布的《中华人民共和国水法》规定："对城市直接从地下取水的单位，征收水资源费；其他直接从地下或江河、湖泊取水的，可由省、自治区、直辖市人民政府决定征收水资源费。"

1997年国务院颁布的《水利产业政策》规定："新建水利工程的供水价格，按照满足运行成本和费用、交纳税金、归还贷款和获得合理利润的原则制定。原有水利工程的供水价格，要根据国家的水价政策和成本补偿、合理收益的原则，区别不同用途，在三年内逐步调整到位，以后再根据供水成本变化情况适时调整。"

4. 水价改革时期（1997年至今）

从1997年辽宁省桓仁县的水务市场改革试点开始，我国水价发展经历了多轮调整和改革。1998年国家计委和建设部颁布的《城市供水价格管理办法》规定，"城市供水价格由供水成本、费用、税金和利润构成","供水企业合理盈利的平均水平应当是净资产利润率8%—10%"。首次明确提出供水企业受益比例。

2002年国家发展计划委员会、财政部、建设部、水利部、国家环境保护总局联合颁布文件《关于进一步推进城市供水价格改革工作的通知》。通知要求,"全国各省辖市以上城市应当创造条件在2003年底以前对城市居民生活用水实行阶梯式计量水价,其他城市也要争取在2005年底之前实行"。首次明确提出阶梯水价的实施时间进度安排。

2004年国家发展和改革委员会与水利部联合制定的《水利工程供水价格管理办法》正式实施,明确了水利工程供水价格按照补偿成本、合理收益、优质优价、公平负担的原则制定,并强调应根据供水成本、费用及市场供求的变化情况适时调整,要求实行超定额累进加价、丰枯季节水价和季节浮动水价制度,逐步推广基本水价和计量水价结合的两部制水价制度。

(五) 中国水价水平的影响因素

1. 自然因素

水资源属于自然资源,其价格必然受到自然禀赋的影响。影响水价的自然因素包括当地水资源的丰富程度、水质因素、水源多元化因素和水资源开发利用难易程度等。我国水资源受地理和气候因素影响,时空分布不均,影响水价制定;水质同样影响水价的形成,水作为商品供应给消费者,质优者价高理所应当;水资源单一地区和水资源多元化地区对水价的制定也不相同;另外,水资源开发利用的难易程度也会影响水价的形成。

2. 社会经济因素

"影响价格水平的社会经济因素包括社会经济发展水平、用水户承受能力、政策因素、机构因素、体制因素和环境保护因素等,这些因素从不同的侧面对供水价格产生着影响。"一般来讲,经济发展水平比较发达的地区,水价可以相对高一些,而落后地区,水价可以适当低些。用水户承受能力强,则供水价格较高,承受能力弱则价格较低。产业结构对水价影响较大，尤其是当农业产值比重较大的地区，水价则势必较低，工业产值比重大的区域，水价相应较高。水价还受到经济体制和组织结构的影响，水价并不是完全依靠市场来自然形成，其受到政府"看得见的手"的影响较大。环境保护政策也会间接的影响水价的形成。

3. 工程因素

工程因素包括供水工程投资规模、投资结构因素和工程运行状况因素。投资规模决定固定资产的大小以及折旧费、成本回收周期和运行维护费的多寡，而投资结构决定了供水工程性质，也会影响水价的形成。

供水工程的运行状况同样影响水价的制定。运营良好的工程需要的日常运营和维护相应较少，摊派到供水价格里的成本较少，水价就较低，而供水工程状况差则供水成本高，水价亦高。

二 2008—2012年中国水价发展状况分析

（一）2008—2012年中国水价调整情况综述

1. 城市自来水均价

统计结果显示，2008年我国城市平均自来水价格为2.11元/吨，污水处理费平均价格为0.82元/吨。2012年我国城市平均自来水价格为3.98元/吨，污水处理费平均价格为0.97元/吨（见表1）。

表1 2008—2012年主要城市平均水价

年份 类别	自来水平均价格（不含污水处理费）	污水处理费
2008	2.11	0.82
2009	3.46	0.92
2010	3.87	0.97
2011	3.98	0.97
2012	4.06	0.99

数据来源：中国水网网站，http://www.h2o-china.com。

2.城市自来水均价涨幅

2012年自来水价格比2008年增长了88.6%,污水处理费价格增长了18.3%。2009年较2008年,城市自来水平均价格上涨了64%,是近五年涨幅最大的一年,2010年较2009年上涨11.8%,2011年上涨2.8%,2012年上涨2%。城市自来水平均价格涨幅趋缓。城市污水处理费涨幅最大一年同样为2009年,增幅达到12.2%,之后增幅逐渐缩小,与城市自来水价增幅变化趋势相似。可见,2009年我国城市自来水价格进行了大幅调整。

3.城市自来水水价调整情况

在统计的57座城市中,2008—2012年进行过水价调整的城市共有35座,61.4%的城市进行过水价调整。其中,水价调整次数4次的城市有天津市和苏州市,水价调整次数3次的城市有南京市和银川市,水价调整次数2次的城市有上海市、太原市、宁波市、福州市、株洲市、广州市、南宁市和兰州市,调整次数为1次的城市是北京市、重庆市、石家庄市、唐山市、秦皇岛市、呼和浩特市、大连市、沈阳市、无锡市、徐州市、合肥市、芜湖市、南昌市、济南市、洛阳市、绵阳市、长沙市、深圳市、海口市、哈尔滨市、贵阳市、昆明市、遵义市(见表2)。

表2 2008—2012年主要城市水价调整次数

次数\选项	城 市	数量(座)	占比(%)
4	天津、苏州	2	3.5
3	南京、银川	2	3.5
2	上海、太原、宁波、福州、株洲、广州、南宁、兰州	8	14
1	北京、重庆、石家庄、唐山、秦皇岛、呼和浩特、大连、沈阳、无锡、徐州、合肥、芜湖、南昌、济南、洛阳、绵阳、长沙、深圳、海口、哈尔滨、贵阳、昆明、遵义	23	40.4
总计		35	61.4

（二）2008—2012年中国主要城市饮用水价格统计分析

饮用水本是指可以不经处理、直接供给人体饮用的水。目前，我国居民饮用水水质标准还未达到直接饮用的水平。本报告分析所指饮用水为我国各城市的水务单位通过对原水的处理，通过专门管网通道输送至居民家中供日常生活使用。包括饮用、煮饭、洗浴、冲厕等日常活动。

当前，我国并未执行全国统一的饮用水价格，各省市、各城市根据自己实际情况制定当地饮用水价格。2008—2012年五年时间段内，我国主要城市（不含澳门、台湾地区）饮用水价格的平均价格是1.77元/吨，饮用水价格最高城市为香港，5年均值达到4.16元/吨，而价格最低城市为拉萨市，5年均值为0.6元/吨。我国主要城市平均（2008—2012年）饮用水价格统计见表3：

表3　2008—2012年中国主要城市饮用水水价（元/吨）

名次	城市	价格	名次	城市	价格
1	香港	4.16	30	兰州	1.75
2	天津	3.92	31	贵阳	2
3	北京	2.96	32	成都	1.95
4	济南	2.6	33	郑州	1.6
5	长春	2.5	34	海口	1.6
6	重庆	2.7	35	徐州	1.73
7	昆明	2.45	36	广州	2.22
8	石家庄	2.5	37	大庆	1.5
9	秦皇岛	2.8	38	银川	1.8
10	太原	2.4	39	福州	1.7
11	大连	2.3	40	合肥	1.55
12	西安	2.25	41	南京	1.61
13	齐齐哈尔	2.2	42	乌鲁木齐	1.36
14	呼和浩特	2.35	43	杭州	1.35
15	哈尔滨	2.4	44	三亚	1.35
16	唐山	2.25	45	南宁	1.48
17	宝鸡	2.08	46	西宁	1.3

续表

名次	城市	价格	名次	城市	价格
18	宁波	2.4	47	上海	1.63
19	深圳	2.3	48	长沙	1.5
20	遵义	2	49	芜湖	1.25
21	包头	1.95	50	宜昌	1.12
22	厦门	1.8	51	武汉	1.1
23	青岛	1.8	52	南昌	1.18
24	洛阳	1.65	53	桂林	1.03
25	沈阳	1.8	54	吉林	1
26	无锡	1.9	55	柳州	0.84
27	苏州	1.83	56	赣州	0.75
28	绵阳	1.75	57	拉萨	0.6
29	株洲	1.61			

数据来源：中国水网网站，http://www.h2o-china.com。

（三）2008—2012 年中国主要城市工业用水价格统计

工业用水主要指工业生产过程直接或间接使用的水量，通过利用其水量、水质和水温来实现其价值。工业用水主要包括生产用水、辅助生产用水和附属生产用水三大部分。直接用于工业生产的水，叫做主要生产用水。按用途可以分为工艺用水、间接冷却水。按水的类型分为原水、重复用水、冷却水、除盐水、软化水、蒸汽、废（污）水等。为主要生产装置服务的辅助生产装置所用的自用水为辅助生产用水，包括机修用水，锅炉水处理站自用水，空压站用水，污水处理场自用水，贮运用水，鼓风机站、氧气站、电修、检验化验等用水。锅炉和水处理站供给主要生产装置的蒸汽、除盐水、软化水等水的产品不属于辅助生产用水，应属于主要生产用水。附属生产用水是指在厂区内，为生产服务的各种生活用水和杂用水的总称，但基建用水和消防用水不在此列。

工业生产过程中，工业用水主要领域包括：(1) 原料用水，直接作为原料或作为原料一部分而使用的水；(2) 产品处理用水；(3) 锅炉用水;(4) 冷却用水等。其中冷却用水在工业用水中一般占60%—70%。工业用水量虽较大，但实际消耗量并不多，一般耗水量约为其总用水量的0.5%—10%，即有90%以上的水量使用后经适当处理仍可以重复利用。

2008—2012年五年时间内，我国主要城市（不含澳门、台湾地区）工业用水价格的平均价格是2.44元/吨，饮用水价格最高城市为天津市，5年均值达到6.18元/吨，而价格最低城市为柳州市，5年均值为0.93元/吨（见表4）。

表4 2008—2012年中国主要城市工业用水水价（元/吨）

名次	城市	价格	名次	城市	价格
1	天津	6.184	30	无锡	2.168
2	长春	4.6	31	银川	2.086
3	北京	4.316	32	贵阳	2.066
4	昆明	4.28	33	广州	2.048
5	香港	4.16	34	苏州	2.042
6	秦皇岛	3.958	35	郑州	2
7	齐齐哈尔	3.95	36	绵阳	1.946
8	唐山	3.896	37	株洲	1.864
9	哈尔滨	3.58	38	上海	1.83
10	宁波	3.446	39	吉林	1.8
11	石家庄	3.434	40	厦门	1.8
12	大连	3.2	41	南宁	1.774
13	呼和浩特	3.156	42	杭州	1.75
14	大庆	3	43	南京	1.7
15	济南	2.9	44	武汉	1.65
16	重庆	2.89	45	福州	1.614
17	包头	2.7	46	合肥	1.6
18	太原	2.7	47	长沙	1.566
19	深圳	2.636	48	乌鲁木齐	1.48
20	西安	2.55	49	芜湖	1.454
21	兰州	2.496	50	宜昌	1.45
22	海口	2.486	51	三亚	1.4

续表

名次	城市	价格	名次	城市	价格
23	宝鸡	2.48	52	拉萨	1.4
24	洛阳	2.45	53	桂林	1.38
25	成都	2.42	54	西宁	1.38
26	徐州	2.238	55	南昌	1.3
27	沈阳	2.23	56	赣州	0.95
28	青岛	2.2	57	柳州	0.93
29	遵义	2.2			

数据来源：中国水网网站，http://www.h2o-china.com。

（四）2008—2012年我国主要城市非工业用水价格统计

非工业用水是相对工业用水而言的，指那些不按工业用水水价收费的用水行业和部门。非工业用水主要包括居民饮用水、行政事业用水、经验服务和特种行业用水。

表5 2008—2012年中国主要城市工业用水水价（元/吨）

（不含污水处理费）

名次	城市	价格	名次	城市	价格
1	西安	17.38	30	长春	9.08
2	香港	17.37	31	大连	8.72
3	昆明	16.89	32	青岛	8.56
4	乌鲁木齐	16.62	33	宁波	7.93
5	兰州	15.87	34	南昌	7.84
6	宝鸡	15.39	35	石家庄	7.80
7	银川	15.31	36	厦门	7.54
8	西宁	15.27	37	赣州	7.44
9	遵义	15.09	38	天津	7.43
10	贵阳	14.19	39	合肥	7.10
11	哈尔滨	13.85	40	福州	6.86
12	拉萨	13.31	41	唐山	6.78
13	大庆	12.99	42	太原	6.72

续表

名次	城市	价格	名次	城市	价格
14	深圳	12.25	43	芜湖	6.63
15	海口	12.09	44	包头	6.46
16	桂林	12.01	45	吉林	6.28
17	济南	11.53	46	杭州	6.18
18	柳州	11.18	47	秦皇岛	6.14
19	南宁	11.15	48	呼和浩特	6.06
20	株洲	11.05	49	苏州	5.96
21	广州	10.94	50	徐州	5.89
22	长沙	10.40	51	无锡	5.17
23	郑州	10.21	52	沈阳	4.99
24	武汉	10.08	53	南京	4.78
25	洛阳	9.94	54	齐齐哈尔	4.59
26	北京	9.87	55	上海	3.14
27	宜昌	9.74	56	重庆	2.95
28	成都	9.69	57	三亚	2.47
29	绵阳	9.67			

数据来源：中国水网网站，http://www.h2o-china.com。

表5为2008—2012年我国主要城市非工业用水水价统计结果（不含污水处理费用）。2008—2012年五年时间段内，我国主要城市（不含澳门、台湾地区）非工业用水价格的平均价格是9.63元/吨，非工业用水价格最高城市为西安市，5年均值达到17.38元/吨，而价格最低城市为三亚市，5年均值为2.47元/吨。

随着我国产业结构的调整，城市用水行业中，过去的用水大户，如钢铁、造纸、纺织、冶金行业的关闭、淘汰、升级、改造，工业用水量逐渐下降，按理总的用水量理应下降，但由于许多新兴行业的不合理用水，致使我国城市淡水资源浪费现象严重。尤其是在绿化、洗车、小区人工湖、公共区域水景观等非工业用水领域，非工业行业用水量不断递增。

非工业用水领域不合理用水的原因大致有二：(1) 虽然居民用水和

工业用水价格前低后高,但差距不大,因此,某些单位用水就显得大手大脚。(2)节水型设施、设备推广力度不够。

三 阶梯水价实施的政策依据、现状、问题及对策

(一)"阶梯水价"概念

"阶梯水价"是指将居民用水和非居民用水按用水需求分类,实行分类计量收费和超定额累进加价收费,在满足居民生活正常用水的基础上,实行用水量越多收费越高的计价模式,从而通过经济手段实现节水目的。"阶梯水价"旨在充分发挥市场、价格因素在水资源配置、水需求调节等方面的作用,拓展水价上调的空间,增强企业和居民的节水意识,避免水资源的过度消耗和浪费。其基本特点是用水量越多,水价越贵。

"阶梯水价"的内涵是在合理核定居民用水及各类企业营业用水基本用量的基础上,对基础定量以内的用水量实施低价策略,而对超过基本用水量的部分实行超量累进加价策略;对公共服务用水(主要是居民饮用水)实行低价策略,对政策合理的工业生产行业实施中等价格策略,而对高耗水等营运用水采取高价策略。"阶梯水价"实质是运用价格杠杆促进居民节水,保护城市水资源。"阶梯水价"实施中应该科学合理的确定起征点,尽量保障城市低收入者的利益,不增加其负担。

(二)"阶梯水价"分级及计算方式

"1998年国家计委、建设部《城市供水价格管理办法》指出:可将阶梯式计量水价分为3级,级差为1:1.5:2。具体比价关系由所在城市人民政府价格主管部门会同同级供水行政主管部门结合本地实际情况确定。"

1. 当实际用水量在第一级水量基数范围内时,阶梯水费 = 基本水价 × 实际用水量。

2. 当实际用水量在第二级水量基数范围之间时，阶梯水费＝基本水价×第一级水量＋基本水价×1.5×（实际用水量－第二级水量基数下限）。

3. 当实际用水量超过第二级水量基数上限时，阶梯水费＝基本水价×第一级水量＋基本水价×1.5×第二级水量基数区间范围＋基本水价×2×（实际用水量－第二级水量基数上限）。

（三）"阶梯水价"优势及意义

1. 有利于水资源可持续发展

"阶梯水价"实行分段累计计价模式，有利于促进居民节水意识的提高，在一定程度上遏制以往水资源浪费及不合理使用等效率低下现象，从而有利于水资源的可持续发展。按"阶梯水价"机制，超过合理的基础使用量就需要支付更高的使用成本，使用越多支付成本就越高。如果用水户想节约支付成本就需要降低使用量，就意味着要提高用水效率，提升单位水的使用价值。在这一机制推动下，城市节约、居民节约意识、水资源保护就会得到重视和提升；同时，为了更好地利用有限的水资源，其他替代性或者改良式的用水方式将会得到更好发展，中水回用、再生水、污水处理回用等技术的发展也会进步。

2. 有利于水行业的健康发展

目前的水价计价模式水价较低，不能完全反映水价的生成成本，造成供水企业无法实现成本补偿和自负盈亏的良性发展机制，部分供水企业甚至入不敷出，对企业良性发展和扩大再生产产生了较大负面影响。"阶梯水价"模式在保障城市居民基本用水需求量的基础上，针对那些超额用水量征收超额费用，对超过基本水量的用户执行高额的边际成本价格能够提升供水企业的收益，有利于供水企业开展管道改造、技术更新、水资源开发、水污治理等日常活动，同时有利于供水企业提高供水质量，改善供水环境和扩大再生产。

3. 有利于社会公平

目前的水价征收机制下，当地的所有用水户实行的是统一价格，表面上看是全社会享有了公平的政策，体现了人人平等这一原则。但是，社会层次多样，有高收入阶层，也有下岗职工、离退休人员、残障人士等城市低收入弱势群体，不同层次的居民用水使用的水量是有差距的。高收入阶层因为条件优越，使用的高耗水家具、器材亦更多。"一刀切"的价格模式下，事实上高收入群体占了更大的便宜，付出的边际成本更低，富人阶层节约用水的动机很小，浪费现象比较普遍和严重。阶梯式收费模式下，对满足居民生活基本需求量的用水实行低价策略，对低收入和弱势群体影响不大；而对高收入群体有比较大的制约，利于促进高收入群体节约用水，从而整体上更利于社会公平的实现。

（四）"阶梯水价"缺陷及困境

1. 起始分段用水量难以科学确定

起始用水量和分段用水量的科学合理设定是"阶梯水价"成功实施的关键，起始分段水量的多少直接影响"阶梯式水价"的实施成果。起始分段水量设定过低，居民的基本生活保障得不到落实，不利于社会公平；设定过高则发挥不了"阶梯水价"的优势，无法起到督促居民节约用水的初衷，不利于水资源的可持续发展。

国际上的用水标准是人均每天25—30升水，一个3口之家每天只需要90升水左右，每月则需要3立方左右，如果是5口之家，每月大约需要5立方左右。而"据亚洲开发银行统计，在使用阶梯式水价并有起始分段水量的17个自来水公司中仅有2个小于或等于每月5立方，其他大多数都大于或等于每月15立方"。因此，起始用水量的核定必须要综合考虑效率、公平和居民承受可承受能力等诸多因素，过高过低都无法起到促进节约用水、提高水资源利用效率的目的，"阶梯水价"促进水资源保护和可持续利用的优势也无法发挥。

2. 阶梯价格划分不合理

"阶梯水价"实行分段计量计价的目的在于体现水资源的真实成本的同时，还在于保护城市低收入弱势群体，通过少用少收费多用多收费的制度安排促进用水户节约用水，实现水资源的保护，环境的保护。但是,从目前我国部分实施"阶梯水价"的城市看,阶梯价格差距不大,低价与高价级差较小,难以实现社会公平及促进节约用水。

我国实施阶梯水价的城市多采用三级阶梯价格,比如厦门市将民用自来水分为三个档次收费:年用水量在180吨及其以下2.2元每立方,180—300吨3.3元每立方,300吨以上4.4元每立方。银川市居民生活用水价格标准是:年用水量在144吨(含144吨)以内的,实行一级水价1.70元;年用水量在144—216吨(含216吨)的,实行二级水价2.80元;年用水量在216吨以上的,实行三级水价4.00元。当前中国居民用水价格成本占居民可支配收入的平均比例不到1%,远低于世界银行建议的3%至5%,福利性的低水价不利于保护水资源。

据调查表明,水费支出对居民的心理影响为:当水费占家庭收入的1%时,心理影响不大;2%时有一定影响,开始关心水费;2.5%时,引起重视,注意节水;5%时影响较大,认真节水;10%时,影响很大,考虑水的重复使用。据统计,2011年厦门市城镇居民人均可支配收入为33565元,一个三口之家年均可支配收入可达到10万元。当用水户使用180吨水量时,费用所占比例也不到城镇家庭收入的1%,按照厦门市的计算方式,水费要达到家庭收入的1%,需要使用近300立方水。因此,以目前的这种价格差别,再加上起始分段水量定得较高,水费支出在居民家庭收入中占的比例很小,对居民节水的心理影响作用不大,利用阶梯水价促进居民节水的目的基本无法达到。

(五)我国城市居民生活用水阶梯式水价制度现行相关政策

20世纪90年代,各大城市开始进行水价调整,拉开了我国城市水价改革的序幕,城市居民生活用水水价调整和推行阶梯式水价制度成为城市水价改革的重要内容。自1998年以来,国家出台了一系列水价改革的政策和文件,形成了推行城市居民生活用水阶梯式水价制度的政策基础,在各地开展的水价改革实践中起到了重要的指导作用。

《城市供水价格管理办法》(计价格〔1998〕1810号)提出"城市供水应逐步实行容量水价和计量水价相结合的两部制水价或阶梯式计量

水价"，"城市居民生活用水可根据条件先实行阶梯式计量水价"，并明确了阶梯式计量水价的分级、级差和计算公式。此后，国务院、原国家计委在出台的多个关于城市供水价格改革的政策文件中，都将推行城市居民生活用水阶梯式水价制度放在十分重要的位置。

《国家发展计划委员会等关于贯彻城市供水价格管理办法有关问题的通知》（计价格〔1999〕611号）指出，城市供水价格改革试点城市要"重点开展居民生活用水实行'阶梯式计量水价'"。《国务院关于加强城市供水节水和水污染防治工作的通知》（国发〔2000〕36号）提出"可继续实行计划用水和定额管理，对超计划和超定额用水要实行累进加价收费制度"。

原国家计委《关于改革水价促进节约用水的指导意见》（计价格〔2000〕1702号）指出"适时推进阶梯式水价和两部制水价制度，促进节约用水"。《国家计委、财政部、建设部、水利部、国家环保总局关于进一步推进城市供水价格改革工作的通知》（计价格〔2002〕515号）提出了城市居民生活用水实行阶梯式计量水价的日程表。

《国务院办公厅关于推进水价改革促进节约用水保护水资源的通知》（国办发〔2004〕36号）提出"加快推进对居民生活用水实行阶梯式计量水价制度"。为认真贯彻落实相关精神，同年国家发展改革委、财政部、建设部等部门还联合下发了《关于贯彻国务院办公厅关于推进水价改革促进节约用水保护水资源有关问题的通知》（发改价格〔2004〕1250号）。《国家发展改革委、住房城乡建设部关于做好城市供水价格管理工作有关问题的通知》（发改价格〔2009〕1789号）提出，要积极推行居民生活用水阶梯式水价制度。

2011年中央一号文件提出"积极推进水价改革。充分发挥水价的调节作用，兼顾效率和公平，大力促进节约用水和产业结构调整"，"合理调整城市居民生活用水价格，稳步推行阶梯式水价制度"，为当前水价改革工作指明了方向。

2012年6月21日，国家发改委、水利部、住建部印发《水利发展规划（2011—2015年）》。规划提出了防洪减灾、水资源保障、水资源节约保护、水土保持与河湖生态修复等目标。规划还提到，要加快完善水价形成机制，充分发挥水价的调节作用，稳步推行阶梯水价制度，对高耗水的特种行业用水实行高水价，鼓励中水回用。探索实行农民定额内用水享受优惠水价、节约转让、超定额用水累进加价的办法。

（六）部分城市居民生活用水阶梯式水价制度实施现状

截至2011年年底，全国36个大中城市中，太原、呼和浩特和乌鲁木齐等城市推行了阶梯式水价制度或进行了阶梯式水价制度试点。其中，大多数城市实行的阶梯式水价分为三级，只少数城市实行两级阶梯水价，昆明实行四级阶梯水价。各城市推行的阶梯式水价制度基本上都是以户（以每户3—4人）为单位，第一级水量基数一般设定为每月每户9—32吨，大多数城市的水价级差都遵循《城市供水价格管理办法》（计价格〔1998〕1810号）提出的1∶1.5∶2。有的还针对集体户、成员超过一定数量的家庭等特殊情况作出了规定；有的针对冬季和夏季的第一级阶梯水量基数作出了不同规定。各大中城市推行居民生活用水阶梯式水价制度的情况如表6所列：

表6 中国部分城市居民生活用水阶梯式水价

城市	一级水量（吨）	二级水价（元）	三级水量（吨）	水价（元）	水量（吨）	水价（元）
太原	3（月人）	2.3	3—4.5	4.6	4.5以上	6.9
呼和浩特	10（月户）	2.6	10以上	3.9		
沈阳	9（月户）	1.9	9以上	4.1		
大连	8（月户）	2.9	8以上	10.6		
南京	20（月户）	1.24	20—30	1.86	30以上	2.48
宁波	18（月户）	1.65	18—30	2.48	30以上	3.3
福州	18（月户）	2.05	18—25	2.65	25以上	3.25
厦门	15（月户）	2.85	15以上	3.3		
郑州	12（月户）	2.4	12—20	3.15	20以上	3.9

续表

城市	一级水量（吨）	二级水价（元）	三级水量（吨）	水价（元）	水量（吨）	水价（元）
武汉	22（月户） 14（夏季，月户）	1.9	22—30 夏季	2.45	30 以上	3.0
合肥	12（冬季，月户）	2.31	14—20 冬季 12—20	2.77	20 以上	3.79
深圳	23（月户）	2.71	23—30	3.75	30 以上	4.79
南宁	32（月户）	1.45	32—48	2.18	48 以上	2.9
昆明	10（月户）	2.45	10—15	4.9	15—20	6.13
					大于20	7.35
银川	12（月户）	1.7	12—18	2.8	18 以上	4
贵阳	21（月户）	2.0	21—36	3.0	36 以上	4
乌鲁木齐	3（月人）	2.1	3—5	3.15	5 以上	4.2

资料来源：根据《中国物价年鉴2011》和付健等人《关于稳步推行城市居民生活用水阶梯式水价制度的思考》（《水利发展研究》2012年第3期）综合整理。

（七）阶梯式水价制度实施中存在的主要问题

1. 基本水量的设定标准问题

阶梯水价一个明显的局限性：基本水量核定过多，起不到督促居民节水的作用。因而，基本水量恰当与否，对阶梯式水价的成功与否起决定性作用。从了解到的情况看，各地都在设定基本水量时一般都比较宽松。加上大多数用户都比较注意节水，因而实行结果绝大多数用户都没有超过基本水量。总之，过高的基本用水量，不利于阶梯式水价在促进水资源保护和可持续利用方面优势的发挥。此外，在三级水量水价的设置上，现行的标准也不利于促进节水和严惩浪费水的行为。目前多数地方设置的三级水量，是按照国家发改委建议的1∶1.5∶2的办法，级差明显过小，特别是第三级水量水价设置过低，对高收入家庭难以起到控制其过量用水的行为。

2. 计量问题

目前概括起来，计量用水量有一定难度。一是人户分离的情况较为普遍，难于准确测量用户的真实用水量。二是城市中还存在机关大院自备井取水的水量及其收费计量问题没有解决，造成阶梯水价同城不同价，有失于公平。三是计量收费使用的智能水表和 IC 都普遍存在质量差、使用寿命短、超期使用、计量不准确等问题，造成用水透支，而使用机械水表，又费工费力，经常遇到入户抄表的障碍。这都对实施阶梯水价产生不利影响。

3. 推进水价改革与供水企业利益协调问题

主要有：一是由于推进水价改革，实行阶梯式计量水价，供水企业还将增加抄表到户人员及成本费用，加上目前未计量的公共用水、管网漏失、偷水等造成的损失，也是由供水企业负担，这势必损害企业的利益。二是改革后用户节水意识增强，售水量的下降，也将减少企业售水收入。三是目前尚有约40%的供水企业处于经营亏损状态，如果实施阶梯水价不能解决其经营亏损问题，改革将难以推进。可见，推进阶梯水价，如何协调好供水企业的利益，鼓励企业积极参与改革，也是需要解决的问题。

4. 相关政策法规尚不健全

全国范围内、各省级行政区域及各城市与阶梯式水价制度配套的相关政策法规尚不健全，如水价听证、成本监审、困难家庭用水优惠等制度等还不够完善。

（八）主要解决对策

1. 合理制定实施目标，科学编制实施规划

人多水少、水资源时空分布不均是我国的基本国情水情，推进我国城市居民生活用水阶梯式水价制度的主要目的是充分发挥水价的调节作用，兼顾效率和公平，大力促进节约用水。目标明确、规划先行是我国成功推行各项制度的科学经验，制定合理的实施目标、编制科学的实施规划是推动我国城市居民生活用水阶梯式水价制度的基础。为确保阶梯式水价制度的顺利施行，国家相关部委应在摸清我国城市居民生活用水阶梯式水价制度实施现状的基础上，尽快制定全国性的总体目标和

分区域目标，分近期和远期编制详细的实施规划；各省级行政区域相关部门应以全国总体目标、分区域目标和实施规划为基础，结合本地实际情况，尽快制定合理的实施目标，编制本行政区域实施规划；各城市人民政府相关部门应从实际出发，制定本行政区域实施目标并编制实施规划，坚决贯彻落实。

2. 针对水价构成各部分特点提出阶梯式价格政策

城市居民生活用水价格应针对水价构成各部分不同特点，提出阶梯式价格政策。由于水资源费是资源水费，为充分体现水资源的价值，水资源费应执行阶梯式价格政策。自来水厂供水价格是对工程建设和供水服务的补偿，其定价应按国家有关规定执行，是否执行阶梯式价格政策应视情况而定。如自来水厂供水价格已经是弥补全成本费用并计提合理利润后的价格，则不应执行阶梯式水价政策；如不足以弥补成本费用，需要由财政进行补贴，则财政补贴应只针对第一阶梯水量进行补贴。也就是说，超出第一阶梯水量以外的用水不应享受财政补贴，应以全成本费用水价（含合理利润）作为计收标准。污水处理费定价应按国家有关规定执行，建议暂不执行阶梯式价格政策，在进行深入研究后，可进行实践探索。以下两条建议仅针对水资源费。

3. 合理确定第一级水量基数和水价，科学制定水价级数和级差

合理确定第一级水量基数和水价是制定阶梯式水价制度的首要任务。第一级水量基数过小、水价过高，难以确保城市居民的基本生活用水权利，第一级水量基数过大、水价过低又不能很好体现水价的杠杆作用，促进节约用水。因此，第一级水量基数和水价应根据确保居民基本生活用水的原则制定，兼顾效率与公平，促进节约用水。建议各城市政府以第六次人口普查数据为基础，掌握居民人口情况，并准确统计居民生活用水现状，以每户平均人数和用水量为基础，适当考虑节水潜力，合理制定第一级水量基数。有国外研究表明，能够满足居民最低需求和家庭卫生最低需要的城市居民生活用水量通常为每人每日50升，称为基本水量。我国《城市居民生活用水量标准》（GB/T 50331—2002号）

规定了城市居民生活用水量标准，分地域分区给出了人均日用水量的范围，最高限为每人每日125—220升，最低限为每人每日75—150升，最低限高于基本水量。建议第一级水量基数以该城市所属地域城市居民生活用水标准的最低限（即每人每月2.25—4.5吨）乘以平均每户人口数确定，若每户以3人计算，则第一级水量基数为每月6.75—13.5吨。同时，在充分考虑普通居民承受能力的基础上，合理制定第一级水价。

科学制定水价级数和级差是发挥水价在节约用水方面的杠杆作用的重点之一。为更好地发挥水价的调节作用，有条件的地区，可适当增加居民生活阶梯水价的阶梯级数，缩小水量级差，加大水价级差。居民生活用水阶梯水价的第二级水量基数和水价应本着改善和提高居民生活质量的原则制定。第二级水量基数应相对较小，水价设定应与第一级水价有一定的价差。建议第二级水量基数以《城市居民生活用水量标准》（GB/T 50331—2002号）中不同地域分区人均日用水量的最高限（每月3.75—6.6吨）乘以平均每户人口确定，若每户以3人计算，则第二级水量基数为每月11.25—19.8吨。第三级以上，水量基数和水价应按照满足特殊需要的原则制定。水量、水价级差可适当增大，最高阶梯的水价甚至可设定为第一阶梯水价的10倍以上，对奢侈性用水设定高价格，充分发挥水价在节约用水中的杠杆作用。

4. 加快计量设施建设

安装计量设施是推进抄表到户工作、继而实现阶梯式征收水价的设施基础。各城市政府应尽快根据当地实际情况，制订水量计量系统改造计划和实施方案，积极引导和支持供水企业推行抄表到户，供水企业因此增加的改造、运营和维护等费用，可计入供水成本。

本报告的问题及建议部分，主要根据北京市价格协会课题组研究成果《深化阶梯水价改革的建议》和付健等人的研究论文《关于稳步推行城市居民生活用水阶梯式水价制度的思考》综合整理。

参考文献

[1] 王丽杰、唐万新:《阶梯式计量水价的理论分析》,《气象水文海洋仪器》2002年第2期。

[2] 张德霁、陈西庆:《我国城市居民生活用水价格制定的思考》,《华东师范大学学报(自然科学版)》2003年第6期。

[3] 齐广平:《城镇居民生活用水水价及水价结构分析》,《甘肃农业大学学报》2002年第6期。

[4] 林家园:《对阶梯式计量水价的认识与思考》,《水科学与工程技术》2005年第3期。

[5] 李明、金宇澄:《居民生活用水实施阶梯水价引发的思考》,《积水排水》2006年第3期。

[6] 栾维功、钟玉秀:《水价确定的影响因素》,《水利发展研究》2004年第10期。

作者简介

刘 迅,男,1980年生,武汉大学博士研究生,现任教于湖北经济学院会计学院。

任俊霖,男,1986年生,武汉大学经济与管理学院管理科学与工程博士研究生。

新木点评

本报告初步反映了中国的城市水价及其演变过程。今后我们将深入进行城市水质的比较,供水服务的比较,定价程序的比较,科学管理的比较。

人们说,民以食为天,食以水为先。水价是一个十分敏感的话题,虽然许多城市的水价已经实施了听证程序，但大多是围绕水价的生产、经营成本进行讨论，并不能充分科学地体现水价的本质规定性。

最近中国水务投资公司董事长王文柯在一个论坛上讲：水价要涨到30、40元一吨才行，成为了热度高的新闻，且受到非议和责难。后来《人民日报》2013年4月17日发文澄清此说法，称涨价说意在呼吁增强公众的节水意识，中国水务无水价调整的计划。

我们在回应民众民生关切应该有智慧，但水价是一个绕不开的话题，水价涉及顶层制度设计，水价涉及资源市场化改革能走多远。

水价的顶层制度安排应该是水资源的市场化改革，水资源市场化改革是否到位的标志是水资源的价格必须充分反映水资源的供水关系、资源的稀缺性；反映生产成本和全部经营成本；反映资源和环境破坏的全部修复成本，如果水资源的定价原则要反映三大成本，不涨价可能吗？涨价是必然趋势。

人们会怀疑这一制度安排的可行性，会说，穷人喝不起水怎么办？这一疑问在三十年前同样遇到过，那时人们也都反对粮食涨价，谷物几十年几分钱一斤，几十年计划定额供应，近二十年粮价已基本跟国际接轨，已高达两三元一斤，吃不饱饭的人怎么办，低收入者实行"粮补、粮贴"财政已十多年了，再听不到人们对粮价高的抱怨了。如果政府适时地、逐步地考虑社会经济承受力，提升水价，且适时出台"水贴"制度安排，再过十年，水价涨到十元一吨肯定很正常，而且听不到水涨价的抱怨声。

中国城市污水处理能力建设报告

柳德才

一 污水处理的概念和目的

污水处理是指通过一系列水处理设备，运用生物、化学、物理等方法将被污染的工业废水、生活废水或河水等水源进行净化处理，以达到国家规定的水质标准。水质标准是表示生活饮用水、工农业用水等各种用途的水中污染物质的最高容许浓度的具体限制和要求。[1]

城市污水通过管道输送到污水处理厂，经处理澄清成为卫生安全的净化水后排放。若不经过处理任其排放，就会恶化环境、污染水体、毒害水中生物、传播疾病，不仅严重地危害人民的生活和健康，而且也影响工农业生产，因此，要求污水在排放前必须经过处理。污水处理的目的是使污泥减量、稳定、无害化及综合利用。而污水处理的目的要从水处理和污泥的处理两个方面进行统一的考虑。此外，从更广泛的角度看，净化后的污水是再生回用水资源污泥成为能有效利用的能源和有机资源。

二 污水处理的方法

污水处理的基本方法就是采用各种技术与手段，将污水中所含的污染物质进行分离去除、回收利用，或将其转化为无害物质，使污水得到

净化。按照处理原理分类可以分为物理处理法、化学处理法、生物化学处理法和物理化学处理法四类。（见表1）

表1 污水处理技术分类及其作用

物理法	筛滤截留法	格栅：主要截留污水中大于栅条间隙的漂浮物。
		筛网：主要用网孔较小的筛网截留污水中纤维等细小悬浮物。
		滤机：机械型式较多，其作用相当于转动的筛网。
		沙滤：靠水压差使污水通过滤层，滤除细小悬浮物、有机物。
	重力分离法	沉淀：通过重力沉降分离废水中呈悬浮状污染物质。
		气浮：用于去除污水中相对密度小于1的污染物质。
	离心分离法	水旋分离器：设备固定，废水通过水泵打入分离器内，造成旋流产生离心立场，使悬浮颗粒分离出来。
		离心机：由设备本身高速旋转，以产生离心力，使悬浮物分离出来。
	高梯度磁分离法	利用磁场中感应磁场和高磁梯度所产生的磁力从液体中分离颗粒污染物或提取有用物质。
化学法	化学沉淀法	向废水中投加可溶性化学药剂，使之与水中呈离子状态的无机污染物起化学反应，生成不溶于水或难溶于水的化合物，析出沉淀，使废水得到净化。
	中和法	利用中和过程处理酸性或碱性的废水。
	化学氧化法	利用液氯、臭氧、高锰酸钾等强氧化剂氧化分解废水中的污染物。
	电解法	利用电解的基本原理，使废水中有害物质通过电解过程，在阴阳两极分别发生氧化和还原反应，以转化成无害物，达到净化水质的目的。
生物化学法	好氧性生物处理法	鼓风曝气：将压缩空气不断地打入污水中，保证水中有一定浓度的氧，以维持好氧型微生物生命活动，分解有机物。
		机械曝气：利用装在曝气池内的机械叶轮转动，剧烈搅动水面，使空气中的氧溶于水中，供微生物生命活动。
		纯氧曝气：按鼓风曝气方法向水中吹入纯氧，以充分提高充氧效率。
		深井曝气：一般用0.5—6米，深达50—150米的曝气装置，利用水压来提高水中氧的转移速率，以进行高效去除污水中BOD含量。

续表

	生物膜法	生物滤池：通过各相间的物质交换及生物氧化作用，使废水中有机物讲解，达到净化的目的。
		塔滤：塔高8—24米，直径1—3.5米，由于内部通风好，水力冲刷强，污水同空气、生物膜充分接触，生物膜更新速度快，各层生长有适应于废水性质的不同生物群。
		生物转盘：由固定在一横轴上的若干间距很近的圆盘组成，圆盘面上生长一层生物膜，以净化污水。
		生物接触氧化：供微生物附着的填料全部浸在废水中，并采用机械设备向废水中充氧，废水中的有机物由微生物氧化分解，以达到废水净化。
	生物氧化塘	利用水中的微生物和藻类、水生植物对污水进行好氧或厌氧生物处理的天然或人工池塘。
	土地处理系统	利用土壤机器中的微生物和植物根系对污染物的综合净化能力来处理城市污水，同时利用污水中的水、肥来促进农作物生长。
	污水灌溉	以灌溉为主要目的的土地处理系统。
	厌氧生物处理法	利用厌氧微生物分解污水中有机物，达到净化目的，同时产生甲烷等气体，该方法既有利于处理废水也有利于污泥消化。
物理化学法	离子交换法	借助于交换剂中的交换离子和废水中的离子进行交换，以去除废水中的有害离子。
	萃取法	把适当的有机溶剂加入废水，从众分离出某些溶解性的污染物质，以达到废水净化。
	膜分离技术	电渗析：溶液中的离子在直流电场的作用下，有选择地通过离子交换膜进行定向迁移。此方法多用于海水和苦碱水淡化。
		扩散渗析：利用半透膜使溶液中的溶剂由高浓度一侧通过膜向低浓度一侧迁移。主要用于酸碱废液处理、回收和有机、无机电解质的分离、纯化。
	膜分离技术	反渗法：以压力为推动力，把水溶液中的水分离出来，同时分离、浓缩溶液中的分子态或离子态物质的方法。反渗法在化学工程分离技术、硬水软化、制取高纯水和分离细菌、病毒等方法得到广泛应用。
		超过滤法：以压力为推动力，使水溶液中大分子物质和水分离，其本质是机械筛滤，膜表面空隙大小是主要控制因素。
	吸附处理	利用吸附剂吸附废水中一种或几种污染物，以回收或去除某些污染物，使废水得到净化。

按处理程度分类,现代污水处理技术,可分为一级、二级和三级处理。一级处理,主要去除污水中呈悬浮状态的固体污染物质。一级处理属于二级处理的预处理。二级处理,主要去除污水中呈胶状和溶解状态的有机物,去除率可达到90%以上,使有机物达到排放标准。三级处理是在一级处理和二级处理后,进一步处理难降解的有机物、磷和氮等能够导致水体富氧化的可溶性无机物等,主要方法有生物脱氮除磷法、混凝沉淀法、沙滤法、活性炭吸附法、离子交换法和电析法等。三级处理是深度处理的同义词,但两者又不完全相同,三级处理常用于二级处理之后;而深度处理则以污水回收、再用为目的,在一级或二级处理之后增加的处理工艺。污水再用的范围很广,从工业上的重复利用、水体的补给水源到成为生活用水等。

按水质控制方法可分为分离处理、转化处理和稀释处理三大类。分离处理即通过各种外力的作用,使污染物从废水中分离出来,一般来说在分离过程中并不改变污染物的化学本性;转化处理是通过化学或生物化学的作用,改变污染物的化学本性,使其转化为无害的物质或可分离的物质,后者再经分离出去;稀释处理是通过稀释混合,降低污染物的浓度达到无害的目的。[2]

三 中国城市污水处理情况

(一)中国城市污水处理发展概况

我国解决城市污水的净化问题始于20世纪70年代,部分城市利用郊区的坑塘洼地、废河道、沼泽地等稍加整修或围堤筑坝,建成稳定的塘来对城市污水进行净化处理。据调查,这个时期在全国已建成各类型的稳定塘有38座,日处理城市污水约173万立方米。其中城市生活污水量占一半,其余包括石油、化工、造纸、印染等多种工业废水。此阶段开始重视引进国外先进技术和设备,开展与国外的技术交流,逐步探索适合我国国情的工程技术和设计,为以后的建设奠定了基础。

20世纪80年代，随着城市化进程的加快和城市水污染问题日益受到重视，城市排水设施建设得到较快发展。国家适时调整政策，规定在城市政府担保还贷条件下，准许使用国际金融组织、外国政府和设备供应商的优惠贷款，由此推动了一大批城市污水处理设施的兴建。我国第一座大型城市污水处理厂——天津市纪庄子污水处理厂，于1982年破土动工，1984年4月28日竣工投产运行，处理规模为26万立方米/日。在此成功经验的带动下，北京、上海、广东、广西、陕西、山西、河北、江苏、浙江、湖北、湖南等省市根据各自的具体情况分别建设了不同规模的污水处理厂几十座。

"八五"期间，随着城市环境综合治理的深化，以及各流域水污染综合治理力度的加大，城市污水处理设施的建设经历了一个发展高潮时期。到1995年，我国城市排水系统中排水管道长度约为110062公里，按服务面积计算，城市排水管网普及率约为64.8%。与1990年相比，城市排水管道增加了54373公里，平均每年增长10874公里；城市污水处理厂169座（其中二级生化处理厂116座），年处理污水17.49亿立方米，处理率达8.69%。与1990年相比，城市污水处理厂增加89座（其中有北京高碑店、天津东郊、石家庄桥西、广州大坦沙、无锡芦村、济南等大中型城市污水处理厂），平均每年建污水处理厂17座。

"九五"期间，我国正式启动对"三河"（淮河、海河和辽河）、"三湖"（太湖、巢湖、滇池）流域和"环渤海"地区的水污染治理，国家给予相应资金和技术上的支持。1996—1999年竣工投入运行的城市污水处理项目有22个，投资59.58亿元，日处理规模371.7万立方米；在建项目109个，计划投资161.83亿元，日处理规模832.0万立方米。

据统计，截至2000年年底，全国已建设城市污水处理厂427座，其中二级处理厂282座，二级处理率约为15%。2000年用于城市污水处理工程建设的总投资约为150亿元。但目前绝大多数小城镇尚未建污水处理设施。[3]

中国城市污水处理率"十二五"将提至85%。根据《"十二五"全国城镇污水处理及再生利用设施建设规划》，到2015年，全国所有设市城市和县城具有污水集中处理能力，城市污水处理率提高到85%。县级市处理率达到70%，县城污水处理率平均达到70%，镇污水处理率平均达到30%。

此外，到2015年，直辖市、省会城市和计划单列市的污泥无害化处理处置率达到80%，城镇污水处理设施再生水利用率达到15%以上。全国城镇污水处理及再生利用设施建设规划投资近4300亿元。其中，各类设施建设投资4271亿元，设施监管能力建设投资27亿元。设施建设投资包括完善和新建管网投资2443亿元，新增城镇污水处理能力投资1040亿元，升级改造城镇污水处理厂投资137亿元，污泥处理处置设施建设投资347亿元，以及再生水利用设施建设投资304亿元。

根据三部委《"十二五"全国城镇生活垃圾无害化处理设施建设规划》，到2015年，直辖市、省会城市和计划单列市生活垃圾全部实现无害化处理，设市城市生活垃圾无害化处理率达到90%以上，县城生活垃圾无害化处理率达到70%以上，全国城镇新增生活垃圾无害化处理能力58万吨/日。全国规划建设污水再生利用规模2676万立方米/日，其中城市2077万立方米/日，县城477万立方米/日，镇122万立方米/日；东部地区1258万立方米/日，中部地区706万立方米/日，西部地区712万立方米/日。全部建成后，我国城镇污水再生利用设施总规模接近4000万立方米/日，其中城市超过3000万立方米/日，有效缓解用水矛盾。[4]

（二）城镇污水处理设施建设取得跨越式发展

2006年来，中国城镇污水处理厂的数量和规模迅猛提升，截至2010年，城镇污水处理厂数量达2496座，提高了140%；污水日处理能力达1.25亿立方米，提高了80%。（见图1、图2）

2006年以来，城市污水处理设施覆盖率提高了32个百分点。截至2010年，全国有607个城市建有城镇污水处理厂，占城市总数的93%；

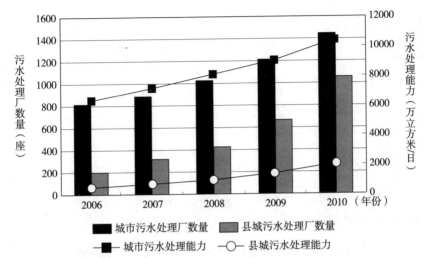

资料来源：住房和城乡建设部：《中国城镇排水与污水处理状况公报》（2006—2010）。

图1 2006—2010年中国城市污水处理设施增长情况

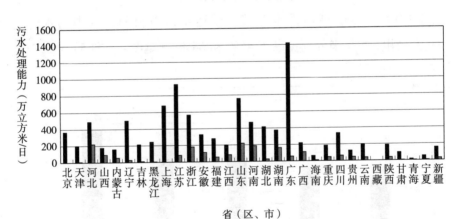

资料来源：住房和城乡建设部：《中国城镇排水与污水处理状况公报》（2010）。

图2 2010年各省（区、市）城镇污水处理能力

有1034个县建成了城镇污水处理厂，占县城总数的63%；16个省（区、市）实现了辖区内每个市县均建有城镇污水处理厂。（见图3）

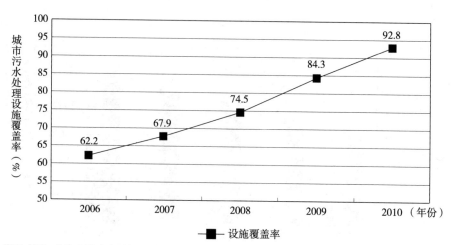

资料来源：住房和城乡建设部：《中国城镇排水与污水处理状况公报》（2006—2010）。

图3　2006—2010年城市污水处理设施覆盖率增长情况

（三）排水与污水管网建设长度增长迅速

2010年，全国城镇排水管道长度达47.8万公里，其中污水管道16.6万公里，5年来分别提高了45%和64%。（见图4、图5）

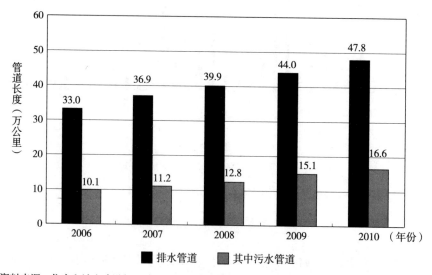

资料来源：住房和城乡建设部：《中国城镇排水与污水处理状况公报》（2006—2010）。

图4　2006—2010年城镇排水、污水管道长度增长情况

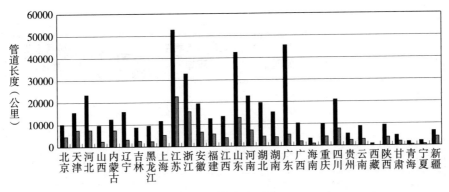

资料来源：住房和城乡建设部：《中国城镇排水与污水处理状况公报》（2010）。

图 5　2010 年各省（区、市）排水管道、污水管道长度情况

（四）城市污水再生利用设施有了一定发展

2006—2010 年，城市污水处理率从 56% 提升到 82%；县城污水处理率从 14% 提升到 60%；2010 年全国城镇污水日处理量超过 1 亿立方米，年处理污水总量达 350 亿立方米。（见表 2）

表 2　2010 年各省（区、市）城镇污水处理率

序号	省（区、市）	城市污水处理率① (%)	城市污水集中处理率② (%)	县城污水处理率 (%)	县城污水集中处理率 (%)
	全国平均	82.31	73.76	60.12	54.19
1	北京	82.09	80.98	NA③	NA
2	天津	85.30	77.81	57.65	57.65
3	河北	92.30	91.38	77.15	66.28
4	山西	84.93	80.60	71.69	64.99
5	内蒙古	80.55	80.55	51.70	51.70
6	辽宁	74.93	71.69	52.46	46.18
7	吉林	73.92	72.32	32.62	28.65
8	黑龙江	56.72	41.98	14.76	13.41

续表

序号	省（区、市）	城市污水处理率[①]（%）	城市污水集中处理率[②]（%）	县城污水处理率（%）	县城污水集中处理率（%）
9	上海	83.29	83.29	NA	NA
10	江苏	87.56	68.95	69.38	59.82
11	浙江	82.74	77.15	74.34	71.26
12	安徽	88.46	71.58	73.56	70.23
13	福建	84.44	76.91	68.15	61.27
14	江西	80.83	76.86	64.80	62.26
15	山东	91.11	89.08	84.36	83.45
16	河南	87.60	85.80	74.81	74.63
17	湖北	81.02	71.52	41.73	16.76
18	湖南	74.95	59.14	63.92	62.10
19	广东	86.08	73.12	42.71	34.34
20	广西	83.43	46.84	51.31	41.40
21	海南	54.87	51.86	29.46	25.53
22	重庆	91.65	90.79	79.85	79.85
23	四川	74.83	69.94	34.61	25.75
24	贵州	86.83	86.83	49.48	49.48
25	云南	93.39	89.03	22.98	17.57
26	西藏	NA	NA	20.11	NA
27	陕西	74.18	67.65	36.20	31.30
28	甘肃	62.59	58.58	8.57	8.37
29	青海	43.53	43.53	12.27	12.27
30	宁夏	78.00	55.23	42.81	10.94
31	新疆	73.25	71.93	57.14	37.74

注：①污水处理率指污水处理总量与污水排放总量的比率。
②污水集中处理率指通过城镇污水处理厂处理的污水量与污水排放总量的比率。
③NA 表示暂无统计数据。
资料来源：住房和城乡建设部：《中国城镇排水与污水处理状况公报》（2006—2010）。

2010 年，全国再生水利用总量已达到 33.7 亿立方米，约占当年污水处理量的 10%。再生水在许多地区已成为城市"第二水源"，广泛用于工业冷却、园林绿化、道路浇洒、景观用水、河道生态补水等，缓解

了城市水资源短缺，实现了污染物源头减排。（见图6）

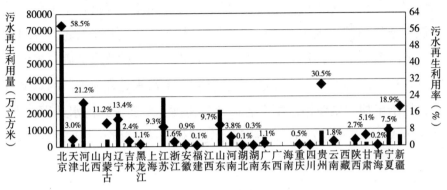

资料来源：住房和城乡建设部：《中国城镇排水与污水处理状况公报》（2010）。

图6　2010年各省（区、市）城镇污水处理再生利用量与利用率

（五）污泥处理处置稳步提高

全国城镇污水处理年产生湿污泥超过2000万吨，污泥无害化处理处置率近年来也在逐步提高。2010年污泥无害化处理处置率达25.1%，比2009年提高了9个百分点。（见图7）

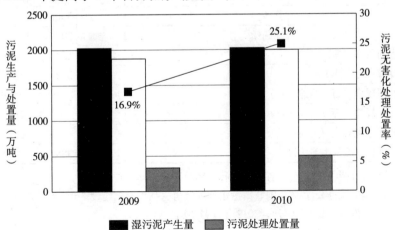

资料来源：住房和城乡建设部：《中国城镇排水与污水处理状况公报》（2006—2010）。

图7　2009—2010年中国污泥处理情况

《全国城镇污水处理及再生利用设施建设"十二五"规划》在全面总结"十一五"城镇污水处理工作的成绩、分析未来发展需求上，明确了规划指导思想，确定了"政府主导、社会参与，统筹规划、合理布局，突出重点、科学引导，加强监管、促进运行"的规划原则，确定了"2015 年城市污水处理率达到 85%、县县具备污水处理能力"的总体目标，提出了加大城镇污水配套管网建设力度、全面提升污水处理能力、加快污水处理厂升级改造、加强污泥处理处置设施建设、积极推动再生水利用、强化设施运营监管能力六方面重点任务。（见表 3）

表 3 "十二五"规划主要指标

指标			2010 年	2015 年	新增
污水处理率（%）	设市城市		77.5	85	7.5
	其中：	36 个大中城市		100	
		地级市		85	
		县级市		70	
	县城		60.1	70	10
	建制镇		< 20	30	> 10
污泥无害化处置率（%）	设市城市		< 25	70	—
	其中：36 个大中城市			80	
	县城			30	
	建制镇			30	
再生水利用率（%）			< 10	15	> 5
管网规模（万公里）				32.5	15.9
污水处理规模（万立方米/日）			12476	20805	4569
升级改造规模（万立方米/日）					2611
污泥处理处置规模（万吨干泥/年）					518
再生水规模（万立方米/日）			1210	3885	2675

注：36 个大中城市指直辖市、省会城市和计划单列市。
资料来源：国务院办公厅：《全国城镇污水处理及再生利用设施建设"十二五"规划》（国办发〔2012〕24 号），2012 年 4 月 19 日。

（六）城镇污水处理及再生利用技术紧密跟随社会发展需求

20 世纪 80 年代前后，我国建设的城镇污水处理厂，受到建设资金不足等因素制约，大部分处理工艺采用以去除悬浮物为核心的简单一级处理；80年代中期，为了减少水中BOD等有机物引起的水质黑臭，开始推行污水二级生物处理；90年代以后，城市水环境改善的需求日益提高，江河湖泊亟须控制氮磷污染以减轻水体富营养化，城镇污水处理生物除磷脱氮工艺开始得到推广应用；进入21世纪后，《城镇污水处理厂污染物排放标准》（GB18918—2002）的颁布和实施，进一步提升了城镇污水处理要求，明确了将一级A标准作为污水回用的基本条件，城镇污水处理开始从"达标排放"向"再生利用"转变。2010年，达到一级A标准城镇污水处理厂的数量和规模，分别占全国的20.7%和15.4%。（见图8）

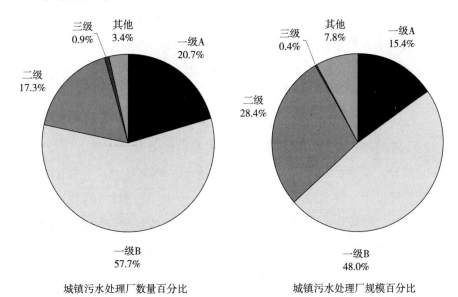

城镇污水处理厂数量百分比　　　　城镇污水处理厂规模百分比

资料来源：住房和城乡建设部：《中国城镇排水与污水处理状况公报》（2006—2010）。

图8　全国城镇污水处理排放标准统计情况

《城镇污水处理厂污染物排放标准》实施以来，促进了城镇污水处理设施新一轮的提标改造，推动了污水除磷脱氮技术得到进一步提升，城镇污水处理厂的技术、设备紧跟世界先进水平，呈多样化的发展特征；通过不断的引进、消化、改进和创新发展，国产技术设备已逐渐走向成熟化、规模化,部分设备产品的技术性能已经达到或接近国际先进水平。

城镇污水处理工艺技术的提高,进而提升了城镇污水处理的发展理念从"达标排放与水污染控制"上升为"污水再生利用与水生态恢复"。为此,我国建立了一系列有关再生水水质和工程设计的标准规范,促进了城镇污水再生处理技术设备产品的国产化,推动了西北、华北、东北缺水地区的城市污水再生利用,节约了大量水资源的同时,实现了源头减排。

(七)确立"无害化、资源化、节能低碳"的污泥处理处置技术路线

近年来,中国先后颁布了城镇污水处理厂污泥处理处置的一系列国家和行业标准,发布了《城镇污水处理厂污泥处理处置及污染防治技术政策》、《城镇污水处理厂污泥处理处置技术指南》,明确了污泥处理处置"减量化、稳定化、无害化、资源化"的原则;开展了污泥处理处置工程建设与示范,积极推广示范一批污泥厌氧消化产沼气、污泥好氧发酵堆肥土地利用、协同焚烧等无害化、资源化处理处置项目。

(八)城镇排水管道材料及管网维护管理技术不断更新

随着对排水管道雨污分流认识的提高,以及对污水管道密封质量要求的提升,新的管道加工技术、施工技术、修复技术、基于 GIS 排水管网管理技术、管道检测等技术开始逐步应用。新型承插式柔性接口管材、钢承口管材、内衬式钢筋混凝土复合管等管材替代了抗震性差、密封性低的传统的钢筋混凝土管;直观高效的闭路电视系统(CCTV)等逐步推广应用于排水管网检测与维护;基于地理信息系统(GIS)技术的排水管网信息管理系统,实现了对排水管网维护、优化、调度、应急等动态管理。

四 促进城镇污水处理行业发展的主要措施

(一)完善法律法规

2006 年,为落实国务院《对确需保留的行政审批项目设定行政许可的决定》（国务院令第412号），住房城乡建设部修订发布了《城市排水许可管理办法》，进一步加强了排水许可制度的实施。2008年，全国人大修订通过了《中华人民共和国水污染防治法》，明确了建设部门会同有关部门制定城镇污水处理规划，负责城镇污水处理设施的建设和运行监管，环境保护主管部门对城镇污水集中处理设施的出水水质和水量进行监督检查。近年来，为落实国家有关法律和国务院有关要求，住房城乡建设部配合国务院法制办加紧研究制定《城镇排水与污水处理条例》，进一步规范城镇排水与污水处理工作。

（二）健全标准体系

制定了一系列有关城镇污水处理、再生水利用、污泥处理处置的技术政策、标准和技术规范，基本建立起涵盖规划、设计、施工、验收、维护、运行、安全生产、管理全过程的标准规范体系。为强化污水处理设施运行管理，及时编制、修订了《城镇污水处理厂污泥处理技术规程》、《城镇污水处理厂运行维护及安全技术规程》、《城镇排水管道维护安全技术规程》、《污水排入城镇下水道水质标准》等。

（三）建立政策机制

初步建立污水处理收费制度。1993年，中国开始征收排水设施有偿使用费；1996年，全国八届人大通过对《水污染防治法》的修改，首次提出"城市污水集中处理设施按照国家规定向排污者提供污水处理的有偿服务"；1999年，原国家计委、建设部、环保总局联合印发《关于加大污水处理费的征收力度建立城市污水排放和集中处理良性运行机制的通知》（计价格 [1999] 1192号），明确了污水处理费的构成、用途、征收方式、与排污费的关系等；2009年，财政部印发《关于将按预算外资金管理的全国性及中央部门和单位行政事业性收费纳入预算管理的通知》（财预 [2009] 79号），将污水处理费作为预算内行政事业性收费，纳入财政预算管理。污水处理收费制度的建立有力地促进了城镇污水处理行业健康发展。

积极引入市场机制。原国家计委、建设部和国家环保总局2002年印发《关于推进城市污水、垃圾处理产业化发展意见的通知》(计投资[2002] 1591号),推动城镇污水处理项目建设和运营的市场化改革,提出污水处理收费原则、逐步实行城镇污水处理设施的特许经营、引入竞争机制等;2004年,建设部印发《市政公用事业特许经营管理办法》(建设部第126号令),提出了加快推进市政公用事业市场化,规范市政公用事业特许经营活动,加强市场监管等方面的具体要求。目前,约有40%的城镇污水处理设施通过BOT、BT等特许经营模式引入社会资本,参与设施建设与运营。

(四)强化规划引导

2006年,住房城乡建设部会同国家发展改革委、环境保护部共同组织编制并实施了《全国城镇污水处理及再生利用设施建设"十一五"规划》,有力指导了全国城镇污水处理设施建设;2010年以来,在总结"十一五"成绩与分析未来发展需求的基础上,住房城乡建设部、国家发展改革委、环境保护部共同组织编制了《全国城镇污水处理及再生利用设施建设"十二五"规划》,着力解决设施建设不平衡、污水配套管网和污泥处理处置设施建设滞后等问题。

(五)加强监管考核

强化运行监管。目前,全国已设立了20座国家级城镇排水监测站,分布在17个省(自治区、直辖市),为落实城市排水许可制度、保证污水处理设施安全正常运行发挥了巨大作用;住房城乡建设部印发的《关于加强城镇污水处理厂运行监管的意见》提出了加强源头控制、强化进水水质水量监管,加强运行管理人员培训,做好污泥处理处置以及信息公开等要求;2007年,住房城乡建设部建立了"全国城镇污水处理管理信息系统",形成国家和地方数据共享的监管平台,适时掌握城镇排水与污水处理的建设运行情况,实现了对项目建设和运行的动态监管。[5]

参考文献

[1] 陈震等:《水环境科学》,科学出版社2006年版。

[2] 高俊发:《水环境工程学》,化学工业出版社 2003 年版。

[3] 国家城市给水排水工程技术研究中心:《中国城市污水处理现状及规划》,《中国环保产业》2003 年第 1 期。

[4] 国务院办公厅:《"十二五"全国城镇污水处理及再生利用设施建设规划》,(国办发〔2012〕24 号) 2012 年 4 月 19 日。

[5] 住房和城乡建设部:《中国城镇排水与污水处理状况公报》(2012)。

作者简介

柳德才,男,1973 年 8 月生,湖北汉川人,经济学博士,毕业于武汉大学经济与管理学院,武汉科技大学管理学院副教授、硕士生导师。湖北省工业经济学会常务理事,《武汉城市圈蓝皮书》特约撰稿人。

新木点评

中国城市化进程中,城市基础设施特别是城市污水处理设施建设严重滞后,城市工业废水和生活废水长期排入就近的江河湖泊,造成了严重的污染。

近十年来,国家和城市加大了城市污水处理能力的建设,但仍有一些城市的污水处理能力未达到 100%,这说明一些城市不仅有沉重的污水处理旧账要还,而且还在添"新的欠账"。即便现在城市污水处理能力达到 100%,偿还几十年污水污染处理累积的旧账,至少几十年才能还清!现在城市又面临新的面源污染,大城市应注重雨污分流的设施建设。

治污的有效渠道是努力引导产业分类集中集约发展,政府融资创新加快城市污染处理设施建设,以政府为主导主体充分发挥市场作用来治污。

2000年以来中国水利水电部分重大项目概述

柳德才　曹　曦

新中国成立以来，特别是改革开放以来，中国水利发电得到大力发展，电力的需求空前增长。本报告对2000年以来中国水利水电重大项目进行梳理概述如下。

一　金沙江水电基地

水电规划：上游川藏河段规划8个梯级电站总装机容量将达898万千瓦，计划投资上千亿元。开发成功后将成为"西电东送"的重要能源基地。

中游阿海水电站为电梯级开发一库（龙盘）八级开发方案的第四个阶梯。电站以发电为主，电装容量为200万千瓦。

下游四级水电站为以下规划：四个梯级水电站分两期开发，一期工程溪洛渡和向家坝水电站已经开工建设，二期工程乌东德和白鹤滩水电站还在紧张有序地开展前期工作。向家坝水电站总投资542亿元，总装机容量640万千瓦，年发电量308亿度，已于2006年12月26日正式开工，2008年12月28日截流，计划2012年第一批机组发电，2013年完工。

溪洛渡水电站总投资675亿元，装机容量1400万千瓦，年平均发电量571亿千瓦时，已于2005年12月26日正式开工，2007年11月8

日截流，计划2013年首批机组发电，2015年完工。

白鹤滩水电站工程筹建期3年半，施工期8年10个月，总工期12年。目前《白鹤滩水电站预可行性研究报告》已通过审查，可行性研究工作进入报告编制阶段。该水电站装机容量1305万千瓦、年发电量569亿千瓦时，总投资878亿元。

乌东德水电站的装机容量为870万千瓦、年发电量395亿千瓦时，总投资为413亿元。该工程筹建期3年，施工期8年零6个月，总工期11年6个月。目前，《乌东德水电站预可行性研究报告》业已编制完成并上报国家发展和改革委员会，可行性研究工作正在同步开展。（见表1）

表1 金沙江水电基地水电站分布及装机容量情况表

河段	水电站名称	装机容量（万千瓦）	开发商
下游四级水电站	乌东德水电站	870	三峡总公司
	白鹤滩水电站	1305	
	溪洛渡水电站	1400	
	向家坝水电站	640	
中游八级水电站	龙盘水电站	420	云南金沙江中游水电站开发有限公司（华电33%，华能23%，大唐23%，汉能11%，云南投资10%）
	两家人水电站	300	
	梨园水电站	240	
	阿海水电站	200	
	金安桥水电站	240	汉能控股（华睿集团）
	龙井口水电站	180	华能集团
	鲁地拉水电站	216	华电集团
	观音岩水电站	300	大唐集团
上游川藏段开发	岗托水电站	110	华电金沙江上游水电开发有限公司（华电）
	岩比水电站	30	
	波罗水电站	96	
	叶巴滩水电站	198	
	拉哇水电站	168	
	巴塘水电站	74	
	苏哇龙水电站	116	
	昌波水电站	106	

二 雅砻江水电基地

水电规划：根据近期进行的四川省水力资源复查统计，雅砻江流域水能理论蕴藏量为3372万千瓦，其中四川境内有3344万千瓦，占全流域的99.2%，其中干流水能理论蕴藏量2200万千瓦，支流1144万千瓦，全流域可能开发的水能资源为3000万千瓦。在全国规划的十三大水电基地中，装机规模排名第三。

雅砻江干流技术可开发装机容量占四川省的24%，省内排名第一，约占全国5%。目前已经开工建设和进行前期准备施工的有锦屏一级、锦屏二级、官地、两河口、桐子林等梯级水电站。雅砻江除上游少部分在青海境内外，干流绝大部分在四川境内。干流呷衣寺至江口拟定21级开发方案，天然落差2845米，装机容量2856万千瓦，年发电量1516.36亿千瓦时。流域水能理论蕴藏量为3372万千瓦，其中四川境内有3344万千瓦，占全流域的99.2%。具体河段、水电站名称及装机容量见表2。

表2　雅砻江水电基地水电站分布及装机容量情况表

河段	水电站名称	装机容量（万千瓦）	开发商
上游河段	温波寺水电站	15	二滩水电开发有限责任公司（国投48%，川投48%，华电4%）
	仁青岭水电站	30	
	热巴水电站	25	
	阿达水电站	25	
	格尼水电站	20	
	通哈水电站	20	
	英达水电站	50	
	新龙水电站	50	
	共科水电站	40	
	龚坝沟水电站	50	

续表

河 段	水电站名称	装机容量（万千瓦）	开发商
中游河段	两河口水电站	300	
	牙根水电站	150	
	楞古水电站	230	
	孟底沟水电站	170	
	杨房沟水电站	220	
	卡拉水电站	106	
下游河段	锦屏一级水电站	360	
	锦屏二级水电站	480	
	官地水电站	240	
	二滩水电站(已建)	330	
	桐子林水电站	60	

三　大渡河水电基地

水电规划：大渡河水电开发——主要梯级格局为3库22级。根据2003年7月完成的《大渡河干流水电规划调整报告》，大渡河干流规划河段（下尔呷——铜街子）总装机容量为2340万千瓦，年发电量1123.6亿千瓦时。明确河段开发任务是以发电为主，兼顾防洪、航运。下尔呷、双江口水电站、猴子岩、长河坝、大岗山、瀑布沟等形成主要梯级格局的3库22级开发方案。干流梯级电站自上而下依次排列。下尔呷水库为规划河段的"龙头"水库，双江口水库为上游控制性水库，瀑布沟水库为下游控制性水库。目前大渡河干流上已建成的梯级水电站仅有龚嘴和铜街子，总装机132万千瓦，占整个域技术可开发量的5.5%。大渡河水电开发的潜力巨大，开发前景广阔。具体水电站名称及装机容量见表3。

表3 大渡河水电基地水电站分布及装机容量情况表

水电站名称	装机容量（万千瓦）	开发商
下尔呷水电站	54	国电大渡河流域水电开发有限公司（国电90%，川投10%）
巴拉水电站	70	
达维水电站	27	
卜寺沟水电站	36	
双江口水电站	200	
金川水电站	86	
巴底水电站	78	
丹巴水电站	200	
猴子岩水电站	170	
长河坝水电站	260	大唐国际发电股份有限公司（大唐）
黄金坪水电站	85	四川大唐国际甘孜水电开发有限公司（大唐）
泸定水电站	92	四川华电泸定水电有限公司（华电）
硬梁包水电站	120	四川华电泸定水电有限公司（华电）
大岗山水电站	260	国电大渡河流域水电开发有限公司（国电）
龙头石水电站	17.5	中旭投资有限公司（58%）四川天蕴实业有限公司（29%）四川天丰水利资源开发有限公司（13%）
老鹰岩水电站	64	国电大渡河流域水电开发有限公司（国电）
瀑布沟水电站	426	国电大渡河流域水电开发有限公司（国电）
大渡河深溪沟水电站	66	
枕头坝水电站	95	
沙坪水电站	16.2	
龚嘴水电站（已建）	70	
铜街子水电站（已建）	60	

四 乌江水电基地

水电规划：1988年8月审查通过的《乌江干流规划报告》拟定了北

源洪家渡水电站，南源普定水电站、引子渡水电站，两源汇口以下东风水电站、索风营水电站、乌江渡水电站、构皮滩水电站、思林水电站、沙沱水电站、彭水水电站、银盘水电站、白马水电站11级开发方案，总装机容量867.5万千瓦，保证出力323.74万千瓦，年发电量418.38亿千瓦时。其中，乌江渡水电站已于1982年建成（待上游洪家渡和东风水电站建成后可扩建到105万千瓦），洪家渡、构皮滩、彭水3个水电站被推荐为近期工程。具体水电站名称及装机容量见表4。

表4 乌江水电基地水电站分布及装机容量情况表

水电站名称	装机容量（万千瓦）	开发商
洪家渡水电站	60	贵州乌江水电开发有限责任公司中国华电集团贵州公司（华电）
普定水电站	7.5	
引子渡水电站	36	
东风水电站	51	
索风营水电站	60	
乌江渡水电站（已建）	63	
构皮滩水电站	300	
思林水电站	105	
沙沱水电站	100	
彭水水电站	175	
银盘水电站	60	
白马水电站	330	

五 长江上游水电基地

水电规划：长江干流宜宾至宜昌段拟分石硼、朱杨溪、小南海、三峡、葛洲坝5级开发，总装机容量3200万千瓦，保证出力743.8万千瓦，年发电量1275亿千瓦时。其中三峡工程位于湖北省宜昌境内，是本河段的重点工程。本河段的葛洲坝水利枢纽，装机容量271.5万千瓦，保证出力76.8万千瓦，年发电量157亿千瓦时，还可起航运反调节枢纽作用。该工程已经建成。具体水电站名称及装机容量见表5。

表5　长江上游水电基地水电站分布及装机容量情况表

水电站名称	装机容量（万千瓦）	开发商
石硼水电站	213	中国三峡集团
朱杨溪水电站	300	
小南海水电站	176.4	
三峡水电站（已建）	2250（地上：1820；地下：430）	
葛洲坝水电站	271.5	

六　南盘江、红水河水电基地

水电规划：南盘江、红水河规划拟重点开发的兴义至桂平河段，长1143千米，落差692米，水能蕴藏量约860万千瓦。该河段水量丰沛、落差集中、地质条件好，是建设条件很优越的一个水电基地。上游由于地形、地质条件好，淹没损失小，宜修建高坝大库，调节径流，为下游梯级开发带来有利条件。中下游段地形开阔，耕地密集，且灰岩分布较广，岩溶发育，宜修建径流式中、低水头电站。

红水河是全国水电"富矿"之一，开发目标以发电为主，主要梯级电站的基本供电范围是华南；电站修建后可改善航运条件，全部梯级建成后，可使中下游河段渠化通航；此外，对防洪、灌溉也有一定的效益。具体水电站名称及装机容量见表6。

表6　南盘江、红水河水电基地水电站分布及装机容量情况表

水电站名称	装机容量（万千瓦）	开发商
天生桥一级水电站	120	广西天生桥一级水电开发有限责任公司（粤电集团；大唐；广西投资；贵州投资5∶2∶2∶1）
天生桥二级水电站	132	中国南方电网公司天生桥水力发电总厂

续表

水电站名称	装机容量（万千瓦）	开发商
平班水电站（已建）	40.5	广西桂冠电力股份有限公司（35%）广东能发集团有限公司（28%）贵州黔西南州工业投资公司（27%）广西隆林县电业公司（10%）
龙滩水电站（已建）	630	中国大唐集团公司控股的龙滩水电开发有限公司（大唐）
岩滩水电站（已建）	121	中国大唐集团公司（大唐）
大化水电站（已建）	40	广西桂冠电力股份有限公司（桂冠）
百龙滩水电站（已建）	19.2	广西桂冠电力股份有限公司（桂冠）
恶滩水电站	60	广西桂冠电力股份有限公司（52%）广西投资集团有限公司
桥巩水电站	45.6	广西方元电力股份有限公司(广西投资集团)
大藤峡水电站	160	广西投资集团有限公司

七 澜沧江干流水电基地

水电规划：澜沧江干流不仅水能资源十分丰富，而且具有地形地质条件优越、水量丰沛稳定、水库淹没损失小、综合利用效益好等特点，特别是中、下游河段条件最为优越，被列为近期重点开发河段。澜沧江干流梯级水电站的开发，除能满足云南全省用电需要外，还可向广东省供电。据初步规划，干流分16级开发，为了更好地保护生态环境，华能澜沧江公司计划放弃位于三江并流世界自然遗产区的果念水电站（装机120万千瓦），降低了乌弄龙水电站的水位线，减小装机容量。最终规划为15级开发，总装机容量约2600万千瓦。具体水电站名称及装机容量见表7。

表7 澜沧江干流水电基地水电站分布及装机容量情况表

河 段	水电站名称	装机容量（万千瓦）	开发商
上游河段	古水水电站	260	华能澜沧江水电有限公司（华能）
	乌弄龙水电站	99	
	里底水电站	42	
	托巴水电站	125	
	黄登水电站	190	
	大华桥水电站	90	
	苗尾水电站	140	
中游河段	功果桥水电站	90	华能澜沧江水电有限公司（华能）
	小湾水电站	420	
	漫湾水电站	155	
	大潮山水电站	135	
	糯扎渡水电站	585	
	景洪水电站	175	
	橄榄坝水电站	15.5	
	勐松水电站	60	

八 黄河上游水电基地

水电规划：本河段规划分16个梯级（如取大柳树高坝方案则为15级）开发，总利用水头1118米，装机容量1415.48万千瓦，保证出力487.22万千瓦，年发电量507.93亿千瓦时。

龙羊峡、刘家峡、小观音（或大柳树）三大水库分别处于本河段的首、中、尾部有利的地理位置。龙羊峡是多年调节水库，总库容247亿立方米，可普遍提高其下游各梯级电站的年发电效益，改善各电站的施工条件。小观音（或大柳树）水库可起反调节作用，在适应黄河河口镇以上灌溉用水、防洪及防凌安全以及给中、下游河道补水条件下，使龙羊峡至青铜峡河段大部分梯级水电站能按工农业用水要求运行，成为稳定可靠的电源。目前本河段已建刘家峡、盐锅峡、八盘峡、青铜峡、龙羊峡、李家峡6座电站，继李家峡水电站之后，规划建议安排大峡、黑山峡河段、公伯峡、拉西瓦等水电站的建设。具体水电站名称及装机容量见表8。

表8 黄河上游水电基地水电站分布及装机容量情况表

水电站名称	装机容量（万千瓦）	开发商
龙羊峡水电站	128	黄河上游水电开发有限责任公司（国电87.1%，青岛投资4%，陕西投资3.9%，甘肃投资3.9%，宁夏投资1.1%）（国电）
拉西瓦水电站	420	
李家峡水电站	200	
公伯峡水电站	150	
积石峡水电站	102	
寺沟峡水电站	24	
刘家峡水电站	122.5	
盐锅峡水电站	44	
八盘峡水电站	18	
小峡水电站	23	
大峡水电站	30	
乌金峡水电站	14	甘肃小三峡水电开发有限责任公司（国投电力50%；甘肃投资30%；甘肃电力20%）（国投电力）
小观音水电站	40	黄河上游水电开发有限责任公司（国电）
大柳树水电站	200	
沙坡头水电站	12.03	
青铜峡水电站	27.2	

九 黄河中游水电基地

水电规划：黄河中游北干流是指托克托县河口镇至禹门口（龙门）干流河段，通常又称托龙段。北干流全长725千米，是黄河干流最长的峡谷段，具有建高坝大库的地形、地质条件，且淹没损失较小。该河段总落差约600米，实测多年平均径流量约250亿立方米（河口镇）至320亿立方米（龙门），水能资源比较丰富，初步规划装机容量609.2万千瓦，保证出力125.8万千瓦，年发电量192.9亿千瓦时。

本河段开发经长期研究和多方案比较，拟采用高坝大库与低水头电站相间的布置方案，自上而下安排万家寨、龙口、天桥、碛口、古贤、甘泽坡6个梯级，可以较好地适应黄河水沙特性和治理开发的要求。在8个梯级中，天桥水电站已运行20余年；万家寨、碛口和龙门是装机容量最大的3座水电站。具体水电站名称及装机容量见表9。

表9　黄河中游水电基地水电站分布及装机容量情况表

水电站名称	装机容量（万千瓦）	开发商
万家寨水电站	108	开发商信息暂缺
龙口水电站	42	
天桥水电站（已建）	12.8	
碛口水电站	180	
古贤水电站	210	
甘泽水电站	44	

十　湘西水电基地

水电规划：沅水流域面积9万平方千米，全长1050千米，湖南省境内干流长539千米，落差171米，河口平均流量2400平方米/秒。沅水有酉水、潕水等7条支流，干支流水能资源蕴藏量达538万千瓦，湖南省境内可开发的部分约460万千瓦，年发电量207亿千瓦时，其中60%集中在干流，40%在支流（其中西水所占比重最大）。此外，沅水汛期水量大，常与长江中下游洪水遭遇，对尾闾和洞庭湖区威胁很大，因此，在开发任务中除以发电为主外，还要解决防洪问题，适当提高下游防洪标准，改善通航条件。按初步规划方案，沅水干流拟分托口、洪江、安江、虎皮溪、大伏潭、五强溪、凌津滩7级开发，总装机容量223万千瓦，保证出力61.8万千瓦，年发电量109.29亿千瓦时。支流上装机规模在2.5万千瓦以上的水电站共有9处，总装机容量120.53万千瓦，保证出力32.95万千瓦，年发电量49.65亿千瓦时，其中酉水上的凤滩水电站已建成40万千瓦。

澧水全长389千米，落差1439米，流域面积1.8万平方千米，绝大部分位于湖南省境内，主要支流有溇水和溇水。沣水干流拟分凉水口、鱼潭、花岩、木龙滩、宜冲桥、岩泊渡、茶林河、三江口、艳洲9级开发，总装机容量45.42万千瓦，保证出力8.22万千瓦，年发电量16.71亿千瓦时，其中三江口水电站已建成。支流溇水分淋溪河、江垭、关门岩、长潭河4级开发，电站总装机容量129.4万千瓦，保证出力30万千瓦，年发电量29.19亿千瓦时。支流溇水分黄虎港、新街、中军渡、皂市4级开发，电站总装机容量35.1万千瓦，保证出力5.01万千瓦，年发电量7.45亿千瓦时。

资水全长674千米，流域面积2.9万平方千米，多年平均流量780立方米/秒，水能资源蕴藏量184万千瓦，可开发的大中型水电站总装机容量107万千瓦，年发电量53亿千瓦时。资水的开发方案是：柘溪（44.75万千瓦）以上主要梯级水电站有犬木塘、洞口塘、筱溪3处，总装机容量16.6万千瓦，年发电量7.92亿千瓦时。柘溪以下有敷溪口、金塘冲、马迹塘、白竹州、修山等5级水电站，总装机容量46.5万千瓦，年发电量22.3亿千瓦时。柘溪和马迹塘两水电站已建成。

沅、澧、资三水梯级开发方案，规划总装机容量661.30万千瓦，保证出力170.16万千瓦，年发电量265.61亿千瓦时。具体水电站名称及装机容量见表10。

表10 湘西水电基地水电站分布及装机容量情况表

水电站名称	装机容量（万千瓦）	开发商
托口水电站	83	洪江市沅水水电开发有限公司（属国家开发）
洪江水电站	22.5	
安江水电站	14	
虎皮溪水电站		
大伏潭水电站	19.5	
五强溪水电站	120	
凌津滩水电站	27	湖南五凌水电开发有限责任公司

十一 闽浙赣水电基地

闽、浙、赣水电基地包括福建、浙江和江西三省，水能资源理论蕴藏量约2330万千瓦，可能开发装机容量约1680万千瓦。各省情况如下：

（一）福建省

境内山脉纵横，溪流密布，雨量丰沛，河流坡降大，水能资源理论蕴藏量1046万千瓦，可开发装机容量705万千瓦，其中60%以上集中在闽江水系，其次是韩江、九龙江及交溪等水系。闽江是本省最大的河流，干流全长577千米，流域面积6万多平方千米，约占全省土地面积的一半，水能资源可开发装机容量463万千瓦，其中干流及支流建溪、沙溪、大樟溪、尤溪等水能资源的开发条件均较好。此外，韩江上游的汀江以及交溪支流穆阳溪的水能资源开发条件也十分有利。按初步开发方案，福建省可开发大中型水电站59座，总装机容量616万千瓦。其中：已建成的主要电站有古田溪4个梯级待开发且条件较优越的水电站有：汀江上的永定（棉花滩）水电站，总库容22.14亿立方米，装机容量60万千瓦，保证出力8.8万千瓦，年发电量15.1亿千瓦时，是闽西南地区唯一具有良好调蓄能力的水电站，可担任该地区和粤东地区的供电及调峰任务，并可减轻潮汕平原的洪水灾害。金山水电站，装机容量4万千瓦，年发电量1.4亿千瓦时，是汀江干流上杭以上河段中的一个中型梯级电站，工程规模不大，经济效益好。尤溪街面水电站，位于水口水电站上游，装机容量40万千瓦，保证出力5.26万千瓦，年发电量5.98亿千瓦时，水库总库容23.7亿立方米，建成后可提高水口水电站的保证出力。闽江水系的其他支流也有较好的水电开发地点，如建溪的安丰桥（18万千瓦）、大樟溪上的涌口（5.2万千瓦）、尤溪上的水东（5.1万千瓦）、沙溪永安至沙溪口河段梯级中的高砂（5万千瓦）等水电站。此外，开发穆阳溪上的芹山（6万千瓦）、周宁（25万千瓦）两个梯级水电站，对促进闽东地区工农业生产的发展有较大意义。

（二）浙江省

全省水能资源理论蕴藏量606万千瓦，可开发装机容量466万千瓦。境内水系以钱塘江为最大，干流全长424千米，流域面积42000平方千米，全流域水能资源可开发装机容量193万千瓦；其次是瓯江，干流全长376千米，流域面积18000平方千米，中上游河段多峡谷，落差大，水量丰沛，水能资源可开发装机容量167万千瓦，开发条件较好。发源于浙、闽交界洞宫山的飞云江，水能资源可开发装机容量约40万千瓦，开发条件也比较优越。按初步开发方案，浙江省可开发大中型水电站22座，装机容量431万千瓦。其中已建成的主要水电站有新安江、富春江、湖南镇、黄坛口、紧水滩、石塘和枫树岭。由于钱塘江水系的主要电站已经开发，今后的开发重点仍在瓯江。瓯江全河规划电站装机容量146万千瓦，各梯级电站向省网和华东电网供电，输电距离较近。除紧水滩和石塘外，滩坑是开发条件比较优越的大型水电站。该电站装机容量60万千瓦，保证出力8.36万千瓦，年发电量10.35亿千瓦时，水库总库容41.5亿立方米，可进行多年调节，发电效益较大。飞云江上的珊溪水电站，装机容量24万千瓦，保证出力4.02万千瓦，年发电量4.34亿千瓦时，水库总库容28.58亿立方米，综合利用效益大，前期工作基础好。滩坑和珊溪两水电站宜先期开发利用。此外，还拟扩建新安江、湖南镇、黄坛口三座水电站，扩机规模分别为90.25、10.0、5.2万千瓦。

(三)江西省

境内能源比较缺乏,但山多河多,水能资源理论蕴藏量约682万千瓦,可开发装机容量511万千瓦。赣江纵贯本省中部,河长769千米,流域面积8.35万平方千米,水能资源可开发装机容量220万千瓦,是本省水能资源最丰富的河流。其次如修水、章水支流上犹江、抚河也有一些较好的水力坝址。按初步开发方案,江西省可开发大中型水电站37座,装机容量370万千瓦。其中已建成的主要水电站有拓林、上犹江和万安。由于江西省丘陵多,峡谷与盆地相间,淹没损失大,以致大多数水电站没有开发。今后开发的重点是修水和赣江。修水支流的东津电站,装机容量6万千瓦,保证出力1.05万千瓦,年发电量1.16亿千瓦时,水库的总库容7.95亿立方米,1988年已进一步优化设计,综合效益好,是修水的"龙头"电站。根据径流电站补偿的需要,柘林水电站拟扩建20万千瓦。根据1990年10月国家计委批复的《江西省赣江流域规划报告》,赣江中下游干流河段按万安、泰和、石虎塘、峡江、永泰、龙头山6个梯级进行开发,近期开发的重点是万安至峡江河段。

十二　东北水电基地

水电规划:东北水电基地包括黑龙江干流界河段、牡丹江干流、第二松花江上游、鸭绿江流域(含浑江干流)和嫩江流域,规划总装机容量1131.55万千瓦,年发电量308.68亿千瓦时。各河段或流域简况如下:

1. 黑龙江河段上、中游开发8个坝段,组成了9个梯级开发比较方案。初步规划总装机容量为(820/2)万千瓦,年发电量(270.88/2)亿千瓦时,尚处于规划中。

2. 牡丹江干流河开发水能资源总装机容量107.1万千瓦,现已开发13.2万千瓦。

3. 第二松花江上游可开发的水电站站点为58个,装机容量246.33万千瓦。

4. 鸭绿江流域干流经中、朝双方共同规划。目前有 12 个梯级。装机容量（253.3/2）万千瓦，年发电量（100/2）亿千瓦时。已建成有云峰、渭源、水丰、太平湾四个水电站。

5. 嫩江流域可开发 3 万—25 万千瓦的梯级水电站。15 座装机容量 126.6 万千瓦，年发电量 34.28 亿千瓦时。

具体水电站名称及装机容量见表 11。

表 11　东北水电基地水电站分布及装机容量情况表

水电站名称	装机容量（万千瓦）	开发商
丰满水电站	92.4	开发商信息暂缺
红石水电站	20	
白山水电站	150	
临江水电站	40	
云峰水电站	60	
渭源水电站	39	
水丰水电站	63	
太平湾水电站	19	

十三　怒江水电基地

水电规划：怒江中下游干流河段落差集中，水量大，淹没损失小，交通方便，施工条件好，地质条件良好，规划装机容量 2132 万千瓦，是我国重要的水电基地之一。与以前提出的十二大水电基地相比，其技术可开发容量居第六位，待开发的可开发容量居第二位。开发怒江干流中下游丰富的水能资源是我国能源资源优化配置的需要，是西部大开发、"西电东送"的需要。

怒江流域水力资源丰富，我国境内水力资源理论蕴藏量共计 46000 兆瓦，其中西藏 26259.9 兆瓦、云南 19740.1 兆瓦；干流总计 36407.4 兆瓦，其中西藏 19307.4 兆瓦、云南 17100 兆瓦；支流共计 9592.6 兆瓦，其中西藏 6952.5 兆瓦、云南 2640.1 兆瓦。怒江水力资源主要集中在干流，理论蕴藏量占流域总量的 80% 左右。

怒江在西藏境内为上游河段，进入云南境内至六库为中游河段，六库以下至中缅国界为下游河段。怒江中下游径流丰沛而稳定、落差大、交通方便、开发条件好，是水能资源丰富、开发条件较为优越的河段，是我国尚待开发的水电能源基地之一。具体水电站名称及装机容量见表 12。[1]

表 12　怒江水电基地水电站分布及装机容量情况表

水电站名称	装机容量（万千瓦）	开发商
松塔水电站	360	云南华电怒江水电开发有限公司（华电）
丙中洛水电站	160	
马吉水电站	420	
鹿马登水电站	200	
福贡水电站	40	
碧江水电站	150	
亚碧罗水电站	180	
泸水水电站	240	
六库水电站	18	
石头寨水电站	44	
赛格水电站	100	
岩桑树水电站	100	
光坡水电站	60	

十四　江厦潮汐试验电站

潮汐发电，就是利用潮汐形成的落差来推动水轮机，再由水轮机带动发电机发电。建设潮汐电站，先要建一道拦海大坝，把海湾与海洋隔开形成水库，厂房内安装水轮发电机组，当水从水库流向海洋时，机组便能发电。

据了解，20世纪50年代以来，我国各地已相继建设许多小型潮汐电站，但大部分由于选址不当、设备简陋等原因，逐渐被废弃；到了70年代，为了深入开展有关潮汐发电多项课题的研究，为今后更大规模开发潮汐能源提供经验，江厦潮汐试验电站的兴建被提上议程。1972年，电站经国家计委批准获建，1985年建成。

2007年10月，代表国内最高技术水平的新型潮汐发电机组、我国"863"高新技术发展研究项目之一的6号机组，在电站投产运行。与前五台机组相比，6号机组属于新型的双向卧轴灯泡贯流式，增加了正、反向水泵工况，能加速库水位的升高或降低，增加电站运行的灵活性，提高电站的发电效益。至此，电站总装机容量提高至3900千瓦，仍居全球第三。

作为海洋资源大省，浙江拥有6696公里的曲折海岸线，港湾众多，潮汐能源丰富。在江厦潮汐试验电站30年的运行中，无论是政府部门还是国内外专家，都看到了潮汐能开发的广阔前景。

江厦潮汐试验电站在建设生产中完成了许多科学试验课题。实践证明，潮汐电站不会对港湾造成严重的淤积，也不会对生态环境造成大的影响。江厦港类似的狭长形港湾，筑坝前后基本流态没有大的改变，水库充水时带进一定的泥沙，在落潮泄水发电时大部分都将回到库外，水库可长期运行。

同时，潮汐发电电量稳定，可做到精确预报；建设潮汐电站不需当地移民，不仅无淹没损失，相反还可围垦大片土地，有巨大的综合利用效益；在浙江省这样人多地少、农田宝贵的沿海地区，是个突出的优点。

据介绍，根据1985年我国沿海潮汐能资源普查成果，全国沿海可开发的潮汐能年总发电量为619亿千瓦时，可装机容量为21580兆瓦。其中浙闽两省沿海可开发的潮汐能年总发电量为619亿千瓦时，可装机容量为19130兆瓦，分别占全国的88.5%和88.6%，尤其以浙江三门健跳港、福建福鼎八尺门潮汐开发项目开展前期工作最早，论证次数最多，最具开发潜力。根据国家可再生能源中长期发展规划，我国到2020年将建成潮汐电站10万千瓦。

据了解，2009年5月，电站的主管部门、龙源电力集团股份有限公司已与三门县政府签订了健跳港潮汐电站开发协议书，积极开展项目前期工作。如今，"浙江健跳20兆瓦潮汐示范电站预可行性及电站建设相关技术研究"已正式启动，建成后，健跳潮汐电站装机规模将是江厦潮汐试验电站的5倍。

目前，江厦潮汐试验电站的主要任务不仅是运转发电，并兼有围垦、水产养殖和海洋化工、交通旅游等综合利用效益。

江厦潮汐试验电站自1985年年底竣工后，历经多年风浪的考验，年平均发电量为720万千瓦时，累计发电已超过1.6亿千瓦时，为温岭经济发展立下了功劳。

此外，电站建成后为当地围垦5600亩农田，可耕地4700亩，几乎相当于温岭耕地面积的1%，围垦种植水稻、棉花、柑橘等带来的年收入超过1000万元。

同时，与建站前或邻近海湾相比，江厦港生态系统中的若干资源反而更加丰富了，包括网箱养鱼、滩涂种植等，电站水库范围内有海涂1800亩，水库水面面积1200亩，水库及海涂用来养殖对虾、鲈鱼、贝类等海产品，由于库区受自然灾害影响小，水库四周溪流有淡水入库，富有营养并降低了海水的盐度，库区水产养殖年产值在1500万元以上。[2]

十五　南水北调工程

南水北调是缓解中国北方水资源严重短缺局面的重大战略性工程。我国南涝北旱，南水北调工程通过跨流域的水资源合理配置，大大缓解我国北方水资源严重短缺问题，促进南北方经济、社会与人口、资源、环境的协调发展。

(一) 南水北调三线工程

南水北调工程分别在长江下游、中游、上游规划三个调水区,形成东线、中线、西线三条调水线路。通过三条调水线路,与长江、淮河、黄河、海河相互连接,构成我国中部地区水资源"四横三纵、南北调配、东西互济"的总体格局。

1. 东线工程。利用江苏省已有的江水北调工程,逐步扩大调水规模并延长输水线路。东线工程从长江下游扬州抽引长江水,利用京杭大运河及与其平行的河道逐级提水北送,并连接起调蓄作用的洪泽湖、骆马湖、南四湖、东平湖。出东平湖后分两路输水:一路向北,在位山附近经隧洞穿过黄河;另一路向东,通过胶东地区输水干线经济南输水到烟台、威海。东线工程开工最早(2002年开工,分3期建设),并且有现成输水道。

2. 中线工程。从丹江口大坝加高后扩容的汉江丹江口水库调水,经陶岔渠首闸(河南淅川县九重镇),沿豫西南唐白河流域西侧过长江流域与淮河流域的分水岭方城垭口后,经黄淮海平原西部边缘,在郑州以西孤柏嘴处穿过黄河,继续沿京广铁路西侧北上,可基本自流到终点北京。中线工程主要向河南、河北、天津、北京4省市沿线的20余座城市供水。中线工程已于2003年12月30日开工,计划2013年年底前完成主体工程,2014年汛期后全线通水。

3. 西线工程。在长江上游通天河、支流雅砻江和大渡河上游筑坝建库,开凿穿过长江与黄河的分水岭巴颜喀拉山的输水隧洞,调长江水入黄河上游。西线工程的供水目标主要是解决涉及青、甘、宁、内蒙古、陕、晋等6省(自治区)黄河上中游地区和渭河关中平原的缺水问题。结合兴建黄河干流上的骨干水利枢纽工程,还可以向邻近黄河流域的甘肃河西走廊地区供水,必要时也可及时向黄河下游补水。目前尚未开工建设。

(二) 南水北调规划调水规模

南水北调工程规划的东线、中线和西线到2050年调水总规模为

448亿立方米，其中东线148亿立方米，中线130亿立方米，西线170亿立方米。整个工程将根据实际情况分期实施。中线工程可调水量按丹江口水库后期规模完建，正常蓄水位170米以下，考虑2020年发展水平在汉江中下游适当做些补偿工程，在保证调出区工农业发展、航运及环境用水后，多年平均可调出水量141.4亿立方米，一般枯水年（保证率约为75%），可调出水量约110亿立方米。供水范围主要是唐白河平原和华北平原的西中部，供水区总面积约15.5万平方公里。因引汉水量有限，不能满足规划供水区内的需水要求，只能以供京、津、冀、豫、鄂五省市的城市生活和工业用水为主，兼顾部分地区农业及其他用水。

（三）南水北调中线主体工程

南水北调中线主体工程由水源区工程和输水工程两大部分组成。水源区工程为丹江口水利枢纽后期续建和汉江中下游补偿工程；输水工程即引汉总干渠和天津干渠。

1. 水源区工程

水源区工程包括丹江口水利枢纽续建工程和汉江手动阀中下游补偿工程。

（1）丹江口水利枢纽续建工程。丹江口水库控制汉江60%的流域面积，多年平均天然径流量408.5亿立方米，考虑上游发展，预测2020年入库水量为385.4亿立方米。丹江口水利枢纽在已建成初期规模的基础上，按原规划续建完成，坝顶高程从现在的162米，加高至176.6米，设计蓄水位由157米提高到170米，总库容达290.5亿立方米，比初期增加库容116亿立方米，增加有效调节库容88亿立方米，增加防洪库容33亿立方米。丹江口水库后期规模正常蓄水位170米时，将增加淹没处理面积370平方公里，据1992年调查，主要淹没实物指标为：人口22.4万人；房屋479.4万平方米；耕地23.5万亩；工矿企业120个(含乡镇企业)；淹没固定资产原值1.2亿元。

（2）汉江手动阀中下游补偿工程。为免除近期调水对汉江中下游的工农业及航运等用水可能产生的不利影响，需兴建干流渠化工程兴隆或碾盘山枢纽、东荆河引江补水工程，改建或扩建部分闸站和增建部分航道整治工程。

2. 输水工程

（1）总干渠工程。黄河以南总干渠线路受已建渠首位置、江淮分水岭的方城垭口和穿过黄河的范围限制，走向明确。黄河以北曾比较利用现有河道输水和新开渠道两类方案，从保证水质和全线自流两方面考虑选择新开渠道的高线方案。总干渠自南阳市淅川县陶岔渠首引水，沿已建成的8公里渠道延伸，在伏牛山南麓山前岗垅与平原相间的地带，向东北行进，经南阳过白河后跨江淮分水岭方城垭口入淮河流域。经宝丰、禹州、新郑西，在郑州西北孤柏嘴处穿越黄河。然后沿太行山东麓山前平原，京港高铁、京广铁路西侧北上，至唐县进入低山丘陵区，过北拒马河进入北京境，过永定河后进入北京区，终点是玉渊潭。总干渠全长1241.2公里。天津干渠自河北徐水县西黑山村北总干渠上分水向东至天津西河闸，全长142公里。总干渠渠首设计水位147.2米，终点49.5米，全线自流。

渠道全线按不同土质，分别采用混凝土、水泥土、喷浆抹面等方式全断面衬砌，防渗减糙。渠道设计水深随设计流量由南向北递减，由渠首9.5米到北京3.5米，底宽5.6米—7米。总干渠的工程地质条件和主要地质问题已基本清楚。对所经膨胀土和黄土类渠段的渠坡稳定问题、饱和砂土段的震动液化问题和高地震烈度段的抗震问题、通过煤矿区的压煤及采空区塌陷问题等在设计中采取相应工程措施解决。总干渠沟通长江、淮河、黄河、海河四大流域，需穿过黄河干流及其他集流面积10平方公里以上河流219条，跨越铁路44处，需建跨总干渠的公路桥571座，此外还有节制闸、分水闸、退水建筑物和隧洞、暗渠等，总干渠上各类建筑物共936座，其中最大的是穿黄河工程。

（2）天津干线工程。天津干线工程是南水北调中线总干渠的一部分，全长155公里，始于河北省保定市徐水县西黑山村西北（中线总干渠 1120 公里处），总体走向由西向东，沿线经过河北省保定、廊坊的 8 个县市和天津市的武清、北辰、西青 3 区，止于西青区曹庄村北出口闸。采用无压接有压地下钢筋混凝土箱涵输水，设计流量 50 立方米 / 秒，加大流量 60 立方米 / 秒。按可研阶段估算，天津干线投资约 85 亿元，建设工期约为 3 年，资金由国家统筹安排。南水北调中线一期天津干线工程于 2008 年 11 月开工建设。此次开工建设的是天津干线天津境内段工程，是天津干线的最末端，始自天津市武清区王庆坨镇西南津冀交界处，止于天津市西青区曹庄北出口闸，工程全长 23.945 公里，总投资 14.77 亿元。天津干渠穿越大小河流 48 条，有建筑物 119 座。（见表 13）

表 13　总干渠工程全线设计流量与水位情况表

控制点或渠段	设计流量（立方米/秒）	设计水位（黄海标高）（米）
渠首—方城	630（加大 800）	147.2—137.8
过黄河	500	119.5—106.0
进河北	415	91.3
进北京	70	61.1
进玉渊潭	40	49.5
天津干渠	50（加大 60）	64.9—2.7

（四）南水北调主要工程量与投资

1. 概况。土方开挖 6.0 亿立方米；石方开挖 0.6 亿立方米；土石方填筑 2.3 亿立方米；混凝土 1583 万立方米；衬砌水泥土 718 万立方米；钢筋钢材 70 万吨；永久占地 42.2 万亩（含库区淹没 23.5 万亩），临时占地 11 万亩。中线工程控制进度的主要因素是丹江口库区移民和总干渠工程中的穿黄河工程。穿黄河工程采用盾构机开挖，工期约需 6 年，并需考虑工程筹建期。按 1993 年年底价格水平估算，工程静态总投资约 400 亿元。

2. 工程统计。2010 年南水北调工程开工项目 40 项，单年开工项目数创工程建设以来最高纪录；完成投资379亿元，相当于开工前8年完成投资总和，创工程开工以来的新高。2010年，南水北调加大初步设计审查审批力度，共组织批复41个设计单元工程，累计完成136个，占155个设计单元工程总数的88%；批复投资规模1100亿元，超过开工以来前8年批复投资总额，累计批复2137亿元，占可行性研究总投资2289亿（不含东线治污地方批复项目）的93%，单年批复投资规模创开工以来新高。至2010年年底，南水北调全部155项设计单元工程中，基本建成33项占21%；在建79项占51%；主体工程累计完成投资769亿元，占可行性研究批复总投资的30%。截至2012年1月底，南水北调办公室已累计下达南水北调东、中线一期工程投资1636.6亿元，其中中央预算内投资247.3亿元，中央预算内专项资金（国债）106.5亿元，南水北调工程基金144.2亿元，国家重大水利工程建设基金708.2亿元，贷款430.4亿元。工程建设项目（含丹江口库区移民安置工程）累计完成投资1391.1亿元，占在建设计单元工程总投资2188.7亿元的64%，其中东、中线一期工程分别累计完成投资220亿元和1157.5亿元，分别占东、中线在建设计单元工程总投资的74%和61%；过渡性资金融资利息12.7亿元，其他0.9亿元。工程建设项目累计完成土石方110269万立方米，占在建设计单元工程设计总土石方量的83%；累计完成混凝土浇筑2279万立方米，占在建设计单元工程混凝土总量的59%。

（五）南水北调工程效益

南水北调东线工程可为苏、皖、鲁、冀、津五省市净增供水量143.3亿立方米，其中生活、工业及航运用水66.56亿立方米。农业76.76亿立方米。东线工程实施后可基本解决天津市，河北黑龙港运东地区，山东鲁北、鲁西南和胶东部分城市的水资源紧缺问题，并具备向北京供水的条件。促进环渤海地带和黄淮海平原东部经济又好又快的发展，改善因缺水而恶化的环境。为京杭运河济宁至徐州段的全年通航保证了水源。使鲁西和苏北两个商品粮基地得到巩固和发展。受地理位置、调出区水资源量等条件限制,西、中、东三条调水线路各有其合理的供水范围,相互不能替代。2012年9月16日至17日,中共中央政治局委员、国务院副总理、国务院南水北调工程建设委员会副主任回良玉在河南省南阳市考察南水北调工程。他强调,南水北调工程是实现中国水资源优化配置的战略举措,是优化水资源配置、促进区域协调发展的基础性工程,是新中国成立以来投资额最大、涉及面最广的战略性工程,事关中华民族长远发展。[3]

参考文献

[1] 周建平、钱钢粮:《十三大水电基地的规划及其开发现状》,《水利水电施工》2011年第1期。

[2] 浙江省电力公司:《江厦潮汐试验电站》,河海大学出版社2001年版。

[3] 汪易森、杨元月:《中国南水北调工程》,《人民长江》2005年第7期。

[4] 百度文库:中国十三大水电基地规划——世界级巨型水电站云集。

[5] 百度百科:南水北调工程。

作者简介

柳德才,男,1973年8月生,湖北汉川人,经济学博士,毕业于武汉大学经济与管理学院,武汉科技大学管理学院副教授,硕士生导师。湖北省工业经济学会常务理事、《武汉城市圈蓝皮书》特约撰稿人。

曹 曦,男,1982年5月生,湖北宜都人,长江勘测规划设计研究院长江空间公司遥感院工程师,武汉大学在职硕士。

新木点评

中国从大禹治水到当代水利;从都江堰到南水北调,都在不断创造着世界水利史上的奇迹,每一个工程每一项技术领域都有世界第一,这些工程为中国的水安全做出了巨大的贡献。但我们一定要清醒，中国的水安全建设一定要"双轮驱动"，一靠加快水利工程建设；二靠水利改革，靠分水、配水、用水、管水、节水、护水等一系列制度的改革。中国的水安全问题是一系列制度的缺失，所以只有靠工程建设和制度建设的结合，才能促进中国的水安全建设。

企业评析

中国水利水电主要企业综合实力评价

毛中明　董昱

一　中国水利水电企业实力综合评价的原则和指标

（一）基本原则

水利水电企业是从事水利工程施工、生产、流通、服务等经济活动，实行自主经营、独立核算、依法设立的一种盈利性的经济组织。主要业务是：修建渠道、灌溉、建大坝、电站、厂房、安装水轮机等来进行发电，具体包括设计、施工、管理等。

为了能够反映出我国水利水电企业的综合竞争实力，本报告制订了水利水电企业综合实力评价指标。该评价指标是本着客观性、效益性、发展性和全面性的原则，在其他权威排行榜的基础上，总结经验并且结合水利水电企业的特征制订的。

1. *客观性原则*

客观性原则是指企业综合绩效评价充分体现市场竞争环境特征，依据统一测算的、统一时期的国内行业标准或者国际行业标准，客观公正地评价企业经营成果以及管理状况。例如福布斯排行榜，在各种能源指标排名中，2006年度中国石油钻采机械企业产值排名、2011年全球前20大钢铁企业年度排名、2010年中国煤炭企业排名等，煤炭、钢铁以及附属产品的企业分别用企业的营业收入、企业的年度产量作为评价企业实力的重要因素；在各种金融投资行业的排名中，2012年亚洲中小上市企业200强、2012年全球品牌100强、2011年美国最大非上市公司排行榜、2011年美国银行业100强排行榜、2010年亚太地区最佳上市公司50强等，分别用销售额、增长额、市值、总资产、营业收入作为主要因素来进行实力评价。从福布斯、胡润指标榜可以看出，众多的经济行业数据中选择出销售额、市值等数据作为主要的评价数据，这些企业综合评价中，客观性原则是制订企业综合指标必须首要考虑的原则。本报告用于制订水利水电企业综合评价指标的有关基础数据，都是来自于企业上报数据和综合国家统计年报中的相关数据，确保数据来源的客观性和公平性。

2. 全面性原则

企业综合实力评价指标是通过销售额、总资产、净利润（收益）、年产量（发电量）、装机容量这五个综合数据，数据反映了它们影响企业效率水平的各种因素，销售额、总资产、净利润（收益）、年产量（发电量）、装机容量这五个指标是对水利水电企业多层次、多角度的分析和综合评价。这五个指标中包括了企业的财务指标和企业的经营业绩指标，对考察水利水电企业的经营现状提供了有用的信息，能准确全面地显示出企业的经营成果及发展潜力。

3. 效益性原则

企业综合绩效评价应当以考察投资回报水平为重点，运用投入产出分析基本方法，真实反映企业资产运营效率和资本保值增值水平。例如，发电量这个指标的选取是因为：第一，发电量的数据比较容易获得，且客观；能够比较直观地反映企业的综合经营情况等；第二，发电量这个指标有助于利益相关者认识到企业的运行能力和获利能力。再例如，净收入（收益）这个指标，能够客观地反映出企业的盈利能力，盈利能力直接体现了企业的经营目标的实现程度，是企业经营成功与否及企业财务实力的重要指标。

4. 发展性原则

企业综合绩效评价应当在综合反映企业年度财务状况和经营成果的基础上，客观分析企业年度之间的增长状况以及发展水平，科学预测企业的未来发展能力。在选用了销售额、总资产、净利润（收益）三个财务指标以外，也选用了能够反映水利水电企业工程特点的年产量（发电量）和装机容量，这五个方面的数据作为主要论述的对象。本报告的综合指标是由多个变量加权排名的，客观反映了企业在生产经营活动中的各个环节或某个环节的优劣，总体上对企业生产经营状况进行了全面评价，做到了在水利水电企业指标的选择中既有理可循也能结合水利水电企业的自身特点而有所创新。

（二）评价指标

1. 销售额

销售额是指纳税人（这里指的是企业）销售货物或者应税劳务向购买方收取的全部价款和价外费用，但是不包括收取的销项税额。水利水电的销售额，就是水利水电企业利用水力发电获取的收入。我们选取销售额作为最主要的评价指标是因为以下两点。其一，企业的销售计划。水利水电企业制订的销售额是多少，能否完成企业计划，不仅关系到企业计划制订得是否科学，而且还能反映企业的整体状况。销售额是企业的一座灯塔，能够反映出企业的经营活动，而企业每年的销售额和经营现金流之间的关系对企业保持实际净现金流的能力密不可分。其二，水利水电所处环境的地貌和资源。中国水资源的主干集中在黄河和长江，正是有了对黄河长江合理的治理才会有各类水电站和水利水电企业的发展。中国南北中西部水资源差异很大，在水利水电工程的建设时，就会有政策上的倾斜。水利水电站规模的大小跟当地的地理、生态环境是密切相关的。水利水电企业销售额的多少，能够说明该水利水电企业建立时，该地段地理的优越性。这种优越性也能够体现出，该水利水电企业利用自然水利资源进行发电的多少与地域位置、当年的降雨量有关。地域位置优，销售额就会突出，国家对于该水利水电企业的重视程度就会越高；它的设施越是先进，所承担的发电量的任务就越重；在不同的主干和支干中，越是处于主干的水利水电企业发电量就越大，它输送电能覆盖的地区也就越大。所以，销售额大的企业所管辖或者发电的范围也大。例如，长江三峡水利枢纽工程隶属于中国长江三峡集团公司，它发电主要输送到上海等华东地区。

2. 总资产

总资产是指企业、自然人、国家拥有或者控制的能以货币来计量收支的经济资源，包括各种收入、债权及其他资产。资产是会计最基本的要素之一，与负债、所有者权益共同构成会计等式，成为财务会计的基础。资产是主体从事经营所需的经济资源，是反映企业可以用于现在发展或有益于未来经营的服务潜能总量。资产不仅是企业赖以生存和发展的物质基础，而且只有通过资产，才会有费用、收入、负债等会计要素的发生。资产对企业的重要性可以用一句谚语来描述："皮之不存，毛将焉附？"一般认为，某一会计主体的总资产数额等于其在资产负债表中的资产总额，总资产要满足三个基本要素：一是企业对该资源要具有所有权；二是企业能够拥有或者控制该项资源；三是该项资源能够给企业带来经济收益。中国的水利水电企业大部分是国有企业或者是某个大型国有集团旗下的子公司。一个水利水电企业所拥有的资产数量和状态不仅决定了一个水利水电企业的健康状态和发展能力，而且也决定着一个水利水电企业的整体规模及企业的富裕程度，拥有多少资产，资产的状况如何，都是一个水利水电企业关心的经济数据。因此，资产在企业大小规模、经济效益上承担着一个非常重要的角色。

3. 净利润（收益）

净利润是指利润总额中交纳了所得税后公司的利润留成，净利润是一个企业经营的最终成果，净利润多，企业的经营效益就好；净利润少，企业的经营效益就差。净利润能评价出水利水电企业全年的盈利状况。在财务管理目标中，利润最大化和保持收益稳定增长都是企业财务管理的目标之一。有些股份制企业发行股票，股票市场上净利润收益对于企业的投资者来说非常重要；公司定期公布的年报中净利润是获得投资回报大小的基本因素，是每个投资者所关注的重点。对于企业管理者而言，净利润是进行经营管理决策的基础，并在此基础上，可以让计划人员制订新的策略。同时，净利润也是评价企业盈利能力、管理绩效以及偿债能力的一个基本工具，能反映和分析企业多方面情况。

4. 年产量（发电量）

年产量一般是指人或机器在一年内生产出来的产品的数量。在水利水电中，产量主要是指水利水电企业的发电量，是水利水电企业利用水力生产出的电量。这项指标，显示出水利水电企业作为一个水利资源的转换器，以一定的资源投入，经过内部的转移技术，转换出社会和市场所需要的产品。对水利水电企业而言转换出的社会和市场所需的产品就是发电量，发电量就是企业生产出来的产品。发电量不仅仅能够体现企业的资本是否达到利用的高效率，而且作为投资者可以从发电量的数据中看出企业的工作是否开展得顺利，效率是不是高效。因为经济效益是产出和投入之比，这个比率越大，经济效益就越高。所以，从产量可以看出水利水电企业在该年份的经济效益如何。

5. 装机容量

装机容量是指一个发电厂或一个区域电网具有的水轮发电机组总容量，度量单位为千瓦时，它不仅关系到水电企业的规模、投资和水利资源的利用，也关系到水电效益和投资的经济合理性。装机容量也是表示水电建设规模和电力生产能力的主要指标之一。装机容量大致可分为工作容量、备用容量、检修容量和受阻容量，在一定的条件下，它们之间相互转换，丰水期及系统负荷量大时，工作容量大，相应备用能量小些，枯水期和系统负荷量小时，工作容量较小，相应备用能量大些。因此水电企业装机容量的大小取决于水电站的能量指标。任何一家水电企业在装机容量的选择过程中不仅要考虑技术问题，更多的是考虑经济问题，如工程投资、利润、效益和费用，水电企业更加会酌情考虑装机容量的选择并优化。装机容量能够较为公正的反映出一个水电企业的生产规模和效益。装机容量是发电量的基础和原因,如果装机容量大则意味着发电量也就越多,更能充分发挥电站效益,也反映了该企业的经济效益和规模也就越大。反之装机容量小,该水电企业的生产规模、发电量及经济效益则处于劣势状态。因此,看一个企业的规模大小、发电能力的多少、运营能力的强弱,装机容量也是一个必不可少的条件,只有装机容量大,企业的经济效益和规模才更有实力。

二 中国主要水利水电企业综合实力排名和简介

(一)中国主要水利水电企业实力排名

据上述,评价水利水电企业综合实力的五个指标分别为:销售额、总资产、净利润、年发电量、装机容量。根据这五个指标,我们得出中国主要水利水电企业的排名(见表1)。

表1 中国主要水利水电企业各指标数据排名(2011年)

	销售额 (亿元)	总资产 (亿元)	净利润 (亿元)	年发电量 (亿千瓦时)	装机容量 (万千瓦)
1	中国长江三峡集团公司(291.07)	中国长江三峡集团公司(3131.25)	中国长江三峡集团公司(108.34)	中国长江三峡集团公司(1006.6)	中国长江电力股份有限公司(2250)
2	中国长江电力股份有限公司(250.83)	中国长江电力股份有限公司(1579.1)	中国长江电力股份有限公司(77)	中国长江电力股份有限公司(945.57)	中国长江三峡集团公司(2177.92)
3	国投电力控股股份有限公司(217)	国投电力控股股份有限公司(1209)	华能澜沧江水电有限公司(17.03)	黄河上游水电开发有限责任公司(364.08)	黄河上游水电开发有限责任公司(1071.9)
4	黄河上游水电开发有限责任公司(130)	华能澜沧江水电有限公司(730.9)	龙滩水利水电开发有限公司(10)	华能澜沧江水电有限公司(309)	华能澜沧江水电有限公司(837.44)
5	贵州乌江水电开发有限责任公司(97.6)	黄河上游水电开发有限责任公司(550)	国投电力控股股份有限公司(9.7)	贵州乌江水电开发有限责任公司(277.36)	贵州乌江水电开发有限责任公司(754.5)

续表

	销售额（亿元）	总资产（亿元）	净利润（亿元）	年发电量（亿千瓦时）	装机容量（万千瓦）
6	华能澜沧江水电有限公司（79.01）	国电大渡河流域水电开发有限公司（500）	广西桂冠电力股份有限公司（8.71）	国投电力控股股份有限公司（256）	龙滩水利水电开发有限公司（630）
7	广西桂冠电力股份有限公司（38.37）	五凌电力有限公司（274）	五凌电力有限公司（4.8）	国电大渡河流域水电开发有限公司（237.84）	五凌电力有限公司（584）
8	龙滩水利水电开发有限公司（37.13）	龙滩水利水电开发有限公司（243）	国电大渡河流域水电开发有限公司（4.66）	龙滩水利水电开发有限公司（187.1）	国电大渡河流域水电开发有限公司（562.28）
9	五凌电力有限公司（29.52）	广西桂冠电力股份有限公司（209.58）	黄河上游水电开发有限责任公司（4）	广西桂冠电力股份有限公司（132.13）	国投电力控股股份有限公司（532）
10	国电大渡河流域水电开发有限公司（11.09）	贵州乌江水电开发有限责任公司（43）	贵州乌江水电开发有限责任公司（2.1）	五凌电力有限公司（127.92）	广西桂冠电力股份有限公司（252.7）

（二）中国主要水利水电企业简介

1. 中国长江三峡集团公司

中国长江三峡集团公司的前身是成立于 1993 年 9 月 27 日的中国长江三峡工程总公司。中国长江三峡集团公司为国有独资企业，注册资本金 1115.98 亿元。截至 2011 年 12 月 31 日，集团合并资产总额 3131.25 亿元、销售额 291.07 亿元、净资产 2124.99 亿元、净利润 108.34 亿元。共有从业人员 14660 人，其中在岗职工 12398 人。中国长江三峡集团公司的战略定位是以大型水电开发与运营为主的清洁能源集团，主营业务是水电工程建设与管理、电力生产、相关专业技术服务。

国家授权中国长江三峡集团公司滚动开发长江上游干支流水力资源，组织建设溪洛渡、向家坝、乌东德、白鹤滩四个巨型电站。溪洛渡、向家坝水电站已分别于 2005 年、2006 年正式开工，当时计划分别于2012年、2013年投产发电。乌东德、白鹤滩水电站的前期勘测设计工作正在进行中。这四个电站规划装机容量3850万千瓦，年发电量1753亿千瓦时。目前，该公司已投产、在建和筹建的水电装机总量超过6800万千瓦，已成为全球最大的水电开发企业。按照规划，在金沙江规划的水电站2020年左右全部投产后，中国长江三峡集团公司的水电装机容量将达到8000万千瓦至1亿千瓦，将更加稳固世界最大的水电企业的宝座。

在水电开发与运营中，中国长江三峡集团公司始终以科学发展观为指导，积极倡导和推行"建好一座电站，带动一方经济，改善一片环境，造福一批移民"的理念，实现了社会效益、生态效益和经济效益的协调统一。

2. 中国长江电力股份有限公司

中国长江电力股份有限公司是经原国家经贸委报请国务院同意后，由中国长江三峡集团公司作为主发起人以发起方式设立的股份有限公司，创立于2002年9月29日，资产总额1579.1亿元、销售额250.83亿元、净利润77亿元。2003年10月28日，公司首次公开发行人民币普通股2,326,000,000股，总股本为7,856,000,000股。2005年8月15日，公司实施股权分置改革方案，总股本变更为8,186,737,600股。2007年5月，"长电CWB1"认股权证行权，总股本变更为9,412,085,457股。2009年9月28日，公司实施重大资产重组，总股本变更为11,000,000,000股。2010年7月19日，公司实施资本公积金转增股本方案，总股本变更为16,500,000,000股。中国长江电力股份有限公司是目前我国最大的水电上市公司，主要从事水力发电业务。截至2011年12月31日，公司拥有葛洲坝电站全部发电资产、三峡工程已投产的左右岸电站26台发电机组、地下电站3台机组，以及电源电站2台机组，总装机容量为2,317.7万千瓦。此外，公司通过参股发电企业，拥有权益装机容量约278.76万千瓦。

3. 国投电力控股股份有限公司

国投电力控股股份有限公司(简称"国投电力",股票代码"600886")于2002年由湖北兴化与国家开发投资公司进行资产置换后变更登记设立。资产总额1209亿元、销售额217亿元、净利润9.7亿元,装机容量532万千瓦,年发电量256亿千瓦时。国投电力是国家开发投资公司电力业务的资产经营与资本运作平台,主要投资建设、经营管理以电力生产为主的能源项目;开发及经营新能源项目、高新技术、环保产业;开发和经营电力配套产品及信息、咨询服务。截至2011年年底,国投电力总股本2,345,102,751股,其中,国家开发投资公司持股1,444,604,341股,占公司总股本的61.60%。国投电力资产总额达到1209.1亿元,归属于母公司所有者权益114.75亿元,每股净资产4.89元。

截至2011年年底,公司总资产1209.10亿元,归属于母公司所有者权益114.75亿元,归属于上市公司股东的每股净资产4.89亿元;资产负债率82.01%。公司下属电力生产企业投产的控股装机规模为1276万千瓦、权益装机规模852万千瓦,在建控股装机规模1216万千瓦。国投电力控股股份有限公司一直以清洁、高效、经济、环境为原则,重点发展水电,适度发展风电和光伏发电,适时发展火电。国投电力控股股份有限公司是我国管理最为规范、治理最为完善的绩优蓝筹上市公司之一。

4. 黄河上游水电开发有限责任公司

黄河上游水电开发有限责任公司是中国电力投资集团公司控股的大型综合性能源企业,成立于1999年10月。2011年销售额130亿元、资产总额550亿元、净利润4亿元,年发电量364.08亿千瓦时,装机容量1071.9万千瓦。目前主要从事电站的开发与建设;电站的生产、经营;硅产品和太阳能发电设备的生产、销售;电解铝及铝型材的生产、销售。目前,黄河水电公司拥有黄河龙羊峡、拉西瓦、李家峡、公伯峡、苏只、积石峡、盐锅峡、八盘峡、青铜峡等九座投产发电的大中型水电站，年发电能力达350亿千万时。在青海西宁建成1250吨多晶硅项目、55.5万吨水电铝联营和30万吨碳素项目，在西安、西宁两地建设太阳能电池及组件项目，在甘肃景泰、西藏桑日和青海乌兰、格尔木、共和、河南等地开工建设光伏并网电站项目和风电项目。公司已初步形成了"以水电为核心，水、火、新能源发电并举，产业一体化协同发展"的产业格局。

进入21世纪以来，由于国家对环保的重视以及水电行业的竞争加剧，黄河上游水电开发有限责任公司以科学发展观和中电投集团"三步走"战略目标为指引，全力打造资产质量优良、产业结构合理、管理水平先进、经济效益明显的国内一流能源企业。使公司在竞争日趋激烈的水电行业占得一席之地。

5. 华能澜沧江水电有限公司

华能澜沧江水电有限公司是由中国华能集团公司控股和管理的大型流域水电企业。2011年销售额79.01亿元、资产总额730.9亿元、净利润17.03亿元，年发电量837.44亿千瓦时，装机容量301.85万千瓦。公司的主要任务是：本着"流域、梯级、滚动、综合"的原则对澜沧江流域水电站进行滚动开发，并积极参与其他流域水电开发。公司一直为我国西南部地区提供优质、清洁的能源，是云南省"西电东送"、"云电外送"的重要骨干企业和建设以水电为主电力支柱产业的核心企业，"藏电外送"的主要参与者，同时也是中国南方电网和澜沧江湄公河次区域最重要的水电开发运营公司。

公司成立以来，始终以"追求卓越、争创一流"为企业精神，确立了"高起点、敢创新、严管理、重效益"的指导思想，提出了"创一流公司、建精品工程"的目标，营造出"能源于水、有容乃大"的"华能澜沧江"企业文化，高标准、严要求、精心组织、科学管理，全面推进澜沧江流域、金沙江中游龙开口电站和缅甸瑞丽江流域水电资源开发。截至2011年12月31日，公司投产装机容量达833.18万千瓦，在建、筹建规模超过1600万千瓦，资产总额超过680亿元，实现"运营一批、建设一批、储备一批"的水电开发良好态势。

6. 国电大渡河流域水电开发有限公司

国电大渡河流域水电开发有限公司，于 2000 年 11 月在成都注册成立，是集水电开发建设与运营管理和新能源开发于一体的大型流域水电公司，为中国国电集团公司（世界 500 强企业）所属特一类企业。2011 年销售额 11.09 亿元、资产总额 500 亿元、净利润 4.66 亿元，年发电量 237.84 亿千瓦时，装机容量 562.28 万千瓦。公司股东分别为：中国国电集团公司（占 21%）、国电电力发展股份有限公司（占 69%）、四川川投能源股份有限公司（占 10%）。公司现有员工 2400 余人，本部设有 11 个部门，有 21 个所属及控股二级单位，其中电力生产单位 6 个，基建单位 12 个，综合产业单位 2 个，1 个培训中心，形成了电力生产、基本建设、综合产业"三线并进"的发展格局，资产规模和经济效益实现了同步增长，企业物质文明和精神文明实现了协调发展，投产装机 600.2 万千瓦，累计发电近 1000 亿千瓦时，资产总额超过 500 亿元，成为新兴的大型流域水电开发公司。

公司成立以来，在中国国电集团公司的领导下，按照建设"四转四型、国际一流"综合性流域水电公司目标，积极贯彻落实科学发展观，抓住西部大开发的历史机遇，积极推进大渡河流域水电开发，已在大渡河流域（包括支流）取得了 22 座电站总装机约 1800 万千瓦的开发权。截至 2011 年年底，公司所属的电源项目约 1/3 建成投产（装机 600.2 万千瓦），约 1/3 开工建设（装机 560.8 万千瓦），约 1/3 开展前期（约 650 万千瓦）。

国电大渡河流域水电开发有限公司是一个效益型、开拓型、创新型、和谐型的国际一流综合性能源企业。公司一直重视风电、太阳能等清洁可再生能源的开发，形成了以"中小水电并购、新能源开发、海外项目投资和综合产业发展"为产业结构的企业转型四大板块布局。

7. 贵州乌江水电开发有限责任公司

贵州乌江水电开发有限责任公司是 1990 年经国务院同意，由原国家能源部、国家计委批准成立的我国第一个按流域组建的水电开发公司。主要任务是开发贵州省境内乌江河段及其支流水力发电资源。1999年7月，国家电力公司和贵州省人民政府对乌江公司进行改制，组建贵州乌江水电开发有限责任公司，国家电力公司占51%的产权，贵州省占49%的产权，由国家电力公司控股。

公司2011年销售额97.6亿元、资产总额43亿元、净利润2.1亿元，年发电量277.36亿千瓦时，装机容量754.5万千瓦，经营管理装机63万千瓦的乌江渡发电厂（设计年发电量33.4亿千瓦时）和装机51万千瓦的东风发电厂（设计年发电量24.2亿千瓦时），公司总资产43亿元。按照流域、梯级、滚动开发的方针，公司拟对规划中的洪家渡、索风营、构皮滩、思林、沙沱梯级电站进行滚动开发，预计用15年左右的时间建成总装机容量1000万千瓦级的乌江水电能源基地。

进入"十二五"以来，贵州乌江水电开发有限责任公司一直按照集团发展战略和贵州工业强省战略部署，坚持创造可持续价值理念，加快完成乌江流域和其他重要流域的水电开发，打造千万千瓦级水电基地；加快建设塘寨、桐梓、大方二期等火电项目，调整优化电源结构；加快控股开发煤炭步伐，提高电煤自给能力。逐步使公司发展在速度上实现快，在质量上保持好，在结构上保证优，在效益上达到高，实现建成又强又优的综合能源企业的发展目标。

8. 龙滩水利水电开发有限公司

公司成立于1999年12月，是由中国大唐集团公司控股（65%）、广西投资集团有限公司（30%）、贵州省开发投资公司（5%）参股组成的有限公司。业务范围主要包括投资、建设、运营、管理开发水电项目，水电厂检修，水利水电工程咨询服务。目前主要负责龙滩水电工程的开发建设。龙滩水电工程是红水河梯级开发的龙头骨干工程，是国家西部大开发的十大标志性工程和"西电东送"的战略项目之一，也是中国大唐集团公司在建的最大项目。工程位于红水河上游的广西天峨县境内，工程建设将创造三项世界之最：最高的碾压混凝土大坝（最大坝高

216.5 米，坝顶长 849.44 米，坝体混凝土方量 580.28 万立方米）；规模最大的地下厂房（长 388.5 米，宽 28.5 米，高 76.4 米）；提升高度最高的升船机（最大提升高度 179 米，全长 1800 多米）。2011 年，公司销售额 37.13 亿元、资产总额 243 亿元、净利润 10 亿元，年发电量 187.1 亿千瓦时，装机容量 630 万千瓦，规划总装机容量 630 万千瓦，安装 9 台 70 万千瓦的水轮发电机组。一期工程建设装机容量 490 万千瓦。

9. 五凌电力有限公司

五凌电力有限公司是中国电力投资集团公司在湖南省境内的子公司，属集团公司两大流域开发公司之一。总部设在湖南省长沙市，2011 年销售额 29.52 亿元、资产总额 274 亿元、净利润 4.8 亿元，年发电量 127.92 亿千瓦时，装机容量 584 万千瓦，公司总资产已达 300 亿元，全员劳动生产率多年来位居集团公司首位。

公司 1994 年 10 月成立，1996 年经国务院授权，全面负责开发建设和经营长江第三大支流沅江流域水电。公司积极推进"重点水电、积极发展核电、审慎发展火电、大力输出水电电站服务业务"的产业发展战略，现已建成投产沅江流域五强溪水电厂、凌津滩水电厂、洪江水电厂、碗米坡水电厂、挂治水电厂、三板溪水电厂、湘江流域近尾洲水电厂、东坪水电厂、株溪口水电厂等 10 座大中型水电站；在建托口水电站、白市水电站。已建在建总装机容量 704 万千瓦。同时积极推进小墨山核电。公司形成了水电、核电、抽水蓄能多种电源协同发展的良好势态。公司累计实现发电量 1000 余亿千瓦时。

10. 广西桂冠电力股份有限公司

广西桂冠电力股份有限公司创立于 1992 年 9 月，当时负责开发建设经营广西红水河百龙滩水电站，是全国第一家以股份制形式筹集资金进行大中型水电站建设的企业。2011 年销售额 38.37 亿元、资产总额 209.58 亿元、净利润 8.71 亿元，年发电量 132.13 亿千瓦时，装机容量 252.7 万千瓦，1994 年 1 月，红水河大化水电厂经营性资产评估后入股桂冠电力，增强了公司滚动开发的实力。2000 年 3 月，桂冠电力

A股股票在上海证券交易所上市。公司总部设在广西壮族自治区首府南宁市。

广西桂冠电力股份有限公司是中国大唐集团公司的控股子公司，拥有广西岩滩、平班、大化、百龙滩、乐滩以及四川天龙湖、金龙潭、仙女堡、沿渡河共9座水电站、合山1座火电厂和山东烟台2个风电场，可控装机容量为499.55万千瓦，其中水电352.7万千瓦、火电133万千瓦、风电13.85万千瓦。公司坚持以红水河流域开发为主线，以水电开发与运营为主导产业，适当发展其他清洁能源，实现可持续发展。

进入21世纪，随着国家西部大开发和"西电东送"战略的实施，为广西桂冠电力股份有限公司提供了良好的发展机遇。为了实现"立足红水河，通过新建、收购、参股、控股等多种形式，逐步使公司成为洪水河流域综合开发的龙头企业"的战略目标，广西桂冠电力股份有限公司把生产经营和资本经营并重，推动公司的综合实力跨上一个新的台阶。

参考文献

[1] 葛家澍:《制度·市场·企业·会计》，东北财经大学出版社2008年版。

[2] Penne Ainsworth and Dan Deines, *Introduction To Accouting*, Third Edition, 中国人民大学出版社。

[3] Stephen A. Ross, Randolph W.Westerfield, Jeffrey F.Jaffe, Bradford D.Jordan, *Corporate Finance*, 中国人民大学出版社。

[4] 华能澜沧江水电有限公司，公司主页网站。

[5] 国电大渡河流域水电开发公司，公司主页网站。

[6] 贵州乌江水电开发有限责任公司，公司主页网站。

[7] 五凌电力有限公司，公司主页网站。

[8] 广西桂冠电力股份有限公司，公司主页网站。

[9] 国投电力控股股份有限公司，公司主页网站。

[10] 黄河上游水电开发有限责任公司，公司主页网站。

[11] 国务院国有资产监督管理委员会:《中央企业综合绩效评价管理暂行办法》。

[12] 张舒婕、汪杨:《论企业综合实力评价指标体系的设计》,《理论探索》2003年第12期。

[13] 李欣:《我国风电企业绩效评价》,上海师范大学硕士学位论文。

[14] 王丽娇:《企业业绩评价文献述评》,东北大学硕士学位论文。

作者简介

毛中明,女,1972年9月生,中南民族大学经济学院副教授,博士。

董　昱,女,1989年1月生,中南民族大学经济学院硕士研究生。

新木点评

我是极力鼓吹中国治水要转型的,一定要实现工程性治水和制度性治水结合,但我绝对没半点贬低工程性治水作用的意识,我是高度肯定工程治水的意义的。本书为什么要设置涉水工程与涉水企业的篇章,是因为我认为,一个国家的涉水工程与涉水企业发展的尺度也是这个国家水安全的尺度与条件保障。

庆祝新中国成立六十周年时,我在马凯主编的《基石》一书中,充满激情地撰写了一篇短文《一座社会主义制度的丰碑》,用以评价三峡总公司这个涉水企业。我说,企业有大企业,有中国、世界的百强企业,但能称得上伟大的企业是不多的。一些制造业,哪怕是科技企业,五年、十年常常被人超越。但确有少数的水利企业,它们的工程,它们的"产品",它们为人类带来的福祉,或防灾减灾,或灌溉发电,却是持续的、巨大的,这类企业才可称之为伟大的企业。

我预言,中国五十年后,不仅最大的企业是涉水企业,而且最伟大的企业也会是涉水企业。

中国水安全水环境新兴产业主要企业

毛中明　谭昊　朱迪

一　水安全水环境新兴产业概述

（一）新兴产业概念界定

新兴产业一般是指代表着世界科学技术发展的前沿和方向，对社会具有引领带动作用，知识技术密集、物质资源消耗少、成长潜力大、综合效益好的产业。学术界对于新兴产业没有统一的界定。迈克·波特（1980）将新兴产业定义为新建立或是重新塑型产业，出现原因包括科技创新、相对成本结构的改变、新的顾客需求，因为经济与社会上的改变使得某项新产品或服务具备有开创新事业的机会。陈刚（2004）认为，新兴产业是指承担新的社会生产分工职能，具有一定规模和影响力，代表着市场对经济系统整体产出的新要求和产业结构转换新方向，也代表着科学技术产业化新水平。新兴产业具有以下特点：（1）技术的前沿性，即所采用的技术代表着世界科技的前沿。（2）不确定性，技术正处于研究发展阶段，尚未完全成熟。（3）市场前景广阔，即代表着市场未来的方向，虽然在市场中比重不大，但市场前景较为可观。（4）创新性，即是产学研深度整合的产业，创新是其发展的必然要求。（5）高额投资，即技术的先进性、对科研的高要求等，迫使其在初始创业阶段面临较高的成本。（6）高效益，有极高的门槛，仅有少数企业掌握技术专利，随着时间的推移，技术进步快，逐步占有较高市场份额，使该产业有高收益性。2009年11月3日，国务院总理温家宝在向首都科技界的讲话《让科技引领中国可持续发展》中，完整表述了大力发展新兴产业、争夺经济科技制高点的战略构想，并将新能源、新材料、生命科学、生物医药、信息网络、空间海洋开发、环保、地质勘测纳入了我国新兴产业的范畴。

（二）水安全水环境新兴产业的产生背景

随着工业化、城市化进程的加快，我国水污染问题日益严峻。据统计，目前我国流经城市的河段普遍受到污染，75%的湖泊出现富营养化，全国600多个城市中有400多个水资源短缺，缺水严重，2亿多农村人口存在饮用水不安全的问题。水乃生命之源，没有水，人类的生活无法保障。如何保障节水与用水安全？如何促进水资源的可持续利用？这些问题已成为我国专家、学者重点关注的话题。为了破解水危机难题，科技工作者纷纷探寻运用高新技术控制与治理水污染，水安全水环境新兴产业在这种情况下应运而生，体现了知识经济、循环经济、低碳经济发展潮流。其业务范围涵盖膜技术研发以及膜设备制造、城市污水和工业废水处理、固废污泥处理、自来水处理、海水淡化、水环境治理、水安全检测、功能水、水务工程建设、水务投融资，以及民用商用净水设备等领域。

二 水安全水环境新兴产业综合实力评价指标

实力评价是按照企业目标设计相应的评价指标体系，根据特定评价标准，采用特定评价方法，对企业经营期间的经营业绩作出客观、公正和准确评价。水安全水环境新兴产业已成为我国政府、学者以及投资者的关注对象，如何客观、公正地评价企业综合实力成为学术界和企业界关注的焦点。新兴企业与传统企业不同，具有全局性、长远性、导向性和动态性等特征，它需要遵循特定的发展规律。本报告结合水安全水环境新兴产业特点,根据 2002 年 3 月,国家财政部出台了《企业绩效评价操作细则(修订)》,把财务指标与非财务指标有机结合进行分析,一方面使利益相关者能客观衡量企业业绩,另一方面有利于企业业绩提升、核心能力培育、经营管理创新、治理结构完善以及企业可持续发展。下面从水安全水环境新兴产业财务指标(营业收入、净利润)及非财务指标(拥有发明专利数、研发人员人数)进行分析。

(一)财务指标

财务指标由盈利能力状况、营运能力状况、偿债能力状况、创新与可持续能力发展状况构成。美国学者 Wernerfelt(1984)认为,企业内部资源是企业获取经济利益、创造并保持竞争优势的关键,财务绩效是企业内部资源和能力体现。衡量企业财务绩效可以考察企业经营现状,对其过去一段时间最终经营结果做出评价。企业是以盈利为目的的组织,财务指标永远是企业不可或缺的一部分,也是企业评价常用指标,更能对财务报告中数据进行横向和纵向比较,直观、量化、客观、综合地评价企业经营状况。根据水安全水环境新兴产业特点,我们着重从营业收入和净利润进行探讨。

1. 营业收入

营业收入指企业在从事销售商品、提供劳务和让渡资产使用权等日常经营业务过程中所形成经济利益的总流入,分为主营业务收入和其他业务收入。将一定资产(如资金、原材料、机械设备等)投入生产中,由企业战略决策加以运用,通过销售商品,最后产生营业收入。营业收入犹如一家公司的活水源头,只有尽可能扩大营业收入,才有较大的净利润。营业收入是判断企业强弱的重要指标之一。营业收入愈多,企业愈强盛;反之,则预示着企业明显衰弱。营业收入是利润表的第一个指标,也是最重要的一个指标。对于水安全水环境新兴产业而言,分析预测企业未来及盈利状况,起点就是分析营业收入。如北京碧水源股份有限公司坚持以市场为导向,专注于主营业务收入,深化和巩固核心技术领域的领先地位,积极拓展市场,实现经营业绩稳定增长。同时营业收入是衡量月销量及市场占有率的一个很重要的指标，营业收入同市场占有率成正比关系，市场占有率越大意味着企业营业收入就越强，市场占有率越小意味着企业处于弱势地位。综上所述，营业收入是企业经营成果集中体现，也是企业取得利润的重要保障，对于判断企业规模大小、分析企业未来盈利情况以及衡量企业市场占有率高低方面扮演着非常重要的角色。

2. 净利润

净利润（收益）指在利润总额中按规定交纳了所得税后公司的利润留成，一般也称为税后利润或净收入。净利润计算公式为：净利润＝利润总额×（1－所得税率）。净利润是衡量企业经营效益的主要指标。净利润多，企业经营效益就好，就能盈利；净利润少，企业的经营效益就差。净利润既是评价企业盈利能力、管理绩效以至偿债能力的基本工具，也是分析企业多方面情况的综合指标，通过净利润更能直观判断企业是盈利还是亏损。对于企业的投资者来说，营业收入只是手段，真正目的在于盈利，只有盈利了企业才有足够信心进一步做大做强。水安全水环境新兴产业企业获利水平越高，发展潜力越大，业务市场竞争力就越强。净利润是企业获得投资回报大小的基本因素，也是预计企业未来现金流量的基础。

（二）非财务指标

非财务指标由科技人员人数、拥有发明专利数、独立董事比重、市场占有率、员工知识结构水平、综合社会贡献这些指标构成。非财务指标在业绩评价过程中，不仅反映企业未来创造价值能力，而且直接衡量企业各种价值创造活动。根据水安全水环境新兴产业的特点，非财务指标与企业长期战略有着密切联系，因为它考虑了创新能力、竞争能力及企业战略等相关因素。分析非财务指标可以克服财务指标单纯以结果评价、以会计尺度衡量企业业绩的缺陷。结合水安全水环境新兴产业特点，我们从专利数、研发人员人数进行探讨。

1. 拥有发明专利数

专利是受法律规范保护的发明创造，是一项发明创造的首创者所拥有的受专利法保护的独享权益，具有新颖性、创造性和实用性特征。拥有发明专利是企业不断开发新产品的前提与保证，水安全水环境新兴产业的核心竞争力在于研究和开发能力、不断创新能力、将技术和发明成果转化为产品的现实生产能力。水安全水环境企产业是典型的知识型产业，从事的是智业活动，主要依靠于人才、智力和知识，因此在开发和研究过程中，科技研发成为企业发展的基础。创新是企业的灵魂和动力，企业之间竞争是科技的较量，拥有发明专利数是衡量企业创新能力的重要指标之一，直接检验企业的研发能力和开创新产品、新技术的能力。

2. 研发人员人数

研发人员指参与新知识、新产品、新流程、新方法或新系统创造的专业人员。水安全水环境新兴产业知识和技术密集，科研成果转化过程中既需要高经费投入，又需要一批高素质研究开发科技人才。无论是在研究产业化进程中还是生产过程、售后服务中，都需要运用到最先进的科学技术和工艺知识，势必依赖于人才、智力和知识。企业研发人员人数是反映企业科技力量和整体科技素质一个很重要的指标，该指标说明企业在产品创新研究方面的人力资源投入力度。新兴企业成长发展取决于其技术创新能力、人力资源研究开发管理等综合能力。企业研发人员占的比重越大，发展前景越广阔，预示着企业经营越好。只有具备优秀研发人员、拥有高素质人才队伍，企业才有可能不被淘汰，很难想象没有先进技术支撑、没有良好研发人员作后盾，企业能够做大做强。员工拥有良好素质和不断创新能力是企业发展的不竭动力和法宝。研发人员人数能很好反映企业科技实力，企业创新能力，研发人员人数比率越大，企业科技含量和科技整体素质就越高。

三 中国水安全水环境新兴产业主要企业综合实力排名

基于以上对水安全水环境新兴产业概念界定及绩效评价,本报告重点从营业收入、净利润、发明专利数、研发人员数分析,其中营业收入和净利润是财务指标,财务指标是衡量水安全水环境新兴产业综合实力的最重要标准。发明专利数和科研人数是非财务指标,非财务指标也是权衡水安全水环境新兴产业综合实力的重要标准之一。因此,根据以上评价指标,分别得出中国水安全水环境新兴产业主要企业排名(见表1)。

表1 中国水安全水环境新兴产业主要企业各指标数据排名

序号	营业收入（万元）	净利润（万元）	发明专利数（项）	研发人员数（人）
1	北控水务集团有限公司(510831.6)	北控水务集团有限公司(41230.62)	北京碧水源科技股份有限公司(80)	北京碧水源科技股份有限公司(213)
2	双良节能系统股份股份有限公司(37100)	北京首创股份有限公司(8456.42)	双良节能系统股份有限公司(62)	南方水务有限公司(200)
3	北京首创股份有限公司(35383.76)	北京万邦达环保技术股份有限公司(7218.79)	甘肃大禹节水股份有限公司(45)	双良节能系统股份有限公司(81)
4	甘肃大禹节水股份有限公司(32709.35)	北京碧水源科技股份有限公司(4755.6)	北京万邦达环保技术股份有限公司(6)	北京万邦达环保技术股份有限公司(66)
5	北京万邦达环保技术股份有限公司(26700.56)	南方水务有限公司(3854)	中环保水务投资有限公司(2)	甘肃大禹节水股份有限公司(26)
6	南方水务有限公司(17400)	双良节能系统股份股份有限公司(3550)	—	—

续表

序号	营业收入（万元）	净利润（万元）	发明专利数（项）	研发人员数（人）
7	北京碧水源科技股份有限公司（17162.25）	甘肃大禹节水股份有限公司（2928.93）	—	—
8	广州水力清环保科技有限公司（17000）	广州水力清环保科技有限公司（1317）	—	—
9	北京美华博大环境工程有限公司（10732.7）	北京美华博大环境工程有限公司（579.16）	—	—
10	中环保水务投资有限公司	中环保水务投资有限公司	—	—

数据来源：各公司 2010 年年度报告。

四 中国水安全水环境新兴产业主要企业简介

（一）北控水务集团有限公司

北控水务集团有限公司（简称北控水务集团）是香港联合交易所主板上市公司（股票代码：0371），是国内具有核心竞争力的大型水务集团。北控水务集团以"领先的综合水务系统解决方案提供商"为战略定位，以市场为基础，以资本为依托，以技术为先导，以管理为核心，专注于供水、污水处理等核心业务和环保行业。2010年实现营业收入51.08亿元，净利润4.1亿元。

公司凭借其工程设计、环保设施运营、工程咨询等甲级资质，以及核心工艺、技术研发、战略联盟、项目管理及融资渠道等多重优势，先后以股权收购、TOT、BOT、委托运营等模式，有效拓展市场。目前，在北京、广东、浙江、山东、安徽、湖南、四川、广西、海南、贵州、云南及东北地区拥有及经营90多座自来水和污水处理厂，实际控制水处理能力超过 1,000 万吨/日，初步实现了全国性的战略布局。

公司在"1+5"战略目标下，逐步延伸至海水淡化市场。2010 年，公司成功收购在唐山曹妃甸工业区建造处理量为 5 万立方米/日的海水淡化厂，并负责该厂的运营管理。未来，公司将不断拓展在该领域的各项业务，努力推动我国海水淡化产业的发展。另外，公司在国际化业务扩展方面，已取得海外市场项目实质性的进展。

（二）北京首创股份有限公司

北京首创股份有限公司是一家由北京首都创业集团有限公司控股的上市企业，主营业务为基础设施的投资及运营管理。公司发展方向定位于中国水务市场，专注于城市供水和污水处理两大领域，主要业务涵盖城市自来水生产、供水、排水等各个生产和供给领域，公司经过五年的发展，已经在北京、深圳、马鞍山、余姚、青岛等城市进行了水务投资，目前已初步完成了对国内重点城市的战略布局，参股控股的水务项目遍及国内 8 个省区和 13 个城市，服务人口超过 1500 万，发展潜力相当可观。作为为国内污水处理领域的龙头，公司控股的京城水务公司污水处理能力 120 万吨，占北京市目前总处理能力的近 80%，是目前国内污水处理能力最大的公司。与此同时，公司还全资拥有京通快速路 30 年的收费经营权，公路业务将给公司带来稳定的收益。

作为一家国有控股上市公司，北京首创股份有限公司自成立以来一直致力于推动公用基础设施产业市场化进程，主营业务为基础设施的投资及运营管理，发展方向定位于中国环境产业领域。公司发展战略是：以水务为主体，致力于成为国内领先的综合环境服务商。公司凭借清晰的战略规划和灵活的经营理念，短短十多年时间，潜心培育出资本运作、投资、运营、人力等各方面竞争优势，具备了工程设计、总承包、咨询服务等完整的产业价值链，成为中国水务行业中知名的领军企业。

目前，公司在北京、天津、湖南、山西、安徽等 15 个省 35 个城市拥有参控股水务项目，水处理能力 1300 万吨/日，服务人口总数超过 2800 万。截至 2011 年 12 月 31 日，公司总股本 22 亿股，总资产190.24亿元，净资产83.56亿元，营业收入3.53亿元，净利润8456万元。

（三）双良节能系统股份有限公司

双良节能系统股份有限公司是江苏双良集团有限公司的控股子公司，同时也是一家外商投资股份有限公司。2003年4月22日，公司在上海证券交易所成功上市交易（股票代码：600481），目前注册资本为675,069,376元人民币，公司占地面积30万平方米，建筑面积20万平方米，是一座花园式的现代化工业园。2010年营业收入3.71亿元，净利润3550万元。发明专利62项，拥有科研人员81人。

海水淡化是目前解决全球水危机的有效方法之一。公司凭借近30年来在真空换热技术上的经验优势，成功开发MED（低温多效蒸馏）海水淡化设备及系统。公司拥有长江沿岸2000吨级重件码头，单件起重能力达350吨；配套拥有近万平方米的重件装配车间，起吊高度18米，可以承接各种大型压力容器、钢结构及重型机械设备等的加工制造业务。

公司坚持"学习才能进取，创造方为永恒"的企业精神，抓住机遇、科学决策，整合产品研发、技术创新、人力资源等要素，提升双良的品牌价值；坚持专业化、技术化、品牌化、国际化的发展战略，谨慎投资、快速发展，为实现利益最大化与公司价值最大化的和谐统一而不懈努力。

（四）甘肃大禹节水股份有限公司

甘肃大禹节水集团股份有限公司创建于2000年，发展至今已成为集节水灌溉材料研发、制造、销售与节水灌溉工程设计、施工、服务为一体的专业化节水灌溉工程系统提供商，国内规模最大、品种最全、技术水平最高、实力最强的行业龙头企业。现辖天津、兰州、新疆、内蒙古、酒泉、武威、定西等节水灌溉产品生产基地、水利水电工程公司、设计院和近百家海内外营销服务分支机构，水利水电工程公司具有国家水电工程二级施工资质，设计院具有节水灌溉丙级设计资质。从业人员

2000多人。2009年10月公司在创业板成功上市，成为国内第一家专业从事节水灌溉材料供应和工程施工的上市公司（股票代码：300021）。现总市值达30多亿元人民币。2010年营业收入3.27亿元人民币，净利润2928万元，发明专利45项，科研人员26人。

公司以中国水利水电科学研究院、国家节水灌溉北京工程技术研究中心为技术依托单位，2003年通过了ISO9001：2000标准质量管理体系认证。产品从设计到生产、销售、安装、服务全过程，严格按照质量管理标准要求运行。公司坚持"东进西出、南联北协"的市场战略，分别在甘肃、内蒙古、河北、新疆、宁夏设立了分公司，建立了完善的市场营销体系和售后服务网络。近年来先后在甘肃、新疆、内蒙古、宁夏等省区通过招投标，承揽实施了日协节水灌溉工程、人饮解困工程、防风治沙工程、安全饮水等国家重点节水增效示范工程项目，实现工程中标金额1.7亿元。特别是棉花、啤酒花等经济作物滴灌技术的大面积推广，降低了生产成本，节约了水资源，增加了农民收入，创造出了明显的经济和社会效益。

（五）北京万邦达环保技术股份有限公司

北京万邦达环保技术股份有限公司（股票代码：300055）是专业为石油化工、煤化工、电力行业提供多专业、全面性的工程建设服务的环保公司，包括技术研发、可行性研究、设计、采购、现场监管、施工、调试运转、项目管理和委托运营服务。公司于1998年在北京成立，公司的宗旨是通过独立、创新、专业的知识为客户提供专家级的水处理系统整体解决方案，以满足客户的业务需要。2010年营业收入2.67亿元，净利润7219万元。发明专利6项，拥有66名科研人员。

公司拥有行业内最顶尖的设计师以及经验丰富、训练有素并具有高度职业道德的项目经理与工程师团队，致力为客户的水处理系统提供优质完善并可持续发展的解决方案和创新技术。这种方案可以保护企业安全生产和环境，优化运行时间，减少维修和运行费用，并提高产品质量。经过十年的发展，北京万邦达环保技术股份有限公司已经成为一家以其卓越的设计与项目管理服务享誉工业水处理系统服务行业，被美誉为工业水系统医生。

公司坚信水资源与能源事业对人类生存发展的重要性，长期致力于水资源利用和水处理技术的研发。公司与国内外数家著名的水处理公司和设计院合作，以高科技产品为后盾，以高素质的人才为依托，在中国成功开发了工业污水回用、工业废水处理、循环冷却水处理、凝液水精制、净水处理、脱盐水处理、管理运行、能源的再生利用等大小上百个项目，为中国的能源性企业的水处理系统优化作出了杰出的贡献。

（六）北京碧水源科技股份有限公司

北京碧水源科技股份有限公司（简称碧水源）创建于2001年，注册资本1.1亿元，是由归国留学人员创办于中关村国家自主创新示范区的国家首批高新技术企业、国家第三批创新型试点企业、首批中关村国家自主创新示范区创新型企业、科技奥运先进集体，致力于解决水资源短缺和水环境污染双重难题。

历经多年不懈努力，碧水源研发出完全拥有自主知识产权的膜生物反应器（MBR）污水资源化技术，解决了膜生物反应器（MBR）三大国际技术难题（即膜材料制造、膜设备制造和膜应用工艺），拥有20多项专利技术，填补国家多项空白，荣获国家科学技术进步奖、部级科技进步奖一等奖、首批国家自主创新产品、国家重点新产品等荣誉，成为我国膜生物反应器（MBR）技术大规模应用的奠基者、污水资源化技术的开拓者和领先者，位居世界前三水平，是世界上同时拥有全套膜材料制造技术、膜组器设备制造技术和膜生物反应器水处理工艺技术与自主知识产权的少数公司之一。

截至2009年，碧水源完成1000多项污水资源化工程、100余项安全饮水和湿地工程，参与众多国家水环境治理重点工程，包括南水北调丹江口污水处理工程、无锡环太湖地区水环境治理重点工程、北京引温济潮跨流域调水工程（世界上最大的MBR工程）、奥运龙行水系工程以及国家大剧院水处理工程等，建成的污水资源化工程总能达2亿立方/

年，位居世界前列，成为我国解决水环境问题的骨干力量。同时，碧水源 MBR 工艺、技术、产品已打入国际市场，销往澳大利亚、英国、东欧、菲律宾等国家。

（七）南方水务有限公司

南方水务有限公司是 2004 年在原国有大型供水企业——湖南省郴州山河实业集团有限公司改制的基础上，与深圳宝嘉新水务投资有限公司合作成立的股份制企业，是一家集经营城市给水与排水、市政工程、管道安装、环境保护、纯净水等的综合型企业。2010 年营业收入 1.74 亿元，净利润 3854 万元，科研人数 200 余人。

公司秉承"未来、和谐、水世界"的企业精神，积极实施突出以水为核心主营产业的战略，狠抓内部经营管理，大力推行对外拓展。六年来公司先后成功运作了湖南省郴州市污水处理厂 BOT 项目、临武县污水处理厂 BOT 项目；广东省惠州市梅湖水质净化中心一、二期 TOT&BOT 项目、惠东县平山污水处理厂受托运营项目；深圳市坂雪岗污水处理厂项目、深圳市龙岗一包 BOT 污水处理项目；江苏省靖江新港园区污水处理厂 BOT 项目、泰兴市黄桥污水处理厂 BOT 项目；云南省普洱市景谷、宁洱、墨江污水处理厂和楚雄州大姚污水处理厂 DBO 项目等。公司不断发展壮大，实力大大增强，目前已具有了日处理城市污水 100 余万吨的能力。

（八）广州水力清环保科技有限公司

广州水力清环保科技有限公司是一家中美合资，集研发、生产、销售、服务于一体的专业的水处理设备企业。公司拥有优秀的专家及技术、生产与销售团队，在水处理设备领域取得了骄人的成绩。公司顺应国家的发展号召，引进日本先进技术，开发出了具有节能减排、抗垢除锈、杀菌灭藻等功能的水力清吸垢除锈机系列产品。已获得多项专利，并取得 2010 年度国家重点新科技产品认证，共获得国家及地方的科技基金 200 万元。该产品完全不使用任何化学药物进行循环水处理系统清理，具有高效性和创新性。使用领域广泛。2010 年营业收入 1.7 亿元，净利润1317万元。

公司的优势是：引进世界级的先进技术，有独立的研发和品质保证团队。公司的核心价值观是：环保、健康、节能。公司的宗旨是：以高科技、高标准、高品质为客户创造价值。公司追求的四赢分别是：企业与员工共赢；企业与合作伙伴共赢；企业与客户共赢；企业与社会效益共赢。

（九）北京美华博大环境工程有限公司

北京美华博大环境工程有限公司成立于1995年，是北京城乡建设集团有限责任公司重点扶持和发展的环保产业公司。北京美华博大环境工程有限公司由瑞华国际投资有限公司和北京城乡建设集团合资组建，在水和环境工程领域为客户提供咨询、规划、设计、采购、建造、安装、调试、投融资及运营管理的一体化优质服务，是中国领先的水和环境工程总承包商和运营商。作为中国环保行业最早创立的公司之一，自创立伊始，就一直致力于中国的水和环境保护事业，并成功地帮助客户解决了许多环境治理的难题，为当地的环境污染治理发挥了重要作用。公司不仅在造纸、啤酒饮料、食品、制药、石油、化工、电子、电力、纺织印染及乳制品等行业拥有近百个水和污水处理业绩，而且还承建了数十个大型市政污水处理工程以及工业清洁生产、生态建设和中水回用项目，并联手国际资本以BOT方式成功地在中国投资建设了多个污水处理厂。

公司在城市给水处理、市政污水处理、工业给水和废水处理、固体废弃物处理、工业废气净化、工业清洁生产工艺等方面为客户提供规划、设计、建造、运行管理一体化的优质服务。经过十年的发展，公司在工程业绩、市场准入资格、技术实力、项目管理等方面都有了长足的发展，综合实力得到了极大的提升，并且成为国内为数不多的几家同时具有环保工程设计、建设总承包和设施运营资质的企业。2010年营业收入1.07亿元，净利润579.16万元。

公司独有的技术优势、丰富的工程经验、良好的工程业绩和广泛的市场信誉受到了国外众多公司的肯定。在与国外知名公司的合作过程中，美华博大成功地引进并吸收了国际先进的技术和管理经验，建立并完善了公司的管理系统和业务流程，聚集并塑造了一支优秀的人才队伍。优秀的本土人才与良好的国际资源的高效整合，使得市场营销能力、技术创新能力和项目管理能力已经成为公司的三大核心竞争力。

（十）中环保水务投资有限公司

中环保水务投资有限公司（简称中环水务）由中国节能环保集团公司和上海实业控股有限公司于 2003 年 11 月共同出资设立，注册资金 15.7895 亿元人民币。截至 2012 年 6 月底，公司拥有全资及控股子公司 17 家，参股公司 1 家，日产能力 515.9 万吨，总资产为 64 亿元人民币。公司是水务产业系统服务提供商，即工程解决方案、设备制造集成、运营管理服务和技术服务提供商，立足于环保、水务领域进行项目投资、工程建设、设备制造、运营服务、技术开发及咨询。

参考文献

[1] 温家宝:《让科技引领中国可持续发展》，2009 年 11 月 3 日在首都科技界大会上的讲话。

[2] Michael Porter, *Competitive Strategy Techniques for Analyzing Industries and Competitors*, The Free Press, 1980.

[3] Wernerfelt,B.,"A resource-based View of the Firm", *Strategic Management Journal*,1984, 5（2）.

[4] Qiusheng Yu., "Principles of the Establishment of Performance Audit Evaluation System", *Modern Audit and Economic*, 2009,（5）.

[5] 陈刚:《新兴产业形成与发展的机理探析》，《探讨与争鸣》2004 年第 2 期。

[6] 姚正海:《高技术企业业绩评价问题研究》，西南财经大学出版社 2007 年版。

[7] 财政部统计评价司编:《企业效绩评价工作指南》，经济科学出版社

2002年版。

[8] 孟建民：《国有企业效绩评价》，中国财政经济出版社2002年版。

[9] 秦志敏、陈梦：《对国有资本金绩效评价指标的研究》，《会计研究》2000年第9期。

[10] 张蕊：《企业战略经营业绩评价指标体系研究》，中国财政经济出版社2002年版。

[11] 王继承：《绩效评价操作实务》，广东经济出版社2003年版。

作者简介

毛中明，女，1972年9月生，中南民族大学经济学院副教授，博士。

谭　昊，男，1989年5月生，中南民族大学经济学院硕士研究生。

朱　迪，女，1984年2月生，中南民族大学经济学院硕士研究生。

新木点评

新中国成立六十周年，《半月谈》杂志约我主持编辑了一本《新中国的环保与环保产业发展》纪念专辑。我在《创新体制机制　做大环保产业》一文中，讲涉水的环保产业是年轻的产业，是永远朝阳的产业，是产业链最长、产业覆盖最宽的产业，是经济性、社会性、生态性、外部性为正的特殊产业。

这一特殊产业的发展，一定要有政府的特殊政策，世界上共同的制度安排有：对节水和水环境产品生产政府当公共品优先采购，或政府投入前期研发，或政府强制落后产品退出市场，或政府补贴，或政府贴息，或政府鼓励社会消费，或实施BOT模式等等。中国只要实施相关制度创新，这一产业将有巨大的发展空间，将为中国的水安全建设提供战略性支撑。

重大事件

20世纪90年代以来
中国五个重大水污染事件

刘 迅

一 1994年淮河水污染事件

事件的经过：1994年7月，淮河上游的河南境内突降暴雨，颍上水库水位急骤上涨超过防洪警戒线，因此开闸泄洪将积蓄于上游一个冬春的2亿立方米水放了下来。水库里的水污染了整条河流，这就是震惊中外的"淮河水污染事件"。

事件的起因：1994年7月淮河水污染事件发生得很突然。当时还没有开展相应的水闸防污调度工作，上下游缺乏统一调度。支流水闸调度只单一考虑防汛需要，没有兼顾对淮河干流的水质影响；淮河干流的蚌埠闸调度也只考虑尽快将污染水体下泄和上游供水要求，在污水团基本下泄后就立即关闭；为保障抗旱用水的需要，洪泽湖出湖水闸则一直处于关闭状态。各种因素综合影响导致了污水团在蚌埠闸下至洪泽湖之间长时间滞留。

事件的危害：1994年水污染事件污水团所到之处河水发黑发臭，沿淮城市生活饮用水纷纷告急，皮肤病、肠道病发病率增高，工业企业出现停产和半停产状态，洪泽湖鱼虾大量死亡，淮阴市特别是盱眙县水产养殖等遭受重大损失，社会影响很大。水经之处河水泛浊，河面上泡沫密布，顿时鱼虾丧生。下游一些地方居民饮用了虽经自来水厂处理，但未能达到饮用标准的河水后，出现恶心、腹泻、呕吐等症状。经取样检验证实上游来水水质恶化，沿河各自来水厂被迫停止供水达54天之久，百万淮河民众饮水告急，不少地方花高价远途取水饮用，有些地方出现居民抢购矿泉水的场面。

事件的教训：日趋加剧的水污染，已对人类的生存安全构成重大威胁，成为人类健康、经济和社会可持续发展的重大障碍。据世界权威机构调查，在发展中国家，各类疾病有80%是因为饮用了不卫生的水而传播的，每年因饮用不卫生水至少造成全球2000万人死亡，因此，水污染被称作"世界头号杀手"。因此，我们在发展经济的同时要保护好环境，不能走先污染后治理的老路！

二 2004年沱江水污染事件

事件的经过：2004年3月2日，沱江水质遭受严重污染，给沿江人民群众的身体健康和生命安全造成了严重威胁。

事件的原因：川化股份公司在对其日产1000吨合成氨及氨加工装置进行增产技术改造时违规在未报经省环保局试生产批复的情况下，擅自于2004年2月11日至3月3日对该技改工程投料试生产。在试生产过程中，发生故障致使含大量氨氮的工艺冷凝液（氨氮含量在每升1000毫克以上）外排出厂流入沱江。此外，川化股份公司在日常生产中忽视环保安全，在同年2月至3月期间，一化尿素车间、三胺一车间、三胺二车间的环保设备未正常运转，导致高浓度氨氮废水（氨氮含量在每升1000毫克以上）外排出厂。而川化公司工业废水中氨氮的含量应执行的国家标准为每升60毫克以内，其进入区污水处理厂的污水的进水指标中氨氮含量要小于每升75毫克。因此，川化股份公司排放水氨氮指标严重超过强制性国家环境保护标准，且持续时间长，造成沱江干流特大水污染事故的发生。

事件的危害：沱江水质污染从2004年3月2日开始，到3月27日下午6时恢复供水结束,历时26天,严重影响了人民的生产生活,不仅对内江招商引资环境造成了严重损害,而且对内江市工业、农业尤其是餐饮娱乐行业造成了重大损失。据不完全统计,在这次沱江水质污染事件中,内江市沿江受灾乡镇32个、行政村266个;受灾单位和企业达7641个。初步测算,截至3月27日,内江市直接经济损失超过3亿多元。

三 2005年松花江水污染事件

事件的经过:2005年11月13日,吉林石化公司双苯厂一车间发生爆炸。截至同年11月14日,共造成5人死亡、1人失踪,近70人受伤。爆炸发生后,约100吨苯类物质(苯、硝基苯等)流入松花江,造成了江水严重污染,沿岸数百万居民的生活受到影响。2005年11月21日,哈尔滨市政府向社会发布公告称全市停水4天,"要对市政供水管网进行检修"。此后市民怀疑停水与地震有关出现抢购。同年11月22日,哈尔滨市政府连续发布2个公告,证实上游化工厂爆炸导致了松花江水污染,动员居民储水。同年11月23日,国家环保总局向媒体通报,受中国石油吉林石化公司双苯厂爆炸事故影响,松花江发生重大水污染事件。俄罗斯对松花江水污染对中俄界河黑龙江(俄方称阿穆尔河)造成的影响表示关注。中国向俄道歉,并提供援助以帮助其应对污染。

事件的起因:首先是化工厂工作人员的操作失误引起爆炸起火。爆炸之后,灭火人员利用高压水龙,清理爆炸现场,清理生产车间,清理储存仓库,将剩余的化工原料、爆炸残剩物、爆炸烟尘的飘落物一起冲入下水管道,进入松花江。可以说此次松花江重大水污染事件是可以避免的,至少是可以大大减轻的。同时,在爆炸抢险过程中,救灾领导没有根据环境保护法,立即采取果断措施,阻止携带污染物的水流入松花江,也是一个原因。

事件的危害:苯污染对人类为害甚烈。人们对苯中毒并不陌生。在医学上，急性苯中毒主要表现为中枢神经系统的麻醉作用，轻者表现为兴奋、欣快感、步态不稳，以及头晕、头痛、恶心、呕吐等；重者可出现意识模糊，由浅昏迷进入深昏迷或出现抽搐，甚至导致呼吸、心跳停止。长期反复接触低浓度的苯可引起慢性中毒，主要是对神经系统、造血系统的损害，表现为头痛、头昏、失眠，白血球持续减少、血小板减少而出现出血倾向。如牙龈出血、鼻出血、皮下出血点或紫癜，女性月经量过多、经期延长等。重者可出现再生障碍性贫血、全细胞减少等。苯甚至可引起各种类型的白血病，国际癌症研究中心已确认苯为人类致癌物。在美国，环境保护署将苯列为100种危险物品之一。硝基苯对人的危害与苯大体类似，此外，它还可能造成中毒性肝炎，或者肝病。

事件的教训：在这次事件中，吉林石化公司双苯厂严重违反国家安全生产规章，在日常的生产经营中缺乏有效的管理，致使爆炸的产生，随后引起一系列的事故。当地政府在事故初期，试图隐瞒事故真相，限制信息的公开，使得部分市民发生恐慌。在应对突发事过程中，政府启动的应急预案不够周全，灭火途中没有考虑到污染的扩大。

四 2008年五龙金矿造成丹东饮用水源污染事件

事件的经过：2008年7月15日7时许，五龙金矿位于丹东市振安区境内的黄洞沟尾矿库的排水系统突然损坏。加之连日大雨，库内大量含氰化物的尾矿废水涌入下游百米外的板石河，并流进了6公里外的铁甲水库。这一水库是隶属丹东市的县级市——东港市的唯一饮用水源，水库污染将直接威胁到全市21万人的饮水安全。

事件的起因：表面看，这纯属突发性事故。而调查发现，此事故不仅事出有因，而且均属人为所致。五龙金矿始建于1938年，2008年3月20日变更注册为中金黄金股份有限公司的全资子公司，经营范围是金矿采选和冶炼，年产成品金700公斤，产量曾一度排名全国第4位。可以说，老企业的选址不当且仍采用落后的氰化物浮选工艺，是事故发

生的唯一历史性客观因素。

　　丹东市政府事故调查组的调查结果也披露出了导致事故发生的种种人为因素。在五龙金矿黄洞沟尾矿库加高增容工程中，设计要求4#至5#溢水塔之间排水管应采用直径1.2米的钢筋混凝土浇筑，且应坐在基岩上。五龙金矿在施工时，并没有按设计要求施工，不仅擅自把混凝土浇筑的排水管换成玻璃钢管，而且部分没有坐在基岩上。企业也没有留下任何施工资料，为日后的管理留下了隐患而导致事故的直接原因就是，4#至5#溢水塔之间所使用的玻璃钢管因部分基础不牢，在外力（尾矿及尾矿水压力）作用下，部分位移、裂损，造成尾矿库内含氰化物废水大量外泄。

　　另据五龙金矿部分职工反映，当地许多小金矿的废水也都排放到黄洞沟尾矿库中，仅其中4家小金矿的排水量就与五龙金矿的排量相当。这也是增加黄洞沟尾矿库负荷，并被迫实施坝体加高增容工程的原因之一。

　　值得一提的是，五龙金矿黄洞沟尾矿库坝体加高增容工程不仅环保手续不全，而且至今也未经环保部门验收。更需要注意的一点是，辽宁省环保局早在2007年对省内饮用水源地的大检查中，就发现了五龙金矿黄洞沟尾矿库所处位置敏感且环保审批手续不全等问题，并责令其立即闭库。同年12月，中金黄金因再融资申请环保核查，五龙金矿也在核查范围之内。在此次核查中，五龙金矿明确向辽宁省环保局承诺要立即关闭尾矿事故。这一承诺最终没有被履行，并酿成了令辽宁省上下轰动的"7·15"重大水污染事件。

　　事件的危害：据东港市政协上报辽宁省政协的《辽宁五龙金矿有限公司尾矿有毒废水泄漏造成东港市水源严重污染》披露，此次事故共给东港市造成经济损失约6000多万元。其中，东港市6个乡镇及丹东市振安区两个乡镇中断供水6天。因停水导致停产和半停产的规模企业就达62家，更有113家食品加工企业的出口产品受到国外客户严格限制（注：仅东港市270多家企业上报的损失就达3400万元）。此外，事故还造成约 13 万公斤的成鱼死亡。

五 2011 年绵阳水污染事件

事件的经过：7 月 21 日涪江上游普降暴雨，四川省阿坝州松潘县境内小河乡的西川岷江电解锰厂尾矿渣，暴雨后随泥石流水体流入涪江，造成涪江江油、绵阳段 200 多公里水体指标超标。26 日，经绵阳市环保部门监测，尾矿渣造成涪江江油、绵阳段水质个别指标超标。涪江污染影响沿岸江油至绵阳段城乡过百万居民正常饮食用水。

事件的起因：由于小河地区地处地震多发带，1976 年的大地震和 2008 年 "5·12" 大地震造成山体不稳定，此次强降雨导致小河乡龙达沟等沟谷多处发生泥石流灾害，西川岷江电解锰厂尾矿渣随泥石流水体流入涪江，造成涪江江油、绵阳段 200 多公里水体指标超标。

事件的危害：据统计，此次事件中的泥石流灾害造成小河乡丰岩村等 90 户群众共计 100 余亩土地及农作物不同程度受损，2 户农户的 5 间房屋被冲毁，冲毁平松路堡坎 12.5 米，山洪泥石流造成电解锰厂渣场挡坝部分损毁，泥石流卷走部分矿渣。涪江 200 多公里的水质全部都受到影响，之前水量大反映不出来，如果饮用这种水达到一定量之后会对人健康有影响。

参考文献

[1] 李玲:《绵阳市震后饮用水水质分析评价》,《西南给排水》2011 年第 3 期。

[2] 王云:《"7.21" 涪江突发水污染事件应急监测分析》,《人民长江》2012 年第 6 期。

[3] 胡晓秋:《完善水污染犯罪刑事立法迫在眉睫》,《环境经济》2011 年第 10 期。

[4] http://baike.baidu.com/view/6190467.htm.

［5］http://zhouwhu.svfree.net/a/redianguanzhu/shuiwuran/20121211/13.html。

［6］丁冬、靳辉:《五龙金矿水污染事件当引以为戒》,《中国改革报》2009年3月3日。

［7］谢岚:《子公司重大水污染事故只字未提 法学专家认为中金黄金信息披露不达标》,《证券日报》2009年3月31日。

［8］http://www.cenews.com.cn/xwzx/cysc/qygm/200902/t20090227_599210.html。

［9］石忠信:《松花江水污染事件与政府应急处置》,《中国减灾》2006年第8期。

［10］杨谦:《松花江水污染带给我们的重大启示》,《黑龙江水利科技》2006年第4期。

［11］覃雪波、马立新、孙海彬:《松花江水污染及其防治对策》,《农业环境与发展》2007年第6期。

［12］http://huanbao.gongyi.ifeng.com/special/songhuajiang/content-2/detail_2010_07/29/1854981_0.shtml。

［13］http://app.chinamining.com.cn/Newspaper/E_Mining_News_2013/2013-01-09/1357723535d64991.html。

［14］http://www.docin.com/p-479295133.html。

［15］金兴平、程海云、杨文发:《2004年长江流域灾情回顾及2005年旱涝趋势展望》,《2005年湖北省减轻自然灾害白皮书论文集》,2004年12月。

［16］孟兆鑫、李春艳、邓玉林:《沱江流域生态安全预警及其生态调控对策》,《生态与农村环境学报》2009年第4期。

［17］http://baike.weather.com.cn/index.php?doc-view-3607.php。

［18］http://www.hwcc.gov.cn/pub/hwcc/ztxx/xgzt/scpd/sclt/200512/t20051205_140924.html 。

［19］四川省内江市人民政府:《沱江水污染事故应急处置的启示》,《中国建设报》2005年12月2日。

作者简介

刘 迅，男，1980年生，武汉大学博士研究生，现任教于湖北经济学院会计学院。

新木点评

这里描述的20世纪90年代以来中国五个重大水污染事件，不只是为了记忆，更是想让人们警醒。

有关资料告诉我们，中国的水安全呈现的趋势是："人为"灾害大于自然、"自为"灾害；自然灾害的频发、多发、重发也与人为、人类涉水行为失当密切相关；水污染灾害大于洪水灾害和干旱灾害；广大城乡的面源污染大于工业点源污染；水循环全程的污染、水生态系统性污染形成的水生态系统性危机已大于单纯性的水危机。

随着中国经济社会的发展，我们更应该也更有条件高度关注水污染灾害的预防和应急对策。

境外经验

境外水金融发展经验及其对中国的借鉴

张杰平　李牧恬　朱乾宇

在世界许多地方，水资源的日益枯竭让越来越多的国家陷入困境。1977年召开的"联合国水事会议"，向全世界发出严正警告：水不久将成为一个深刻的社会危机，继石油危机之后的下一个危机便是水。

当水危机成为威胁世界经济可持续发展和国际和平的现实问题，水资源管理的理论与方法随之成为一个重要的经济学议题。有效的水资源配置机制必须对水供给和需求的时间、地点、质量、数量等有足够灵活机动的反应。解决过度水需求传统的方式侧重于建造水利设施、探测新的水源或者建造蓄水设备等供给管理，近年来，国际上一些国家开始利用金融化手段解决水危机。这种非传统的资源管理方法，已成为一种发展趋势，未来也还有很大的发展空间。

一　水金融概述

（一）水金融含义及特征

水金融，即水资源金融化，是指与水事活动有关的各种金融制度安排和金融交易活动，主要包括水权及其衍生品的交易、水资源的开发、利用与保护、节水项目的研究与开发、水利（电）项目开发、污水处理项目的投融资及其他相关的金融中介活动。简而言之，就是把可交易的水资源以及与其有关的物品（包括虚拟水）当作一个有价格的商品,以现货、期货等方式买卖①。借助金融的支持,使水资源所有者可以实现水资源资本的融通,更好地帮助所有者在国际和国内市场上实现套期保值、价格锁定、熨平时空的不均衡性和规避经营风险。

水金融有以下几个特点:

1. 水金融的对象是水资源实体、水权（这里的水权特指水资源使用权或用益权）以及以水和水权为标的的金融产品。

2. 水金融是对传统水资源管理制度的新的探索。从传统的技术工程投入到无形的制度探索,从资产化、市场化到金融化,是一种必然的趋势。而每一次制度的创新,基本都是由重大的水危机（比如干旱或水污染）所引发。

3. 水金融是水资源市场化的高级形式。但需要一定成熟的资本市场和金融体系作基础。因此,并非所有国家或地区都适用。

4. 水金融是把双刃剑。这在石油市场金融化的过程中可见一斑。资本的逐利本性所引起的投机泡沫是金融危机的根本原因。因此,水资源金融化势必也存在着金融泡沫的风险。

5. 水金融的特殊属性。由于水资源的本身属性,流动性和产权界定是实现金融化的关键所在,因此水金融程度和形式不同于石油、黄金等自然资源,甚至不同水源也各有不同。

（二）水金融的作用

1. 优化资源配置

水金融相当于一种调节机制,通过制度和法律来清晰界定与水资源有关的金融活动,并作金融市场的制度安排,既可以促使用水者自觉节约用水,也能通过金融杠杆调节稀缺的水资源,在用水效率高低不同部门进行优化配置。

---

① 参见李靖:《中国太有必要建立"水金融"制度》,《上海证券报》2008年10月28日第6版。

2. 风险转移

资源金融产品交易将价格波动产生的风险转移给那些信息更完全、更愿意承担风险的人手中，他们从风险中受益；而资源金融产品持有者从规避风险中受益。

3. 价格发现

资源金融产品通过买卖双方在交易所中报价，并在双方满意的价格下成交，这是一个价格发现的过程。

4. 降低交易成本

由于在一个有效的资源金融产品交易所中，交易双方的信息对所有参与者公开，这就可以大大降低寻找产品买方或者卖方的成本，而且，明确的交易规则也大大降低了谈判费用，从而降低交易成本。方便、高效并且价格真实、成交机会多。

5. 增强交易安全性

资源金融产品交易双方在交易前要在交易所登记个人信息，所以他们从开始寻找交易伙伴到成交，始终了解对方的身份，有利于保障水权期权交易的安全性。另外，一定比例的保证金使履约有了可靠的保障。

（三）水金融的市场框架

水金融的市场框架是一个由几大体系密切关联、高度耦合组成的统一体。笔者认为，该框架主要包括以下四大方面：

1. 有一个主体多元化、竞争自由化的市场体系，政府相对放松水资源方面的管制

水金融是自由竞争市场环境下金融创新在自然资源领域应用的产物，因此需要一个相对宽松的市场环境。水业是一个长期以来受政府管制的领域，要引导各类资本进入水业，政府就必须逐步放松管制，鼓励私营部门进入水务行业，形成国家、集体、企业和个人多元化的市场主体，才能打破水资源垄断，更好地推动水资源金融市场的自由竞争。但是政府相对放松管制并不意味着完全放弃管制。人类对水资源主要存在三方面需求：生活消费需求、基本生存需求、生态享受需求，前两种需

求可以通过完全竞争的市场得到满足,但第三种需求一般是市场机制难以满足的,需要政府管制的弥补。

2. 有一个完善的水资源法律体系,建立清晰、可交易的水权制度

水金融有别于一般的水资源交易,由水法和相关水资源管理法规组成的水资源法律体系是实现金融化的前提和保证。水资源法律体系建设过程中,应遵循市场机制与政府调控相结合、权责利统一、优化配置、可持续利用等原则,以现有法律法规对水资源规划、取水许可制度、水量分配方案和调度方案为基础,以水权管理中的可交易水权的界定、取得、转让等内容和环节为核心,围绕各类水资源金融工具的明确定义、操作规则、参与此类金融活动的经济个体的资格和权限、主管部门的授权和职责、金融风险防范等重点内容,扫除制度障碍,追中建立起一套由法律、行政法规、部门规章、地方法规和规范性文件构成的,涉及国家、流域和地方层面的水权制度及其法律法规体系。

3. 有一个比较完善的资本市场体系,充分利用运行有效的金融工具,确定合理的水资源价格

由于特定条件下的水资源可以被改善金融属性,作为金融产品交易,因此资本市场是管理水资源的一大平台。资本市场的成熟度是决定水金融效率的决定因素,而金融工具则是实现水金融的手段。

有一个比较完善的资本市场体系,首先,是要恢复资本市场应有的作用,包括资本市场的价格发现、优化资源配置、促进经济结构调整、促进和完善建立现代企业制度、为投资者增加财富机会的各项基本功能。其次,是要建立多层次的资本市场体系,在水资源投资开发、产权交易转让、治污环保等不同阶段,不同投资者都能够找到适合自己的资本需求的资本市场。第三,是要充分开发并利用有效的金融工具,配置水资源,确定合理水价。例如投资开发、治污环保板块可以使用股票、基金方式运营酬资,水权交易转让适合用水银行、期权和期货方式运营(见图1)。

4. 有一个比较完善的宏观调控体系,控制金融风险,尤其是维护水

资源的生态效益

政府权力下放并不表示政府的作用减弱，政府的角色由原来的水资源配置者转变为推广者、监管者。水金融是一个新生的复杂的系统工程，同时金融化过程中存在系统性风险和非系统性风险。政府有效的宏观调控可以对水金融进行宏观指导，避免系统性风险。

此外，水资源除了有劳动价值、稀缺价值，生态价值也非常重要。资本市场中投机者的趋利动机不可避免会忽视生态价值，产生负外部效应。因此宏观调控的一大任务是要保护水资源的生态价值，减少负外部性，避免相关社会矛盾的激化。

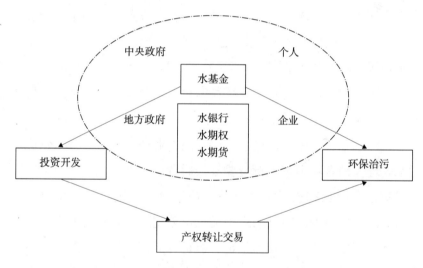

图 1　水金融的资本市场体系简图

二　境外水金融有效运行的方式选择

从 20 世纪 70 年代末，国际上就对水金融有所尝试，尤其是欧美等资本市场发达的国家和部分南美发展中国家。无论是利用基金还是期权、银行市场，都出现了很多结合本国实际的丰富灵活的金融方式运作案例，甚至有诸如水银行、水期权等比较独立完善的框架体系。下面结合实践逐一展示境外水金融方式和工具的发展现状。

（一）水资源类股票及其特点

水资源投资是新兴的领域，购买水资源类股票是中小投资者参与投资的低门槛途径。资源类股票由于其拥有稀缺资源的不可再生性，往往是天然蓝筹股的诞生地，历来是主力关注的重点，其中经常会跑出一些"大黑马"。全球第三大资产管理公司德盛安联投信曾针对投资人进行调查，显示未来投资人最看好绿色产业的投资价值。海外理财师也看好自然资源股票前景，量子基金共同创始人之一詹姆斯·罗杰斯称，他坚信自然资源公司股票将维持数年的牛市。晋裕环球资产管理有限公司投资研究部联席董事林伟雄则向《每日经济新闻》表示，目前绿色能源产业中吸引力最强的当属水资源产业[1]。

水资源类股票的特点主要有：

（1）水资源类公司现金流比较稳定且运营时期较长，因此它们对于通过发行长期金融工具锁定财务成本的需求比较强烈。

（2）对水务板块来说，目前主要有两大业务，一是自来水供应，二是污水处理。前者目前市场行情要好于后者。

（3）适合中长期投资。水务板块拥有稳定的现金流和相对的垄断性，因此海外成熟资本市场的水务类上市公司大多是分红能力强、业绩稳定的蓝筹性质的公司，较为稳定。但是目前市场中水务股的市盈率并不是太高，如果投资者在传统的投资组合中加入水资源投资，可以作为中长线投资。

（二）境外水资源类上市公司

美国是全球最大的水务市场，水资源类上市公司也较多。也有部分国家通过境外上市来瓜分美国水业市场。例如，德国第三大公用事业公司莱茵集团（RWE）在2001年并购美国水务工程公司后，2007年

---

[1] 参见刘小庆：《跟着盖茨投资 绿色能源水资源基金股票打先锋》，《每日经济新闻》2006年12月4日。

RWE 的美国子公司通过 IPO 抢占美国水业。美国水资源类上市公司情况见表 1：

表 1 美国水资源类上市公司情况

上市公司	市值 (Market Cap, Billion)	市盈率 (P/E Ratio)	每股收益 (Earnings per Share, $)	股息收益率 (Yield, %)	流通股数 (Shares Outstanding)
Aqua America Inc. (WTR)	3.06	22.68	1.08	2.87	139,914,000
California Water Service Group (CWT)	0.72	15.91	1.09	3.66	41,905,500
American States Water Co. (AWR)	0.80	15.94	2.65	3.41	19,216,400
SJW Corp. (SJW)	0.42	18.58	1.22	3.12	41,905,500
Consolidated Water Co. (CWCO)	0.10	15.61	0.45	4.35	14,582,100
Middlesex Water Co. (MSEX)	0.28	20.67	0.85	4.19	15,754,900
Connecticut Water Service Inc. (CTWS)	0.26	18.14	1.57	3.34	8,848,850
York Water Co. (YORW)	0.22	24.04	0.70	3.14	12,891,400
Artesian Resources Corp. (ARTNA)	0.18	17.57	1.13	3.92	8,698,070
Watts Water Technologies, Inc. (WTS)	1.38	20.43	1.93	1.12	34,992,800

数据来源：纽约证券交易所（NYSE），2012 年 11 月 15 日。

（三）水资源类基金（简称水基金）

证券投资基金作为一种新型的投资工具，把众多投资者的小额资金汇集起来进行组合投资，由专家来管理和运作，经营稳定，收益可观，可以说是专门为中小投资者设计的间接投资工具，大大拓宽了中小投资者的投资渠道。基金吸收社会上的闲散资金，为企业在证券市场上筹集资金创造了良好的融资环境，实际上起到了把储蓄资金转化为生产资金的作用。同时，基金的发展作为一种主要投资于证券的金融工具，它的出现和发展增加了证券市场的投资品种，扩大了证券市场的交易规模，起到了丰富活跃并稳定证券市场的作用。投资者可以通过持有水资源类基金，间接地参与对水务行业的投资。水资源基金近十年才开始在国际金融市场上出现，大部分都有投资公用事业，因此表现相对稳定。

下面主要介绍欧洲和美国的水资源类基金：

1. 欧洲水资源类基金

2000年年初，日内瓦百达资产管理公司（Pictet Asset Management）率先在欧洲发行了首只水基金。之后，随着市场规模的不断扩大，各国的多家金融机构迅速跟进：总部位于瑞士的可持续资产管理公司（SAM），荷兰迈克斯水资产管理公司（Maxx Water Management），比利时 KBC 银行以及德意志银行等都先后发行了水基金。2008年3月，德国安联下属的资产管理公司也发行了水基金（Allianz RCM Global Water Fund），使水基金的队伍愈发壮大。

（1）百达水基金（Pictet Water Fund）。欧洲首只专门投资于水行业的主题式基金，已成为欧洲大型的水基金之一。该基金主要投资于水供给和处理、相关科技创新以及环境服务等四个子行业。在全球股市受累于互联网泡沫破灭的2000年最后一个季度里，百达全球水资源基金净值依然上扬了17.3%，在当年《商业周刊》追踪的500只离岸基金中轻松拔得头筹。

（2）KBC 全球水资源基金（KBC Eco Fund-Water）。比利时联合资产管理公司于2000年12月在比利时发行。主要投资于全球公营事业中专门提供水资源的公司，投资标的主要由世界环保咨询委员会来选出，包括咸水淡化技术、水利供给、水资源环工与废水处理、水利基础建设暨设备、水资源分析研究、水资源管理、合成水生成事业、水务科技等。

(3)"泰国ING全球水资源基金"。于2007年8月由荷兰国际集团（ING）在泰国的子公司推出。该基金的投资以标准普尔全球水资源指数（S&P Global Water Index）为基准，是一个覆盖了全球水资源工业50家上市公司的ETF（Exchange Traded Fund，直译为交易所交易基金）基金[①]。

2. 美国水资源类基金

美国最老的水资源类基金是2005年12月在美国上市的Powershares水资源ETF指数型基金（Powershares Water Resources，简称PHO），是以全球水资源产业37家代表性个股为标的编制，以追踪美国交易所的水业指数Palisades Water index为主，反映出全球水处理业的整体表现。另外两个水资源交易所交易基金（ETF）为2006年第一信托（First Trust）发行的ISE Water Index Fund指数型基金和2007年5月Claymore发行的标普全球水资源（S&P Global Water Index）指数型基金。

(四) 水基金的发展特点[②]

1. 水基金具有盈利前景

随着全球水市场的细化与深入发展，如今水基金的投资选择也愈发多元化，从过去的公用事业、废水再生和处理及水资源管理向水利相关设备、水资源分析研究、合成水生成等细分市场拓展，这在一定程度上降低了水基金作为单一主题式基金的投资风险。此外，公用事业股占到了MSCI世界指数的4.3%，因此，水基金能有效实现整个投资组合的资产多元化。再加上水价几乎不受经济景气、宏观政策、全球股市等因素的影响，并且多数国家水务作为公用事业都处于垄断地位，而且短时间内这一现象仍将继续，这些都支持了水基金的盈利表现。对于水基金的未来走势，多数金融机构和投资专家都持乐观态度。

---

① 参见方丽:《ING发行全球水资源基金 对冲基金哀鸿遍野》,《证券时报》2007年8月23日。
② 参见周莹:《水基金 蓝色"钱"景》,《新财富》2008年10月21日。

2. 适宜中长期投资

行业特性决定了水基金的投资虽然稳定但回报却是一个相对长期的过程。作为公用事业的水务，经营及回报率都会受到国家政策的影响，回报不是一朝一夕便可能实现的，而技术的开发和利用也有着一定的生产、推广、大规模应用的周期，因此水基金一般只适合中长线投资。多数基金经理都建议投资人持有10年以上，以获得最大的投资回报。

（五）水资源期权

期权是一种金融衍生品，其价值是基于另一个潜在的资产。例如，一个水期权，它的价值来源于特定水权的价格。买入期权（Call Option）和卖出期权（Put Option）是两种基本的期权种类。除此之外，根据执行时间不同，期权还分为美式期权和欧式期权。水期权契约（Water Option Contract）的概念最早由Michelson和Young在1993年提出[1]，因为水资源有来水不确定性和用水不确定性的特点，将期权交易制度引入水权交易体制，可以降低交易风险，以达到水资源的合理配置。

水期权对市场机制来说是一种创新型的拓展。水期权和金融市场上的类似的金融衍生工具相类似，但是在结构上和一般金融期权又有区别，需要一种创新的定价方法。假定水期权合约已经建立，缔约双方都必须察觉交易收益的潜力。

水资源买卖方参与到买入期权是因为他们希望得到改善。卖家失去了水分配决定权的一部分自由；当买家执行期权时，卖家有责任提供水。但是，当期权合约协商完成后，卖家会以期权价格或执权价（Premium）的形式得到一定的补偿。如果买入期权被执行的话卖家同样会获得收益，因为到时买家必须支付特定价格（Strike Price）。买入期权的买方来自契约的主要收益是灵活的。持有买入期权给予买方获得水源相反也可以不执行这种权力，以增加买方满足水契约的能力和扩展水分配的选择范围。水期权价格反映了这种在决策中的附加灵活性的期望价值。

美国干旱年份的水期权和商品市场上、股票市场上普遍的期权合约相类似已经模式化。水期权的最显著特征是契约的时间跨度和多样实行的可能性。不同于标准的金融衍生品，水期权经常被标准化以允许持有者在期权期满之前使用期权一次以上。水期权契约在美国的一些州出现，比如加利福尼亚州，制度和法律的改进允许水使用者设计创新机制去增加干旱年份的水供给的可靠性。[2] 事实上，美国西部的经验表明，在金融学上水期权比许多外来品期权还要外来。复杂的支付结构增加了期权合约定价的难度。

最早的水期权契约交易出现在美国加利福尼亚州。20世纪90年代早期和中期，加利福尼亚州干旱状况越来越严重，几乎每年都发生，为了规避水资源短缺风险，在水市场中出现了期权契约的交易，它们种类繁多，与普通金融期权的收益结构完全不同，具有很大的奇异性。美国加利福尼亚南加州大都市水区（MWD）率先引入了多种期权契约用于规避干旱年水资源供给的风险。1992年MWD和英国达德利签订有效期为1年的看跌水期权契约，契约规定若MWD在1993年获得的水权低于计划的50%，期权持有者MWD有权以每立方米0.1美元（每英亩每英尺125美元）的价格从达德利购入部分水权，若期权被执行，达德利则有义务出售水权。但由于1993年MWD获得了计划水量的85%，该期权便没被执行[3]。

此后，MWD一直应用水期权契约来规避干旱年水资源短缺的风险，2001年MWD与圣伯纳谷都市水利局（San Bernardino Valley Municipal Water. District）签订有效期10年的水期权契约，它使得MWD在有效期内的每年有权从该水利局最多购得2,468万立方米的水量。

近年来，水期权契约应用的范围又有了扩展，澳大利亚农业资源经济局（ABARE）开发了马兰比吉河（Murrumbidgee River）的水期权模型（MROM），并提出其四个组成部分[4]。Hafi et al. (2005) 将水期权用于生态环境需水风险的规避，构建了农民灌溉者与生态环境需水者之间进行买卖的水期权，并验证了其可行性[5]。Cui和Schreider(2009)以澳大利亚为例，探究了水期权的定价模型，以及水市场对不同定价模型下水期权的影响[6]等。

总之，实践和研究已证明了水期权在节约成本，降低供水风险和提高资源配置效益等方面的作用。

（六）水资源期货

现有的期货市场产品种类包括商品期货和金融期货，而商品期货中包括能源期货，如原油、汽油、燃料油，新兴品种包括气温、二氧化碳和二氧化硫排放配额。国内外长期实践表明，在全球资源日趋紧张的形势下，通过资源型期货交易能够实现有效价格的发现，间接促使能源优化配置到高经济社会效益的部门。参与期货的交易者之中，套保者（或称对冲者）透过买卖期货，锁定利润与成本，减低时间带来的价格波动风险。投机者则透过期货交易承担更多风险，伺机在价格波动中牟取利润。期货合约已是全球资本有效的投资套利以及避险的工具。

到目前为止，"水期货"还未出现在期货交易所中，正处于酝酿阶段，预计几年后，水将和原油、农作物等商品一样在全球期货市场交易。美国芝加哥商品交易所负责人克雷格·多诺霍（2007）认为，随着全球水资源日趋紧张，"水期货"作为商品交易不再遥远。把水作为期货商品进行交易可以给耗水大户带来财政压力，从而降低水的消费量，缓解水资源缺乏。"水期货"的构思类似于眼下通行的二氧化碳排放配额交易。为应对全球气候变暖，二氧化碳排放配额被用于全球交易，以增加排放成本，从而减少温室气体的排放量。

事实上，1997年诞生并迅速在全球流行的天气衍生品已经有水期货的痕迹。全球知名天气衍生品交易商Evolution公司使用的主要天气合约品种就包括降水和水流量，水力发电公司使用降雨量作为天气指数。

天气衍生品市场上的交易物是天气指数合约，天气指数包括温度、降水量、风力、湿度甚至水流量，指数的种类取决于具体的合约。此类合约大多为场外交易，有很大的灵活性，具体内容可以依据交易双方的特殊需要作出安排。在欧洲和北美地区的主要参与者是能源部门的大型企业，在日本的参与者行业分布较为广泛。合约里包括了交易双方关于天气风险的转移所达成的协定，比如天气标的指数、指数参考地点、合约保护期（开始和结束日期）、交易日、指数的执行水平、赔付率、最高赔付额、权利金、交易的货币币种等。① 如果到期日实际水流量指数高于合约中的水流量指数，那么买家将获利，获利额是根据约定的每一点标价乘以指标差，相反，如果实际指数偏低，那么卖家获利。

（七）水资源银行

水银行已是国外解决水危机方面较成熟的一种方法，正逐渐成为解决水供给问题的流行工具。从功能上看，水银行（water bank）是促进地表、地下水和其他储存形式水的水权合法转让和市场交易的一种制度机制。② 水银行的首要目标是把那些有兴趣将水灵活可用的合法有效的用水权，带给另一些需要获得额外水供应使用的人。

水银行作为一种中介机构，可以包含不同程度的水交易，它扮演了经纪人（broker）、交易场所（clearing house）和造市商（market-maker）的角色：经纪人联系或撮合买家和卖家创造交易；交易场所主要为竞价和提供信息服务；造市商试图保证市场上的有等量的买房和卖方。水银行存储有意愿的卖家的水，并提供给有愿意的买家，也可以提供一系列的行政和技术职能，例如：决定什么样的水权可以储存，确立信贷水的数量，如果必要限制向银行购买或租借水的户主，制定合同期限或价格，促进管理的需要。其运作模式如图 2 所示。

根据交换水的类型，水银行分为两类：第一类是处理河流、小溪等地表水的水银行，水在水银行中存在的形式是其相应的水权。水的交换通过水市场水权的买卖来实现。另一类是针对存储在水库或者是地下并用于借贷交换的水的水银行，这种水银行处理的水体不具有流动性，买

---

① 参见彭红枫、王卉君：《天气衍生品研究：全球天气衍生品市场的概况》，《期货日报》2005 年 6 月 29 日。
② West Water Research,"Water banks in the United states", http://www.tceq.texas.gov/assets/public/comm_exec/igr/sa_comm/water_bks.ppt, 2006-10-17.

卖相对稳定。①

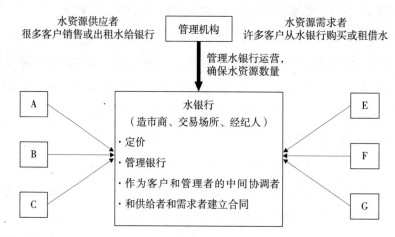

资料来源：West Water Research[7]。

图2　水银行的运作模型

与传统方法相比，水银行是一种成本较低、效率较高、风险较小的非传统水资源管理方法。增加水供应的传统工程方法，如新的水库，比做花费更多更广的成本（国家研究理事会，2004；Howitt、Hansen，2005）。为获得新的水供给的非传统方法的搜寻，强调了在已存在水资源的使用和重新分配已有水权的保护（Howitt、Hansen，2005）。保护和重新分配能带来比较低的成本和提供较多的弹性（美国经济和工程服务公司，2002；国家研究理事会，2004）。因此，水银行对经济来说是更好的选择。

20世纪90年代，美国中西部干旱地区、一些欧洲国家、澳大利亚等发达国家和智利、墨西哥等发展中国家就已经开始水银行的实践。下文将对其中一些国家的应用作详细介绍。

---

① 参见童国庆：《国外"水银行"机制对我国的启示》，《中国水利报》2006年9月28日。

三 境外水银行的应用

(一) 美国西部水银行的应用

在美国,水银行已经成为一种满足水需求的变化和增长的重要管理工具。尤其在美国西部,人口的增长、气候的变化、连年的干旱和降雨的时空不平衡等催发了水银行的诞生。水银行在美国西部已有很长的历史,这种管理方法在过去十几年让政策制定者和水供应商们深感兴趣。美国第一个水银行出现在1979年的爱达荷州,但是水银行在美国真正流行是在1990年加利福尼亚州的水银行解决连续5年干旱的燃眉之急之后。现在,几乎在每一个西部的州,水银行不是已经实行就是正提上日程(见表2、表3)。尽管不同的水银行在市场结构、定价、价格控制、管制措施和环境目标等具体方面有显著的区别,但是都起到了降低水资源调配成本,并提升用水效率的作用。在极其干旱的时期保证了水资源的充足供给,大大降低了水资源危机的风险预期。

表2 美国西部各州的主要水银行

州	主要银行	时间
亚利桑那州	亚利桑那银行	1996
	加州干旱水银行	1991
加利福尼亚州	干旱年份收购项目	2001
	多样的地下水银行	
科罗拉多州	阿肯色河水银行	2001
爱达荷州	爱达荷州水供应银行	1979
	出租池	1932
蒙大拿州	无	—
内华达州	特拉基草原地下水银行	2000
	州际水银行(联合亚利桑那)	2002
	佩科斯河流域水银行	2002

续表

州	主要银行	时间
新墨西哥州	佩科斯河流域获得项目	1991
	佩科斯河影响缓解可用性解决方案	1991
俄勒冈州	德舒特河水交换地下水影响缓解银行	2003
德克萨斯州	德州水银行	1993
	爱德华兹含水层管理局地下水信托	2001
犹他州	无	—
华盛顿州	雅吉瓦流域应急水银行	2001
怀俄明	无	—

资料来源：West Water Research[7]。

表 3 美国西部主要水银行项目详情

项目	州	流域	建立时间	使用时间	水银行形式	市场结构	参与者	活跃度	定价	价格区间	监管	管理者	环境目标
亚利桑那州水银行	亚利桑那	科罗拉多和中央亚利桑那项目	1996	1997	长期地下水存储	非市场	供给:CAP水 需求:CAP水	高	固定价格	$21—$53	输入水许可制度	亚利桑那州水银行管理局	无
加州干旱水银行	加利福尼亚	全州, SWP和CVP	1991	1991 1992 1994	一年期地表水信贷项目	转让供给交易所联营	供给:三角洲北部用水者 需求:SWP(州供水工程)和CVP(中央河谷工程)缔约者	高	固定价格	$68—$175	通过州水资源控制委员会精简过程	加利福尼亚州水资源部	无
加州干燥年份购买项目	加利福尼亚	全州, SWP和CVP	2001	2001 2002 2003	一年期地表水信贷项目	转让供给交易所联营	供给:三角洲北部用水者 需求:SWP(州供水工程)和CVP(中央河谷工程)缔约者	高	固定价格	$75—$100	通过州水资源控制委员会精简过程	加利福尼亚州水资源部	无

续表

项目	州	流域	建立时间	使用时间	水银行形式	市场结构	参与者	活跃度	定价	价格区间	监管	管理者	环境目标
Semitropic地下水银行	加利福尼亚	科恩	1991	1990	长期的地下水存储	契约制	供给：SWP缔约者需求：SWP缔约者和中部流域使用	中	以市场基础	费用范围是每年干的运营	水银行和参与者行为的环境评审	Semitropic改进区	无
阿肯色河流域水银行	科罗拉多	阿肯色河	2001	2003	一年期存储水权的信贷	交易所双边交易	供给：农业社区 需求：城市用水	无	以市场基础	$500—$1000	州工程师的事先评审	东南部科罗拉多水资源保护区	无
爱达荷州水供应银行	爱达荷	全州	1979	1995	机构性	交易所双边交易	供给：开放 需求：开放	无	以市场基础	$11	州事先评审	爱达荷水资源部	无
蛇河出租池	爱达荷	蛇河	1979	1979	存储水信贷	交易所双边交易	供给：存储水 需求：开放	高	固定价格	$3.00入流域—$10.50出流域	蓄水	水区#1	无：通过"最后填满"政策保障内流交易
博伊西河出租池	爱达荷	博伊西河	1988	1988	存储水信贷	交易所双边交易	供给：存储水 需求：开放	中	固定价格	$6.50入流域—$6.93出流域	蓄水	水区#63	无：通过"最后填满"政策保障内流交易

续表

项目	州	流域	建立时间	使用时间	水银行形式	市场结构	参与者	活跃度	定价	价格区间	监管	管理者	环境目标
百叶河出租池	爱达荷	百叶河	1990	1990	存储水信贷	交易所双边交易	供给:存储水 需求:开放	高	固定价格	$3.20入流域— $5.65出流域	蓄水	水区#65	无:通过"最后填满"政策保障内流交易
湖叉湾出租池	爱达荷	百叶河	1999	1999	存储水信贷	交易所双边交易	供给:存储水 需求:开放	高	固定价格		蓄水	水区#63K	无:通过"最后填满"政策保障内流交易
莱姆哈伊河出租池	爱达荷	莱姆哈伊河	2001	2001	机构性	交易所双边交易	供给:灌溉 需求:美国垦局(USBR)	有限	固定价格	$146	州评审	水区#74	美国农垦局的信贷项目来满足最小水流量
肖松尼—班诺克部落水银行	爱达荷	蛇河	1994	1994	机构性/存储	交易所双边交易	供给:双边美国联邦储备权 需求:开放	有限	固定价格	$9	州评审	肖松尼—班诺克部落	内流的使用被认为是一种水银行内的有力使用

续表

项目	州	流域	建立时间	使用时间	水银行形式	市场结构	参与者	活跃度	定价	价格区间	监管	管理者	环境目标
州际水银行	内华达	科罗拉多	2002	2002	存储	非市场	供给：过剩的科罗拉多河分配；需求：内华达州的科罗拉多河权利持有人	有限	固定价格	$78	准入制度/州际合约	南内华达水管理局，亚利桑那州水银行管理局，中央亚利桑那水源保护区	无
特拉基草原地下水银行	内华达	特拉基	2000	2000	长期地下水存储	非市场会计制度	供给和需求：特拉基草原水管理局	有限		—	州评审	特拉基草原水管理局	无
佩科斯河流域水银行	新墨西哥	佩科斯河	2002		机构性	交易所双边交易	供给：开放；需求：州际流域委员会	无	以市场基础	—	州评审	州际流域管理委员会	加强联邦政府保护物种的流动

续表

项目	州	流域	建立时间	使用时间	水银行形式	市场结构	参与者	活跃度	定价	价格区间	监管	管理者	环境目标
佩科斯河流域获得权项目	新墨西哥	佩科斯河	1991	1992	机构性	交易所双边交易	供给：开放 需求：州际流域委员会	中	以市场基础	$50—$100	州评审	州际流域管理委员会	满足和德州水流合约的第二目标
佩科斯河影响缓解可用性解决方案	新墨西哥	佩科斯河		2003	机构性	交易所双边交易	供给：卡尔斯巴德灌溉区 需求：美国农垦局（USBR）	有限	以市场基础	水交换	州评审	美国农垦局（USBR）	增强联邦政府保护物种和减少的流动
德舒特河水交换地下水影响缓解银行	俄勒冈	迪修特斯河	2003	2003	地下水缓解/机构性	委员会价格拍卖	供给：DWE信贷银行（地表水） 需求：缓解申请人（地下水）	有限	固定价格	$65	州评审	迪修特斯河资源保护/迪修特斯河水交换	鼓励保护和减少地下水消耗
德克萨斯州水银行	德克萨斯	全州	1993	1994	机构性	交易所双边交易	供给：开放 需求：开放	有限	以市场基础		州评审	德州水发展委员会	鼓励保护
爱德华兹含水层管理局地下水信托	德克萨斯	爱德华兹地下水	2001	2002	地下水/机构性	交易所双边交易	供给：含水层撤回许可证 需求：含水层撤回许可证	无	以市场基础	—	州评审	爱德华兹含水层管理局	鼓励保护和减少地下水消耗

续表

项目	州	流域	建立时间	使用时间	水银行形式	市场结构	参与者	活跃度	定价	价格区间	监管	管理者	环境目标
雅吉瓦流域试点水银行	华盛顿	雅吉瓦河	2001	2001	机构性	交易所双边交易	受制于水权持有者	中	以市场基础		州评审	特殊委员会	无
鲑鱼溪水出租水银行	华盛顿	奥柯那根湖	2000	2000—2002	机构性	交易所双边交易	供给：奥柯那根灌溉区 需求：华盛顿水信托	中	固定价格		州评审	华盛顿水信托联络，奥尔维尔部落，奥卡诺根灌溉区	提供鲑鱼溪的水量

资料来源：整理自 Washington State Department of Ecology[8]。

1. 美国西部水银行概述

(1) 美国西部水银行服务内容。美国水银行的服务包括：水银行和服务提供者的信息资讯；水转让信息的出版；水权的买主和卖方的清单；市场分析、与潜在的买主和卖方的沟通合作；定价和所有权信息的提供；提供水转让研究和分析；申请前水转让技术上的审查；水转移申请文件档案整理；有序的和持续的水转移申请的技术检查。

(2) 美国西部水银行的目标。水银行除了将促进水资源转让作为首要目标，每个水银行还在积极争取多个目标[7]：在干旱期间创造可靠的供水；创造季节性水源的可靠性；确保人类、农业及鱼类未来的水供应；通过鼓励水权持有人保存并将水权存入水银行，促进用水保护；作为一种市场机制；解决地下水和地表水的用户之间不平衡的问题；确保对有关河流水量的州际协定的遵守。

(3) 美国西部水银行的类型。水银行往往是围绕着一个具体水体来源或类型设计，因此水银行的类型可以按照设计的来源分为三类：

1) 机构类水银行（Institutional Banking）。机构类水银行提供交换水权和其他个体的法律机制。这些银行经常被叫做"书面交易"，因为涉及代表特定水资源数量的法律文件的转让。机构类水银行经常在那些水资源存储有限或者大的地区得到发展。另外，这类银行经常是正对自然水流的水权。绝大多数的机构类水银行需要多年期的存水。例如，爱达荷州水银行要求在该银行的水权存放期最少五年。德克萨斯州（Texas）水银行是机构类水银行另一个很好的例子。

2) 地表水银行（Surface Storage Banking）。地表水银行通常是建立在水库或蓄水设施周围。水交换背后是储存的水实体。不同于机构类水银行，地表水银行通常供给更稳定。一般来说，地表水银行是以年率计算运作的，存储和交易都限制在一年。有些则容许有限度超期。典型的例子是加州干旱水银行和干燥年份购买项目。

3) 地下水银行（Groundwater Banking）。地下水银行是一个相对较新的水银行形式。地下水银行项目是一种通过交换水权给地下含水层提供倒灌水的机制。不过,地下水银行项目的范围在美国是有限的。几个美国的地下水银行项目已经启动用以解决联合运用和广泛的地下水回灌问题。在联合使用项目中,多余的地表水注入或渗透到地下水含水层。当地表水供应紧张的时候,地下水将被抽取供食用。加州地下水银行是很好的联合使用水银行的例子。此外,地下水银行也提供了缓解过多地表水撤回的问题。俄勒冈州(Oregon)的地下水影响缓解银行(groundwater mitigation bank)就是一个例子。

2. 美国西部水银行实例

(1)爱达荷州(Idaho)水银行。美国最早的水银行即出现在爱达荷州。1979年,美国爱达荷州水资源局成立了水供给银行(water supply bank),采用过去民间运河公司经营租赁水池(rental pool)的管理模式,将农业剩余水资源贮存于租赁水池中,并供水给买水者,这即为真正意义上的水银行。目前,爱达荷州拥有一个国家银行以及五个独立的水银行,其中三个银行是以租赁水池的模式存在。爱达荷州水资源管理委员会允许水资源富裕者在租赁水池中贮存农业多余的水资源,并且可以给缺水用户供水,在不涉及水权交易的情况下,利用民间运河进行水量输运,调配地区工业、农业、公共用水[9]。2011年,爱达荷银行租用水资源总量(rental volume)为3555.89万立方米,出租水资源总量(leased volume)约为19,860.61万立方米。①

(2)加州水银行:

1)加州干旱水银行。位于美国西海岸的加州是全美第一农业大州,但是加州的年降水量地区分布极不均衡,约75%的水资源集中在北部地区,而城市人口和灌溉农业则集中在中南部地区。同美国西部干旱的其他地区类似,新的供水水源非常匮乏,通过新建水库等传统方式增加供水几乎没有多大的潜力[10]。在这种背景下,为满足新的用水需求,

---

① Bussum M.V.,"2011 Water Supple Bank Update", Idaho Water Resource Board, 2012-03-15.http://www.idwr.idaho.gov/WaterManagement/WaterRights/waterSupply/ws_default.htm.

关注点就集中在调水和水权的再分配上。

1987—1992 年，加州经历了长达 6 年的干旱期。1991 年，为了应对持续干旱造成的压力，州长 Peter Wilson 责令成立"干旱行动小组(Drought Action Team)"。其中，加州水银行作为一项应急措施被该小组提出，加州水资源局（California Department Water Resources，简称DWR）被授予组织和实施水银行的权利。水权银行主要负责从自愿转让水资源的用户中获取水资源，并通过加州输水工程提供给急需用水的其他用户。水银行的用户可以是公司、用水组织或者是负责工农业和环境供水的公共机构，但必须经过严格的审查后方能入选，并保证不浪费水，也不购买超出需要量的水。从全局来看，水银行可以尽可能地减少干旱造成的经济损失，更合理地进行水资源的配置。

DWR 成立了一个购水委员会，将专门负责拟定和协商水银行买水的一些条款和协议。委员会成员代表一些公共代理机构，可以从水银行买水，开展最初的谈判工作，并负责执行购水协议。为了鼓励早期的售水者参与水银行，购水协议还采取了浮动价格条款。在综合分析农田预算，与可能的卖方和买方协商并咨询农业经济学家之后，1991 年制定的水银行购买价格是 0.101 美元 / m^3。目的是提供能使农场主获得纯收入（类似于农业收入加上额外收入）的价格，以鼓励农场主参与水银行[10]。

在 1992 年和 1994 年，水银行又成功运作两次。1993 年加州因为度过了一个相对湿润的年份，因而水银行没有运作，但 1994 年干旱重现。三次水银行的交易数据见表 4。从表 4 可以看出，利用政策和市场机制，通过干旱应急水银行的水交易机制，1991、1992 和 1994 年加州水银行采用多种途径购买水应对了旱情。购买水中有 1/3 直接抽取地下水,1/3 靠节水（采用滴灌等），另外 1/3 来自土地休耕。水银行的运行，促进了节水，尤其是 1992 年以后，超过 50% 的木本作物（tree crops）采用了滴灌，棉花、苜蓿种植区超过 40% 使用喷灌。可见，水银行机制使得水从农业向市政转移。2001 年，加州政府宣布执行"干旱年收

购计划 (dry-year purchase program)", 实际上与干旱水银行本质上相似, 仍由加州水资源局 (DWR) 管理。

表4 1991、1992、1994年加州干旱水银行活动

项目		1991年 水量/万m³	1991年 价格/(美元·m³)	1992年 水量/万m³	1992年 价格/(美元·m³)	1994年 水量/万m³	1994年 价格/(美元·m³)
供水水源	休耕地	50,594.0	0.101	0	0.041	0	0.041
	地下水	30,356.4		18,756.8		23,075.8	
	地表水	20,237.6		4,689.2		4,072.2	
	总计	10,188		23,466		27,148	
三角洲需求（环境）		-19,744		-3,702		-6,170	
净可利用量		81,444		19,744		20,978	
分配用户	城市用水	36,649.8	0.142	4,936	0.058	3,085	0.055
	农业用水	12,216.6		11,846.4		17,893	
	环境用水	0		2,961.6		0	
转存（结余）		32,577.6		0		0	

资料来源：根据 Jercich S. A., California's 1995 Water Bank Program: Purchasing Water Supply Options 整理。[11]

(2) 克恩 (Kern) 地下水银行。克恩 (Kern) 县位于加州中央河谷南部, 地处南北丰枯水交替带。优越的地下水含水层结构和调蓄能力, 造就了建设地下水库的良好条件。1995年, 在加州连年的干旱背景下, 为了增加水资源回灌、储存以及含水层的恢复, 解决水供应短缺, 克恩 (Kern) 地下水银行成立。克恩水银行是加州水道工程 (SWP) 的联合使用工程, 能够在丰水年储存过剩水将其作为地下水, 在干旱年再利用这些存储资源[12]。水权拥有者可以将富余的水出售或存入地下水银行, 需要水的用户则可从水银行购买所需的水资源[9]。截至2011年5月,

克恩水银行地下水回灌超过 21 亿立方米，含水层恢复约 11 亿立方米，储存余下水近 10 亿立方米。① 其另一个优势是位于萨克拉门托—圣华金三角洲的南部，在与河口有关的运作上避免了环境约束。除此以外，克恩水银行还表现出显著的环境效益，包括对濒危物种、水禽和其他野生动物的栖息地起到的效应。②

（3）德克萨斯州（Texas）水银行[9]。美国德克萨斯州（简称德州）处于干旱的沙漠地区，常年干旱。1993 年，德州在州政府的建议下成立了水银行，由德州水资源发展委员会（Texas Water Development Board，简称 TWDB）进行组织与管理。特别是，TWDB 保管着水银行买方、卖方和交易情况的登记，并且由其来进行水资源售出价格和其他相关事项的谈判。此外，TWDB 还可以自己的名义作为水权转让或交易的中间人或经纪人。德州水银行是水资源卖方与买方之间的中介机制，提供各种水价和其他必要的交易信息，同时向买卖双方提供水权交易的有效申请书。水权所有者递交关于出售或借出水资源具体数量的申请书，由 TWDB 进行严格审查后，就可以暂时或永久转移水权或所持有的水量。1997 年，德州又成立了信托水银行（Texas Water Trust），TWDB 将其作为德州水权银行的组成部分进行管理。这种水银行是出于环境目的而建立，如生态需水量、水资源质量、水生栖息地环境等方面。信托银行为 TWDB 获取和持有河水水权提供了一个有效机制，但不能将信托水银行作为独立银行进行运作。

（4）亚利桑那州（Arizona）水银行。亚利桑那州是美国最干旱的一个州，由于地势起伏剧烈，全州气候变化大，最旱的地区年降水量少于 300 毫米。为了能有效地管理、分配和使用全州的水资源，协调性的水银行在中央亚利桑那工程（Central Arizona Project，CAP）的贮存

---

① Kern Water Bank Authority,"Background & Key Dates", http://www.kwb.org/index.cfm/fuseaction/Pages.Page/id/360.
② The Kern Water Bank,"California water impact network", http://www.c-win.org/kern-water-bank.html.

设施中已经出现。1996年，亚利桑那州水银行管理局（Arizona Water Banking Authority，AWBA）成立并负责亚利桑那水银行（AWB）项目运作。AWBA利用水银行储存亚利桑那州未经利用的科罗拉多河水，满足未来需要①：1）保证在水资源短缺时，能够有足够的水供应给CAP服务区内的城市和工业用户，及科罗拉多河沿岸的用户；2）满足亚利桑那地下水法规（Arizona Groundwater Code）管理计划的目标；3）满足依照印第安定居点设定水权的义务；4）协助科罗拉多河第四级城市和工业用户发展信用，以提高他们未来水供应的稳定性；5）通过州际水银行，协助内达华州和加州发展。

与西部其他水银行不同，亚利桑那水银行并不充当一种市场机制，也不是买家和卖家进行水权交易的交易场所，而是作为一种满足未来需求的水资源储存系统。水银行的总体目标是储存水资源（地下水），并确保对该州34.552亿立方米科罗拉多河（Colorado River）河水的利用。水银行向CAP购买其项目过量的水或污水，每年的购买价格则由中央亚利桑那水资源保护区（Central Arizona Water Conservation District，CAWCD）制定[13]。

（二）澳大利亚水银行

澳大利亚联邦位于南半球热带和亚热带地区，受西风带、印度洋副热带高压和太平洋季风影响，是一个水资源相对缺乏的国家，年平均降水470毫米，时空分布极不均衡，中西部绝大部分地区年降水量不足200毫米，降水以气旋雨和暴雨为主，年内变化非常明显，长年干旱少雨，蒸发强烈，加上地质构造活动基本停止，地表平坦，难以形成终年有水的河流，在全球气候变化背景下旱涝波动更加明显。但澳大利亚有丰富的地下水资源和良好的地下水储水构造，发达的农业具有先进的调水和输水工程系统，于是紧随美加州水银行之后建立本国的水银行。

---

① Guenther, H. R.,"Arizona Water Banking Authority Annual Plan of Operation 2009", http://azmemory.azlibrary.goy/cdm/compoundobject/collection/statepubs/id/529/show/16582/rec/1719, 2008-09.

澳大利亚的水银行主要集中在墨累达令河流域，采取网上电子公告方式，但是北部维多利亚州的水交换（Northern Victorian Water Exchange）也利用拍卖的方式重新分配水资源[13]。水银行在雨季将过剩水量储存，枯水期则将存储的水供给社会经济需要的部门，其主要目的就是为买卖双方提供机会，以适应不断变化的社会条件。价格证据表明，水资源交易商在参与水银行项目时，确实提高了自己对变化局势的响应力。也就是说，价格能对不断变化的市场条件作出反应。此外，银行还为迫切需要水资源的个人提供资源。澳大利亚水银行的经验有：

1. 政府立法规定水权与土地所有权分离，明确水资源所有权和分配权归州政府，还规定水银行水权交易合法，但用户从水银行取水、用水都需要向政府部门申请，取得许可证才可以进行水权交易。

2. 在水银行交易过程中，水价由买卖双方通过合约制定，而政府决定水使用权分配的优先顺序。政府还规定水银行交易不得损害他人利益，必须考虑公共利益。

澳大利亚的水银行还存在一些不足之处：农民大量出售水权而不再发展种植业和畜牧业，造成土地不断退化，农业生产下降，农民失业率增加，而澳大利亚政府对水银行的调控不力，放任水银行的市场交易，严重偏向城市和工业用水需求而忽视农业问题，产生了一系列社会问题和长期隐患。和美国的水银行相比，澳大利亚的水银行制度不是很健全，尽管存在一些缺陷，但澳大利亚通过水银行模式克服了自然条件的制约，成为人均水资源占有量位居世界前列的发达国家[14]。

（三）西班牙水银行①

1996年，西班牙人民党上台执政，不满于前政府没能制定出应对干旱问题的国家战略，要求水资源政策要基于市场效率原则和供给准则。因此，政府创建了水银行。水银行开展使用权交易，目的是通过制

---

① National Water Commission,"Water Banks in Mexico", http://www.conagua.gob.mx/bancosdelagua/SGAA-4-12-English.pdf, 2012-07.

定更灵活的水资源特许制度，引入新的效率参数。

2004年，工人社会党执政后，对2001国家水计划（National Water Plan）进行修订，其中包括取消埃布罗河（Ebro River）调水工程和采取A.G.U.A水资源管理计划。2004年6月，环境部开始负责并执行这项管理计划（译为"管理和使用水资源的行动"）。该计划包括100多项举措，其目标之一就是在每块流域中创建一个公共水银行（Public Water Bank），在公平、效率和可持续性的标准下，对水资源的历史权利重新分配。其目的是最大限度地降低干旱对水资源透支地区的影响。同年，塞古拉（Segura）流域的公共水银行开始运作，在当地的干旱协议中，环境部预见了水银行和市场发展的可能性。

然而，缺乏对流域间交易的管理形成了水银行实践中的障碍，因此，2006年西班牙通过了"皇家法令（Royal Decree of Law）15/2005，从2006年12月16日开始，对水资源使用权交易管理的紧急措施"法例，它允许干旱情形下，相互关联的流域间进行水交易。特别是塔霍—塞古拉渡槽（Tajo-Segura Aqueduct）连接的塞古拉和塔霍流域，以及瓜达尔基维尔河（Guadalquivir）源头和阿曼佐拉（Almanzora）河流域。这一举措进一步为水银行的运作提供便利。

（四）英国水银行[9]

英国伦敦使用含水层的人工补给进行干旱水资源管理，城市使用地下含水层作为实体的水银行。Enfield/Haringcy人工补给工程是Thames水务公司为缓解伦敦干旱缺水导致用水紧张的局面而进行的几个地下水战略工程的一项重要举措。工程由新建的14口补给井和现有的9口补给井组成，每天能提供战略水资源9000万升，并且提供的地下水水质满足英国或欧共体的有关法规标准。这项工程不仅可以提供大量的供水水源，还提供了保证河流不断流的重要水源，产生了很大的生态价值。

四　境外水金融的主要经验

通过发达国家水金融发展状况的展示和分析，可以将境外水金融的发展主要经验总结为以下几点：

（一）金融化战略是解决水危机的一种有效途径，水金融是未来的发展趋势

美国、澳大利亚等国的经验都表明，水金融作为一种基于资本市场的创新思路，在解决水危机问题上能够起到积极而卓有成效的作用。经验显示"水金融"相当于一种调节机制，通过金融市场和金融工具配置水资源，调节了水资源时空分布不均和不同部门用水效率的差异，同时也提高了政府的管制效率，容易使人们按照金融交易规则来自觉遵循节约用水，从总体上提高水资源利用效率并增加社会福利。除了优化资源配置以外，水金融还在实践中显示出其具有的风险转移、价格发现、降低交易成本、增强交易安全性等功能，另外，水金融在应付气候变化而引起的水资源变化中也发挥出特有的作用，比如，美国加利福尼亚州就曾建立水银行，通过水期权契约来应付气候干旱造成的水资源短缺。

如今，越来越多的面临水危机的国家和地区都开始重视金融化的作用，并结合各自实际情况积极开展相关尝试。近几年，国际资本市场上水资源类金融产品层出不穷，交易规模日益膨胀，理论和实践也在不断深化，水资源金融化的趋势是显而易见的。对于水资源日益稀缺，水资源利用效率低下并存在显著差异的中国来说，研究水金融对水资源的保护、开发、利用与经济发展方式的转变更显重要，通过水金融进行的水资源优化配置可以为解决中国部分地区严重缺水问题与水灾问题提供途径。

（二）完善的水市场和水权制度是水金融发展的基础

水市场是指利用市场机制对水资源这种稀缺经济资源进行配置的活动，包括在流域上下游之间、不同区域之间、不同部门之间的水交易，

让市场机制起到资源分配的作用。各国在实践中,都注重对水市场的规范建设和风险防范。比如,智利就是在水资源管理中鼓励使用水市场的几个发展中国家之一,通过成立水总董事会(DGA),负责水市场的运作,结果表明水市场保证了水权交易和水供给的安全性。世界银行也提倡在缺水地区建立正式的或非正式的水市场,以促进水资源的优化配置,并指出为使市场奏效,就要控制交易成本,要控制交易成本,就必须建立相应的组织和政策性的机制,还要有相应的基础设施和管理[15]。这些建议已经得到了包括斯里兰卡、菲律宾、阿根廷等国在内的响应和实践。

此外,为了使水市场中所进行的水权交易有章可循,又必须建立一套包括水权界定、分配和转让在内的较为完善的水权制度体系。美国就规定,水权算为私有财产,转让程序类似于不动产,必须由州水机构或法院批准,且需要一个公告期。美国有不少调水工程,对于这些调水工程的用水户,一般允许其对所拥有的水权进行有偿转让[16]。另外,为了方便水权交易,美国西部出现了水银行,将每年的来水量按照水权分成若干份,以股份制形式对水权进行管理。目前美国西部正努力消除水权转让方面的法律和制度障碍,开展一系列立法活动,以保证水权交易的顺利进行和水市场的良好发展。这些经验都表明,水市场和水权制度的完善将为水金融的发展创造条件。

(三)水金融需要配备相应的法律体系

水金融需要相应的法律体系作为支撑和保障,尤其是水权的法律问题,解决不好交易无法进行,金融化也难以继续。因受限于州水法和物权法的限制,美国西部各州将州立法中对水管理和水银行的条款不断进行调整,对水权转让、水银行权限、主管部门权限和相关经济个体的权责进行法律上的渐进性改进,最终促进了水银行的发展。通过颁布《维多利亚州水法》,澳大利亚首次以法律途径创设了可交易的水权,在水体所有权、使用权、水使用权类型、水权的分配、转让和转换等方面做了明确规定[16]。在墨累—达令河流域管理中,澳大利亚也制定并多次修改了相关流域协议，明确了流域协议的法律地位，才为流域管理工作和水银行的发展提供了法律基础[17]。此外，规范交易行为、充分考虑第三方的利益和社会效益也是关键，要防止对环境可能造成的负面影响，以及对可能出现的水事冲突应有明确的解决办法。合理有效的法律体系是促进水金融健康发展的重要制度保障。

（四）政府需要适当放开管制，吸引个人和私营企业的参与

水金融发展的初期，一般是由政府推动的。美国的水银行等机构管理者很多是政府生态部门或水资源管理部门，甚至交易也是发生在地方政府之间官方交易。但是随着金融化发展到一定阶段，一方面过多的国家管制往往会阻碍不同经济个体和多种资本的进入，限制金融化的进一步发展，另一方面由于公众对政府机构存在不信任态度，过多的干涉和审核程序也会挫伤个体参与者的积极性和投资兴趣，甚至直接阻碍私人部门水金融的发展。例如，美国安然能源集团曾在水银行计划和水务金融化方面做了先驱性的探索和尝试，但是由于当时水银行的操作方式缺乏公开进入的政策，而且取水出售难以被环保组织批准，最终在斡旋于政府管制和受限于州法律中以失败告终[18]。

另外，金融化的活跃程度很大程度上取决于市场容量，而市场容量取决于参与者的规模，因此鼓励有意愿的买家和卖家参与到交易中来是成功的关键。政府虽然是批量交易的主要交易者，但是仅靠这些是远远不够的。特别是水权私有化的情况下，水权所有者变为个人。若个人和企业的资本有投入水资源金融产品的冲动，那么他们将是扩充市场容量的主要力量。同时，参与者对水金融产品的兴趣和热情也是金融产品创新的推动力之一。要引起投资兴趣，就得让参与者了解如何交易和能获得多少收益。因此政府可以适当转变角色，从参与者向推动者和监管者转变，增加工作的透明度，鼓励私营企业和个人参与进来，推动金融化进程。

五 境外水金融经验对中国的借鉴

目前,中国学者已涉足该领域的研究,浙江、甘肃等地区已出现水交易、水期权等个别案例,这些实践可看作是前期的尝试和探索。虽然水金融在中国起步较晚,但改革开放30多年的国际理论和实践经验可以为中国实施水金融起到很好的示范效应,这也将成为未来的发展趋势[19]。

(一) 中国实施水金融战略的前期政策建议

水金融是一种对传统水资源管理发起挑战的制度创新。制度创新的过程本身是对既有旧制度和认知惯性的破坏和重建。依赖于旧制度的人们不一定会乐意接受并支持这种新的制度变革,甚至会百般阻挠,尤其是在这样一个人口众多的国家改革水资源这种牵涉极广的敏感领域。因此,为了尽力保持一种高效运行的机制,不断激励人们采用新的方式做事,而且接受新的变化,短期内的中国实施水金融战略转型的重点任务是从认识、理论、制度入手,做好前期的、准备阶段的必备工作。

1. 转变公众的观念和行为

长期的用水传统使人们形成"用水是自然权力"的意识惯性,对水商品化、水金融化的新观念一时难以接受,甚至产生抵触情绪。意识支配行为,因此意识的障碍是要解决的首要问题。

人的意识是随着生产力的变化而变化。相关利益者之所以会拒绝新的制度变化,是因为他们的福利受到了损失或者新的制度变化在增加制度变迁成本时并未增加他们的收益。所以,要转变公众的相关意识,就要通过宣传教育让人们清楚地了解水金融的内涵和具体操作,尤其要清楚以下几点:

(1) 解决水危机已到了刻不容缓的阶段,水资源有不可替代性和不可再生性(在一定条件下)。

(2) 经过开发或加工的稀缺水资源并非无价,是可以商品化的,水资源和水权可以通过改善金融属性成为金融产品。

（3）传统的水资源管理方法已经不能解决我们所面临的水危机。水金融符合社会生产力发展的要求，是解决水危机的一种有效方式。

（4）水金融隐藏巨大商机，对社会来讲是增加整个社会福利，对拥有多余水资源的水权拥有者来说可以带来资本融通和增值，对干旱地区来说通过金融契约交易租赁水可以解决缺水问题。

宣传教育公众的目的，一是要消除认识上的滞后，减少制度变迁的成本，二是要激起他们的参与兴趣，从而成为金融化的交易双方。

2. 从理论上探索符合中国国情的水金融理论体系

理论的探索是为了更好地指导实践。具体工作中遇到的很多问题和障碍，例如水权的清晰界定问题，探究根本原因是理论上还未理清和突破。因此在处理问题时，无理可依，逻辑不清，存在争议。没有理论上的创新，就很难为制度创新提供依据和指导。

尽管国外的许多成功经验和理论值得中国学习和借鉴，但是由于国情的差异，并不完全适用。例如美国水期权理论已经成型，但是中国还没有期权市场；美国各州都可以灵活地制定各自的水法和水权制度，但是中国的水法是全国性的。中国的水金融战略转型必须基于具体地区或流域的特定水文、地理、气候、金融条件等条件，将传统水资源管理理论和金融理论相结合，从而形成符合中国国情的理论体系。

3. 改进中国水资源法律体系，建立清晰可转让的水权

水法体系是规范调整水的开发、利用、管理、保护、治理过程中所发生的各种社会关系和行为的依据。水法跟不上制度创新的要求，制度创新就违背了法律法规要求难以继续，必定成为制度变迁的约束力。因此，中国水金融战略必须改进水法体系，清除法律上的障碍。其中最核心的问题是水权制度改革问题，因为水权界定和转让问题解决不了，以水权为标的的金融产品也无法交易。中国现有的水权制度主要存在以下缺陷：

（1）所有权主体虚化。《中华人民共和国水法》明确规定国家拥有

水资源的所有权,但是尚未规定国家如何实现这一所有权,同时国家是一个虚化的范畴,由于中国幅员辽阔,具体执行所有权时往往是国务院委托地方政府来行使的。所有权的下放导致地方政府成了实际的所有者和使用者,极容易导致水资源管理的无序性、随意性、区域垄断性和不平衡性,也容易产生地区间因水资源使用引发的矛盾和纠纷。

(2) 使用权主体模糊。例如中国农用水的使用主体是农村集体经济组织,而实际生活中往往是村长或村支书代表农村集体经济组织来统一行使水的管理权,实质上使用权集中在村干部少数人的手中,没有落实到具体每个农民。

(3) 水权不可转让,缺乏法律支撑。《取水许可制度实施办法》第二十六条和第三十条规定:"水许可证不得转让。取水期满,取水许可证自行失效。""转让取水许可证的,由水行政主管部门或者其授权发放取水许可证的部门吊销取水许可证、没收非法所得。"水权的不可转让性,使得用水者缺乏内在的约束和激励,容易造成水资源在实际使用中的低效率。

(4) 水权管理构架不完善。《中华人民共和国水法》规定,由国务院水行政部门负责全国水资源的统一管理工作,国务院其他有关部门按职责分工,协助水资源的管理工作。但实际中,由于现行法律法规赋予流域管理机构的行政执法权能太过空泛,并且各自为政的部门立法也造成流域管理缺乏协调,没有建立起流域管理应有的统一模式,使行政委托和交叉执法的情况时有发生。

美国的水银行经验说明,水的使用权是可以交易的,水的所有权可以不必市场化,可归联邦政府和州政府所有。水的交易可采取合同权以及私有公司的股权交易的形式。因此,水的交易可以是对有用益权的交易。同时,美国华盛顿州雅吉瓦流域水银行的经验也说明水权改革不到位所造成的阻碍和困扰,立法机关对水权的界定要和水银行活动相配套。中国的现行水法对水权的界定模糊化,要建立清晰的、可转让的水权,水法及其他相关法规的改进势在必行。

4. 改革政府相关部门的职能定位，降低行政审批等环节的交易成本，增强透明度

政府一般是水金融初始阶段的推动者和后期的监管者，作用举足轻重。水资源在传统上被认为是公共资源，由政府来经营管理。但是随着公共品的稀缺性凸显，排他性和竞争性增强，如果管理体制不发生变化，那么会面临过度开发或使用，资源耗竭等"公共悲剧"。相关政府部门的职能错位、工作低效和不透明成了推行制度创新的一大制度障碍，因此在前期准备阶段，政府的职能定位和工作转变必须到位。

政府在水资源方面的管制主要包括经济管制和社会管制，其中涉及经济管制中的市场进入管制、市场结构管制和价格管制，以及社会管制中的水服务质量管制、污水排放许可管制、水环境管制等。政府放开管制，是指把市场机制能做好的经济方面的管制放松，尤其是市场结构和市场价格应该由市场决定。而政府可以保留水质服务、污水排放管制等社会管制，以弥补市场机制的不足。政府管制与市场机制之间的相互替代不是静止不变的，而是一种动态的过程，它们有各自发挥作用的领域。

另外，政府设置过多过繁的审批或检查项目，有的甚至是乱收费、乱罚款，大大增加了微观主体的市场运行成本和制度成本，削减了微观主体参与水金融的积极性。制度供给过剩导致了过高的制度成本和社会物质财富的虚耗，也导致制度利润的逆向分配，放大了制度寻租空间。因此，简化审批程序，透明审批信息，构建节约高效型政府能减少水金融的成本。

（二）中国实施水金融战略的后期政策建议

在前期认识、理论、制度等方面的准备工作完善后，后期的重点在于具体的工作细化和运作，主要有以下四点：

1. 完善资本市场，建立以水用户为核心的水金融的市场体系

机构完善、机制健全、产品多样的资本市场是用金融化的方法解决水资源问题的市场基础。中国的资本市场发展很快，但还处于初期发展阶段。就定性而言，我国的信用创造机制还不完善，信用工具连通转换机制还很不顺畅，信用品质保障机制才刚刚引起政府和社会的重视，更多信用品质保障是靠民间的传统理念在维护；就定量而言，我国当前的金融深化指标仅达到美国水平的将近1/2，而不是像时下流行观点所说的那样与美国已经不相上下。

在要求完善资本市场的基础上，还应该借鉴国外宝贵经验，发挥后发优势，建立以水用户为核心的多元化的市场体系。中国现有的水资源管理体系是以政府为中心的后计划经济管理体系，水用户被动接受且权限小，这并不符合自由市场经济理论。例如美国科罗拉多州的水银行管理框架由理事会、技术人员、内部规章与制度、情报所、外部技术人员、挖渠公司和教育公司等组成。这种完善的组织体系促进了水银行交易的安全性和可操作性。理事会的成员都是水用户的代表，因此，这种以水用户为基础的管理框架体制，大大地增加了水金融的透明度和可信度。

2. 控制第三方影响，加强水金融的风险管理

水资源具有使用效益、生态效益、社会效益等多方面的效益，因此水资源的转让很有可能会带来外部性影响，造成第三方影响，例如由于农用水转让引起的农业生产力退化、生态环境影响等问题，甚至引起社会问题。因此在进行水金融交易前，监管部门有必要进行环境评估、水土检测等检查，并对长期的金融产品进行跟踪检测，禁止有严重第三方影响的交易，将社会效益的损失降到最低限度。

除了对第三方的影响外，水资源金融产品的风险也是需要重视的。美国目前的信贷危机给予大家的教训，其中一个是管理金融风险的重要性。理论上讲，人们创造金融产品是为了规避资本市场上的投资风险。但是金融产品只能转移风险、分散风险，不能消灭风险。同时，由于其自身的交易特点和操作方式，还能够创造出新的更大的风险，对资本市场产生更大的冲击。

水资源既然可以作为一种金融产品，其必定会有风险。金融风险监

管搞不好，可能是抑制水金融发展的因素。政府监管部门应帮助和鼓励开发水资源金融产品的金融机构提高自身管理风险、控制风险、抗拒风险的能力，建立完善、垂直的风险控制机构体系，保持风险控制的独立性，建立相应的风险控制指标体系和各项规章制度，严格控制各种风险的发生。

3. 鼓励私营企业和个人参与水资源金融活动

水资源产业是一种有良好发展前景的绿色资源产业，水金融战略是一个重大的商机。虽然对于中国的私营企业和个人来讲，难以进入门槛高的水资源产业。但是，私人可以通过投资金融市场的股票、期权、基金等产品，参与水行业的投资，获得投资收益，也可以通过水银行等机构，实现水资源的余缺调剂。私营企业或个人参与水金融等活动的好处是：

（1）聚集社会闲散资金和水资源，缓减政府部门的财政压力。

（2）私人的愿望能通过掌握金融化的主动方式得到反映，增大了积极性，水资源问题有了更高的社会关注和监督。

（3）通过买卖金融产品，分散水资源时空不平衡所带来的系统性风险。

（4）更多的有意愿的买家和卖家上的存在，能扩大市场规模，实现多元化的市场主体和完全的市场竞争。

4. 鼓励水资源类金融产品的创新和开发

境外的研究经验表明，到了金融化后期阶段，制度变迁和投资者的兴趣要靠不断的金融产品创新才能继续进行。水资源作为一种资产，其流动性、风险性和收益性上和其他资产相比有一定的特点，因此，应该利用水资源的特点，并根据中国资本市场的特点开发出适应市场客户需要的金融产品。目前中国只有水资源类股票，而基金、期权、期货甚至是在境外已经发展较成熟的水银行等都还未出现。中国可以结合自身实际，先在甘肃等部分干旱地区试行水银行等金融产品，然后考虑是否在更大范围内推行。

参考文献

[1] Michelsen, A. and Young, R.,"Optioning Agricultural Water Rights for Urban Water Supplies During Drought", *American Journal of Agricultural Economics*, 1975 (11).

[2] Villinski, M. T., "A Framework for Pricing Multiple-exercise Option Contracts for Water", Doctor Thesis of University of Minnesota, 2003.

[3] Rice, T. A. and MacDonell, L. J.,"Agricultural to Urban Water Transfers in Colorado: An Assessment of the Issues and Options", *Natural Resources Law Center Research Report Series*, University of Colorado School of Law, 1993.

[4] Heaney, A., Beare, S. and Hafi, A.,"Trading with the Environment: Using Water Options to Meet Environmental Demands", *Australian Commodities*, 2004, 11 (4).

[5] Hafi, A., Beare, S., Heaney, A. and Page, S.,"Water Options for Environmental Flow", ABARE Report, http://d35867.crdc43.webworx.net.au/wp-content/uploads/RandDELibrary/doc-environment/Water_Options_for_Environmental_Flows.pdf.

[6] Cui, J. and Schreider, S.,"Modelling of Pricing and Market Impacts for Water Options", *Journal of Hydrology*, 2009, 371 (1-4).

[7] Clifford, P., Landry, C. and Larsen-Hayden, A.,"Analysis of Water Banks in the Western States", Washington Department of Ecology & West Water Research, 2004, https://fortress.wa.gov/ecy/publications/publications/0411011.pdf.

[8] McCrea, M. E. and Niemi, E.,"Technical Report on Market-Based Reallocation of Water Resources Alternative, A Component of the Yakima River Basin Storage Feasibility Study", Washington State Department of Ecology Working Paper Series, 2007, http://www.usbr.gov/pn/programs/storage_study/reports/07-11-044/Market_Based_Reallocation.pdf.

[9] 靳雪:《水权银行的建设与管理研究》,山东农业大学硕士学位论文,

2011年。

[10] 魏加华、张远东、黄跃飞:《加利福尼亚州水银行及水权转让》,《南水北调与水利科技》2006年第6期。

[11] Jercich, S. A.,"California's 1995 Water Bank Program: Purchasing Water Supply Options", *Journal of Water Resources Planning and Management*, 1997, 123(1).

[12] Meillier, L. M., Clark, J. F. and Loaiciga, H.,"Hydrogeological study and modeling of the Kern Water Bank (Technical Completion Reports)", University of California Water Resources Center, 2001.

[13] O'Donnell, M. and Dr. Colby, B.,"Water Banks: A Tool for Enhancing Water Supply Reliability, 2010", http://ag.arizona.edu/arec/pubs/facultypubs/ewsr-Banks-final-5-12-10.pdf.

[14] 黄金平、邓禾:《澳、美水权制度对构建我国水权制度的启示》,《西南政法大学学报》2006年第6期。

[15] 李雪松:《中国水资源制度研究》,武汉大学出版社2006年版。

[16] 张平:《国外水权制度对我国水资源优化配置的启示》,《人民长江》2005年第8期。

[17] 史璇、赵志轩、李立新、耿思敏、王青:《澳大利亚墨累—达令河流域水管理体制对我国的启示》,《干旱区研究》2012年第3期。

[18] 王克强、刘红梅、黄智俊:《美国水银行的实践及对中国水银行建立的启示》,《生态经济》2006年第9期。

[19] 钱焕欢:《水资源金融化研究》,2008年。

作者简介

张杰平,男,1971年生,陕西洛川人,武汉大学经济与管理学院经济学博士。

李牧恬,女,1991年生,中国人民大学农业与农村发展学院硕士研究生。

朱乾宇,女,1975年6月生,湖北武汉人,经济学博士,应用经济学博士后,中国人民大学农业与农村发展学院副教授。

新木点评

境外水金融给中国什么启示?这个报告告诉我们,金融化了的产品是不多的,贵金属黄金、白银是金融化了的。在一些发达国家为什么水资源需要金融化呢?这是由水资源的特征特点决定了的。水资源的需求(工、农业生产的需求,城市、乡村生活的需求,生态的需求)是刚性的,水资源的需求是不可替代的,水资源尤其是清洁水的有效供给是日益稀缺的。这些国家为什么能够实施水金融化以达到全社会支持水产业,全社会关注水安全,全社会节水护水爱水的目的呢?它们首先是通过实现水资源的资产化、水资源的市场化。水资源金融化是水资源的资产化、市场化的高级形态。我们要借鉴,要首先实施资源的市场化改革,要有最基础性的制度安排。

金融创新是制度创新、科技创新、人才创新、产业创新的重要支撑,美国近几十年成为超强大国的关键是成功地实施了金融创新,当然也累积了巨大风险。中国水安全建设也需要一系列的金融创新来支撑。

在我们国家,可以倡行金融机构关注涉水资产,告诉它们,涉水安全的产业是安全产业,涉水安全的资产是安全资产,涉水安全的经济活动是安全经济活动。

只有全社会、全体民众都来关注水安全,才会真正有永续的持久的全社会的水安全。

新加坡的节水护水经验及启示

朱乾宇　罗　兴　张杰平

新加坡是东南亚的一个岛国,也是一个城市国家,国土面积710平方公里,人口508万。该国年平均降雨量2400毫米,高于世界平均水平1050毫米,但由于缺少大型纵深河流,降雨资源仅能满足用水需求的20%左右[1]。

由于新加坡水资源十分有限,新加坡一直将水资源视为国家的战略资源。高效经济地开发、利用、保护和管理水资源是新加坡水务工作的必然选择。在"开源节流"的总体方针下,新加坡从供水和需水两个方面进行管理,一方面扩大供水来源、保证供水安全,另一方面进行需水管理、节约用水,从而使水资源得到高效利用。

一　水资源基本情况

(一)天然淡水资源

新加坡位于热带雨林气候区,年降雨量达到2400毫米,天然淡水资源具有如下特征:新加坡每年有两个不同的季风季节,降水在年内、年际间分布不均。从12月到翌年3月吹东北季风,相当潮湿;6月到9月则吹西南季风,比较干燥;季风交替月,地面风弱多变,天气酷热。当东北季风吹起时,高强度的降水不但难以存蓄利用,而且当排水不畅时容易引起暂时性水患[2]。

新加坡境内的最高峰为163米的武吉知马山，也有少量高度在30米以内的浅丘、岗地，但大多数地方海拔不超过15米，地势平坦，无良好含水层；尽管有包括新加坡河、加冷河、实里达河以及众多人工渠道及蓄水池在内的地表水网，但由于国土面积太小，又是岛国，河流短促，蓄水能力较差。所以新加坡是个降雨量丰富但天然淡水资源极其不足的国家。

（二）水资源需求

雨水充足的新加坡之所以水资源短缺，根本原因还在于水需求超出当地水资源承载能力，而且需求还在不断增长。作为一个发达国家，新加坡的服务业占其GDP的比重高达四分之三，其次是工业，只有少量的农业。自20世纪90年代开始，新加坡年用水量突破4亿立方米。1996年，新加坡的用水结构为，居民家庭用水46.7%，工商业34%（新加坡只有极少量的农业，农田面积100公顷，用水量计入工商业中），政府和其他部门18.7%，船只用水0.6%[5]。2000年，新加坡政府开始采取婴儿补贴的政策，从财政上鼓励新加坡人繁衍后代，向着其理想目标650万人口迈进[2]。同期，工商业迅速发展，国家需水总量不断增加。2010年，年用水量约为6亿立方米，其中居民用水占45%，非居民用水占55%。预计2060年总需水量将增加1倍，达到12亿立方米，其中居民用水将降低到30%，非居民用水将提高到70%[3]。

二 水资源管理

在这种水资源需求大于供给的情况下，为了管理水资源，新加坡制定了完善的法律法规，设立了统一的水资源管理机构，通过行政手段和市场手段来管理水资源。

（一）法律法规

新加坡是一个现代化的法治国家，具有完备的法律体系，严密的法网覆盖了社会经济生活的各个方面。为保护和利用好有限的水资源、确保供水安全，新加坡特别注重加强水资源管理立法，相关法律法规有：

(1)《公共设施法（2002）》。该法规定了公共事业局的职责。

(2)《公共设施（供水）条例》。该条例要求在新加坡强制使用水表和节水器具。规定"除非得到供水委员会的同意，不使用水表不得供水"。

(3)《公共设施（中心集水区和集水区公园）条例》。该条例规定，对于"从任何水库和河流取水"必须获得事先批准。

(4)《公共事业供水管理条例》。

(5)《新加坡国家标准》。

(6)《水源污染管理及排水法令》。

(7)《制造业排放污水条例》。

(8)《环境污染控制法（2002）》。该法针对排放到废水处理设施和水道的液体物质，建立了污染物限值，具体指标包括温度、BOD、COD、总悬浮固体、总溶解固体、pH值和28种不同化学品。

(9)《环境公共健康（有毒工业废物）条例》。该条例列出了一些有毒工业废物，这些废物受到特别的法律控制。

(10)《废水和排水系统法（2001）》。该法指定事业局负责与排水系统有关的事务。

(11)《畜牧法令》。

(12)《毒药法令》。

(13)《公共环境卫生法令》。

在完善的法律法规保障下，新加坡建立了一套严格的执法机制和执法程序，以硬性的执法主体、政府律师队伍和多样化执法手段构成的有效监管体系，从根本上杜绝了水资源浪费和水污染事件的发生。

(二) 管理机构

新加坡公用事业局（PUB）为国家水务管理机构，是具有一定政府职能的国有企业。新加坡的水务管理体系经历了如下的发展历程：在2001年以前，新加坡涉及水务管理的最主要的机构分别有贸易与工业部(MTI)下的公用事业局(PUB)和环境部(MTE)。早期的公用事业局负责该国的饮用水、电和煤气的管理；环境部负责整体的环境管理，涉及污水排放及处理、水资源收集等与水环境相关的事务。水务管理的权力分属两个部门。面对水资源短缺的进一步凸显，水务管理一体化越来越得到各国的重视。2001年，新加坡通过对《公用事业法(PUBLIC UTILITIES ACT)》的修改，使公用事业局整合了原环境部的涉水事务，成为综合、全面的水务管理机关。而于2001年7月，在环境部下新成立的另一法定机构——国家环境局(NEA)则继承了环境管理的职能，把重点放在执行环境政策上。2004年9月1日，创建于1972年的环境部正式更名为环境与水资源部(MEWR)，公用事业局是其一部分。这体现了新加坡对水资源的重视，将水资源管理作为国家战略，与环境问题一同看待。总的来说，公用事业局是负责与水有关事务的最主要法定机构。其负责全国的节水教育、水政策、水规划、水生产、水供给和用水管理，主要任务是以最经济的手段为全国提供有效而可靠的供水。

(三)价格机制

加强用水需求管理，减少水的消费，可以通过行政手段，也可以通过价格手段。新加坡采用梯级水费制度(见表1)，家庭用水量越大，水费越高。为强化水的保护，政府还征收水保护税和排污费。卫生设施费用于支付一部分废水处理成本以及维持和改善公共污水处理系统。为鼓励水的重复利用，水保护税不与工业用水挂钩，其水费也优惠。

表1 新加坡水价制度

水费分类	费用（新元/立方）	水保护税（占水费比例，不包括商品及服务税）	排污费（新元/立方，包括商品及服务税）	卫生设施费（新元/立方）
家庭用水	<40立方/月，1.17	30	0.3	每个月每个设施3新元
	>40立方/月，1.40	45	0.3	

续表

水费分类	费用（新元/立方）	水保护税（占水费比例，不包括商品及服务税）	排污费（新元/立方，包括商品及服务税）	卫生设施费（新元/立方）
非家庭用水	1.17	30	0.6	—
船务用水	1.92	30	—	—
工业用水	0.52	—	—	—

数据来源：卜庆伟：《新加坡城市水管理经验及启示》，《山东水利》2012年第4期。

由于水资源问题不仅极大地限制了新加坡国家的发展，同时也威胁着国家安全。为此，新加坡政府制定了符合长远需求的全面的水资源可持续发展战略。主要通过水资源开发、保护，节约用水以及全民共享水源计划等来实现。

三　水资源开发

为维护水资源安全，首先需要做的就是开拓水源。新加坡把水资源比作"咽喉"，提出了国家"四大水喉"的概念——雨水收集、向马来西亚购水、新生水和海水淡化。为了防止地面沉降，新加坡严禁开采地下水。

（一）雨水收集

新加坡国内水资源开发主要途径是采集雨水。新加坡是一个赤道型气候的国家，降雨量大约为2400毫米/年。降雨的特征为密度高、持续时间短、分布面积小，这就造成了短时间、小区域内大流量水流的形成。因此，在城市发展规划设计中配套设计了一套现代化、高标准的完备的城市骤雨收集系统来收集这些雨水。这个系统包括一个综合的水库系统及一个广泛的以将雨水引入水库的排水系统。

新加坡的国内水源通过集水区收集流入水库，输送到水厂进行处理后进入供水管网系统。中央集水区为受保护的集水区，同时也是自然保护区，其土地专门用来收集雨水，此处原水的水质非常优良。随着需水量的逐步增加，中央集水区被完全开发后，新加坡又利用河流建造水库。在这些非保护集水区中收集到的原水，水质远不如中央集水区。

资料显示，当地集水区供水占2010年总供水量的20%左右。2011年7月，随着榜鹅水库和实龙岗水库的建成，新加坡水库达到17座，集水区面积占国土面积的2/3[2]。

（二）马来西亚购水

当新加坡还属于英国殖民地时，曾于1961年和1962年与马来西亚签署了两份分别为50年和100年的长期供水协议。协议规定：2011年前，新加坡每天从马来西亚南部的柔佛州进口3.25亿升淡水；2011年至2061年增加到9.46亿升；2061年后，双方将根据新加坡的实际用水量另行商谈具体的供水量。在这两份供水协定下，原水输入价格为1000加仑不足美币1分[6]。此协议还规定，协议执行25年后双方重新审议水价。因此从20世纪80年代中期以来，新马双方就续签供水协议进行了多年的拉锯式谈判，双方在价格问题上一直僵持不下。长期以来，供水问题一直困扰着两国关系，成为影响两国关系的一个重要问题。由于随时都有被切断水源的危险，新加坡在此问题上承受着巨大的压力。为此，新加坡决定采取积极行动来减少对马来西亚的供水依赖，于是诞生了多种用水方式，如建雨水蓄集系统、生产新生水和进行海水淡化等。

（三）新生水

新生水是一种高质量的再生水，主要采用膜技术处理，工艺主要包括微滤、反渗透、紫外消毒等循环用水技术。这种"新生水"技术主要回收生活废水加以循环利用。2010年，该国最大的新生水厂——樟宜新生水厂建成投产，处理能力22.7万立方/天[1]。目前100%的用户废水都排入废水管网，然后输送到供水回收厂处理，新生水能满足30%的用水需求[6]。

新生水在质量方面虽然可以保证安全饮用，但主要还是作为工商用途。其纯净度比自来水高,是某些制造业生产过程的理想用水,例如需要超纯净水的半导体制造业。有少部分的新生水掺入蓄水池中的原水,然后经过处理作为家庭用途[6]。根据相关规划,2020年,新生水将满足40%的需求,至2060年,新生水占比将达到50%[1]。

（四）海水淡化

2005年9月,新加坡第1座国家级海水淡化厂——大士新泉海水淡化厂建成。该海水淡化厂总投资为2亿新元（约合1.2亿美元）,采用反渗透处理工艺,处理能力为13.6万立方/天,能够满足新加坡10%的用水需求,是全世界规模最大的膜法海水淡化厂之一。该厂在建设和运营中十分注意成本控制,在第一年的运作中,淡化海水的成本是

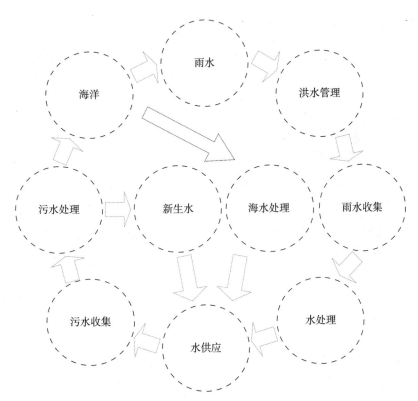

资料来源：新加坡公用事业局网站http://www.pub.gov.sg/Pages/default.aspx。

图1　新加坡国内水循环图

0.78新元/立方。2010年6月,新加坡开始建设第二座海水淡化厂,设计处理能力31.85万立方/天。根据规划,新加坡将在5个沿海地区建设海水淡化厂,海水淡化规模在2060年将达到100万立方/天,占到总供水能力的30%[1]。图1很好地说明了新加坡国内水资源循环的情况。

四 水资源保护

新加坡对水资源的保护主要体现在对集水区的保护,反对水污染。措施包括水质监测、土地规划、立法、反污染、河道保护等。

(一)水质监测

环境部与公用事业局联合使用一套抽取水样本的完整网络系统来监测地面流水及蓄水池的水质。在1971年,进行第一个运用非保护集水区的供水计划时,新加坡公用事业局就成立了一个污染监视小组。这个小组通过野外勘测来监视及阻止在集水区倾倒废物等污染活动。另外,每日由公用事业局中央供水检验室检验从原水的水源、净水厂、净水库、配水网络及客户处抽取的样本。通过这些日常的监测,确保了供水符合世界卫生组织所发布的规范。

(二)土地规划

新加坡为加强水资源保护,确保水源水质安全,制定了严格的土地规划[8]。土地管理机构法提供了协调水资源管理与土地规划的法律基础。城市再发展管理局在国家计划和工业开发中扮演着一个重要角色。其他有关的政府机构也积极参与水资源管理。比如,新加坡实施的集水区规划和管理,就是通过与其他政府机构,例如住房和发展署、国家环保局、土地运输管理机构等一起实施的,其中城市公用设施管理局起着主要作用。土地规划主要包含:

(1)不能在集水区建设有污染的项目。

(2)重新设计住房和发展署的垃圾收集中心,减少垃圾的污染。

(3) 严格执行污染控制法规，加强污染物控制。

(4) 将分散的雨水收集系统和池塘等连接成一个网络体系。

从土地利用的角度看，新加坡从计划工业地点开始，就以确保发展不致对环境造成不良影响。比如，住宅区附近只准设立轻工业（如纺织业、电子业等），而重工业必须在离开住宅区有一定距离的指定工业区设立。此外，有毒化学药品的工业不准设在集水区范围以内。

（三）立法

新加坡通过严格立法来控制对水源的污染，主要的法令及条例如下：水源污化管理及排水法令；制造业排放污水条例；畜牧法令；毒药法令；公共环境卫生法令；国家公园法令与条例；公用事业（供水）条例；公用事业（中央集水区与集水区公园）条例。

（四）集水区反污染

在集水区实行严格的反污染措施，有效地控制及减少了蓄水池的污染。主要策略如下：在蓄水池的周围建立绿化带；禁止在集水区内设立养猪场及饲养有蹄动物；在新加坡所有的建筑物装置现代化的卫生设备；如果工厂排出的污水不符合所规定的标准，其必须建立自己的污水处理厂；当发展新镇公共组屋时，建筑物的密度必须受到限制；将有污染工业安置在非集水区内合适的地方[7]。

（五）河道保护

新加坡十分重视河道的保护和管理。首先严格控制所有入河污染源，要求工业、生活污水100%完全达标处理，否则会遭到十分严厉罚款；其次，迁移沿河所有的有污染的小摊贩，集中区域布置小摊贩，并对这些区域配套相应的环保设施，污水进行集中治理；再次，彻底清理河道淤积土方和河岸防护绿化，常年保持河道清洁河水清澈。对两侧河岸在常水位以下部分都进行了防护护砌，防止水土流失，对常水位以上坡面上都进行大规模沿河生态绿化，河面长期进行保洁管理；还有就是沿河进行大规模生态景观绿化，还在不同地段开发成片的连续不断的环境十分优美的开放式滨河休闲公园和滨河居住区。

五 节约用水

由于新加坡水资源十分有限,在开源的同时,还必须节约用水。公用事业局的节水策略是基于3P关系[4](市民People、公共机构Public与私人企业Private),通过水价、强制节水、节水奖励等制度设计以及提高节水道德的主动节水等方面来遏制用水需求增长。同时还加强供水管网的管理,减少传输中的水资源损失。

(一) 节水制度

1. 节水机构

(1) 节水监查办公室。设立于1979年,主要行使以下职权:制定节水计划;检查高层建筑物的水箱,确保这些水箱被很好地保养;调查节水方面的违法活动,采取法律手段打击违法者;批准在新加坡的销售和使用的管件及供水设备;进行漏水侦查工作。

(2) 节水办公室。设立于1981年,其目标是鼓励节约用水,防止浪费。具有以下职能:对用水大户进行节水措施建议及省水建议,进行用水审查;审查新的或附加的用水申请;约束集约化用水工业的设立;对公众进行节水宣传和教育;检查非家庭用水户的地基以确认安装在其中的节水设施受到很好的保养。

2. 供水申请许可制度

对于家庭和非家庭房屋的用水,必须向公用事业局提出申请并经允许后方能获得。在评估用水需求时,申请者都应采取节水措施,包括循环利用生产用水,非饮用水在可行时应使用新生水和海水替换天然水[4]。

3. 水费的调整

水价是一项鼓励用水户节约用水的重要而有效的途径。水应当被视为商品,水的收费不但要包含其生产和供给的全部成本,而且要反映它作为珍贵资源的稀缺性。

4. 强制性节水

除用水价调节外也需要必要的法律法规来遏制水的浪费。对不服从管理的惩罚性措施包括罚金和法律起诉。另外，还要经常复核这些立法措施，以适应节水领域的最新发展。1983年以来，在所有公共建筑、所有私人高层住宅公寓与公寓区的公共设施区域开始强制安装恒流调节器和延时自闭式水龙头等节水器具。自从1992年，所有新建的公共房屋开始安装低水量冲厕水箱，每次冲水不超过4.5升。1997年国家开始强制在所有新建和在建建设项目，包括所有的住宅楼宇、酒店、商业建筑物和工业企业，安装低水量冲厕水箱以取代传统的9升水箱。为防止供水装置中过大的流量，公用事业局限制了装置中的最大允许流量。2003年实施了审查，最大允许流量已经减少了25%—33%。还进一步要求所有住宅楼宇的水装置中限制最大允许流量。同时，对已完成的住宅项目进行现场检查，以确保强制性要求的坚决执行。

5. 节水补助

（1）节水项目投资补贴计划（IAS）。这个计划即是指对节水项目进行投资的公司给予补贴，对于节水量大于50%的项目，政府将提供给高达仪器设备总投资额的50%的补贴。

（2）单位资源生产率计划（RPS）。这个计划为企业提供出租，分期付款或抵押贷款来购置节水设备，如该项目能够将节水量提高50%而且能够按月偿还的话，可以以6.5%的低息得到最多一千万新元的贷款。

（3）单位资源生产率研究计划（RPFS）。在这个计划中，如果使用顾问来研究用水自动控制，就有可能得到50%，最高可达十万新元的奖金。

（4）节水基金（Water Efficiency Fund）。为了鼓励制造业提高水的回收利用率，PUB于2007年成立了节水基金。

6. 用水审查

公用事业局每年对用水户进行用水审查并提供节水建议。公用事业局通过走访用户，包括工业用户、商业用户、酒店、共管式公寓、建筑点及公共场所等，向他们强调节水问题。公用事业局还鼓励耗水量高的用户委任用水控制员定期监控其节水以确保水的有效利用。公用事业局对大型的用水户（用水量超过 5000 立方/月）实施了定期的用水审计[4]。这些工作是以市场为导向计划的一部分，以获取各行业对供水的反馈意见，并与用户一起落实节水措施。

（二）节水道德教育

1. 宣传教育

公用事业局通过持续的有关水资源管理方面的公众教育及宣传活动，促使人们改变用水方式，使节水成为一种生活方式、生活习惯。

公用事业局通过节约用水运动、限制用水训练、散发节水传单、播放节水广告及节水卡通片、举办节水展览及制作节水内容的互联网网页等方法来向公众宣传节约用水。他们还通过教育系统传播节水信息，即通过学校对学生进行教育，在课本中及教师的讲座中加入供水及节水方面的内容，带领学生参观水厂和节水中心，举办节水知识演讲等。此外，公用事业局还帮助诸如工业协会和宾馆联合会等机构组织会议和展览，公开其节水做法和经验。出版社也不时地出版一些消费者的文章来向公众公布他们的节水措施[1]。

2. 3P 合作伙伴参与

社区参与节水也是政府宣传和教育活动的一部分。通过吸纳机关、大型用水户和基层组织，使其参与或组织各类节水活动（分发节水宣传单、签署节水承诺、组织征文比赛与技术竞争以及节水展览等活动）。公用事业局也同政府机构和各个行业协会保持密切联系，以促使各成员通过展览、会议等形式分享节水成果[4]。

3. 节水之家活动

节水之家活动是公用事业局 2003 年开展的一项节水活动，目的在于帮助居民节约用水、节省水费。在3P伙伴关系方针指导下，与居民、基层领导和志愿者一起，通过安装节水装置和推广良好的节水习惯，鼓励居民建设节水之家。在这个推广活动中，居民自行安装免费发放的DIY节水装置。同时还设立了移动的展览栏向居民介绍和演示节水器具的效能与安装程序[4]。

4. 针对家庭的"10L水挑战"

为了鼓励公众积极参与家庭节水，公用事业局于2006年开展了一项名为"10L水挑战"的活动，鼓励每一个新加坡人挑战每天节省10升水。公用事业局还和新加坡环境理事会一起建立了专门的"10L水挑战"网站来主办这项活动，以分享有用的节水信息。"10L水挑战"网站是所有有关节水事项的一站式门户网站，展示着全部的节水信息。登陆网站的用户将被要求评估其个人的用水习惯和节水器具的使用程度，并与平均水平进行对比。同时他们也面临着挑战，即在4项主要行为（洗澡、冲厕、洗衣和水箱/水池水龙头）中采用不同的节水措施和器具以达到每人每天节水10升的目标。公用事业局也与志愿性的福利团体和学校一起成立了"水志愿者组织"。"水志愿者组织"活动是"10L水挑战"活动的子活动。组织中的成员在公用事业局工作人员的支持下进行逐家地探访，教育居民节约用水，并协助他们安装节水器具。这些成员也将探访低收入和贫困家庭以帮助他们节省水费。"10L水挑战"下的另一个子活动是自愿性的用水效益标签计划。这一计划是公用事业局和新加坡环境理事会联合开展的，其目的是给水配件和产品贴上用水效益标签，以使消费者在知情的情况下选择购买。水配件和产品包括水龙头、淋浴喷头、双冲水低容量冲厕水箱、便器和洗衣机。这一自愿性的用水效益标签计划将帮助提升公众节水意识，鼓励更多的节水产品进入市场。该计划的目标是：方便消费者购买产品时做出明智的选择；加大节水的公众意识；鼓励制造商/进口商带来更多的节水产品；促进节水建筑物的设计；鼓励创新和研发[4]。

5. 新生水教育基地

新加坡把新生水厂建成了全国的教育基地，自 2003 年新生水展览馆开放以来，其已经成为新加坡公用事业局向国民宣传节水意识的主要渠道。该馆向访客重点解说水资源的重要性，以及新加坡如何利用先进的科技回收利用污水，访客可以目睹生产新生水的先进膜技术和紫外线技术的运作过程。同时辅以电脑特效、动画等形式展示的水知识展厅，生动形象地向访客传达了节水工作的重要性[1]。

6. 建筑节水

新加坡是一个高度城市化的国家，建筑节水的潜力巨大。在建筑节水方面，引入了 3Rs 的节水策略，即减少（Reduce）、替代（Replace）和再利用（Reuse）。"减少"意为减少水的消耗量，楼宇管理者应该建立用水监控系统和低压供水系统，使用节水的冷却及浇灌设备、选择高效节水标签产品。除了减少水的使用，楼宇管理者在设计建筑时应考虑在浇灌、冲洗和冷却用水方面积极使用新生水、海水和雨水来代替自来水。此外，应积极回收洗衣和制造过程中使用的水，随着节水技术的发展，越来越多的行业实现了使用回收水。目前已有些单位的用水回收率能够达到 75%。

7. 非家庭用户节水"10% 的挑战"

2008 年，公用事业局在非家庭用水户间开展了节水 10% 的挑战活动。未来的 3—5 年里，公用事业局将确认各用水户可以减少的用水量。"10% 挑战活动"的具体举措包括 10% 挑战、10% 挑战网站、水效率管理者课程及节水建筑物设计指南等[4]。

（三）节水技术

任何法规、标准、制度的实施，必须有相关的技术做支撑，在新加坡，节水技术的开发和应用是相当成熟的。节水技术主要反映在两个方面：一是节水设施及配件的设计；二是水循环利用技术以及再生水的生产技术。

无论是卫生间的水龙头和冲便器，还是家用的洗衣机，只要是常用的用水设备，都有相关配套节水设施。

新加坡鼓励工业特别是电子和电镀行业重复利用水源。如晶片加工厂的工艺过程中需要大量的水，在 PUB 协助下，开发了内部水循环系统，该系统可重复利用 50% 的水，通过进一步技术升级，重复利用率可达 70%。同时，新加坡鼓励工业在制冷、冲洗用水过程中使用处理过的工业废水。新生水也开始在部分芯片制造商和商业大厦推广使用[1]。

通过上述措施，使居民生活用水从 1994 年的 176 升/人天降低到 2003 年的 165 升/人天和 2009 年的 156 升/人天，并将最终实现 2030 年降低到 140 升/人天的目标[2]。

（四）供水管网管理

新加坡通过对水源和用户之间的输水和配水系统进行高效管理以减少水损失。公用事业局致力于在用户可承担的成本下提供可靠的供水服务，这使其必须关注供水管网的管理。20 世纪 80 年代初，公用事业局已经意识到需要对供水管网进行管理，同时需要弄清经过管网分配的水量。现有管网的漏损已经通过管网管理和漏水控制得到减少，同时通过全面而准确的计量弄清了配水量。这些努力使新加坡成为世界上漏水率最低的城市之一——低于 5%。公用事业局采用了整体分析法来管理供水管网，关键的组成部分大致分为以下几类：优质管网（新建管网——质量更好的管道和配件，现有管网——干线管网更换计划）；积极的漏水控制（动态渗漏检测方案，对渗漏报告的快速反应和故障更正）；全面与准确的计量；对非法排水制定严格的法规[4]。

六 "ABC Waters" 全民共享水源计划

为建设可持续发展城市，2006 年新加坡公用事业局推出了一项 "ABC" 全民共享水源计划，以营造"活跃(Active)、优美(Beautiful)、清洁（Clean）"的水环境为目标。计划包括未来10—15年的100多项改造项目，其中2012年以前将实现20项。全民共享水源计划的第一层次是公用事业局全面开发新加坡17座蓄水池（其中2座待建）、32条主要河道、7000公里排水渠道的水娱乐功能，通过清淤疏浚、建设湿地、美化河道两岸环境、配套建立休闲娱乐设施，使这些水利工程不但能够防洪、收集雨水，而且也为居民提供一个亲水乐园，变成居民旅游休闲的好去处。全民共享水源计划的第二层次是全民共享水源设计。在不增加太多投入条件下，使净化雨水的元素融入建筑设计中，通过雨水花园、生态水源净化系统、生态净化槽、人工湿地等建设，在为社会提供活动场所的同时，也达到减缓雨水流速，加强生态多样化的目的，使流入沟渠、蓄水池的水更清洁。配合该项行动，政府部门实施联动，公用事业局推出了"ABC Waters"设计指南，以指导公共和私人建筑项目的环境设计；新加坡建设局每月都为绿色建筑的经理举办课程，包括了"活跃、优美、清洁"水源计划设计指导原则内容，以提高开发商建造全民共享水源设计的能力[3]。

七　新加坡经验对中国的启示

新加坡的节水护水经验对我国的水资源管理有良好的借鉴作用。突出表现在水资源保护立法执法、水资源统一管理、水资源长远规划、价格调节机制、科技节水以及广泛的宣传教育等方面。

（一）开源节流的总体方针

新加坡通过开发新生水及海水淡化来增加水资源供给，同时通过各种手段强制和鼓励企业及家庭节约用水。这是水资源开发利用的总体方针。也应该成为我国保障水资源安全的重要方针。

（二）加强城市水管理立法与执法工作

新加坡能够合理开发利用水资源，广泛采用先进的节水技术与新加坡完善的法律制度是分不开的。这不仅体现在完善的立法上，还表现在严格的法律执行上。为了提高我国的水管理水平，加强节水，今后应加强水管理方面的法律法规建设。一是要完善立法，二是要建立一支执法队伍，做到有法可依，有法必依。

（三）实行对水资源的统一管理

职责明确、一体化的水管理体制是新加坡水管理的一大特色。新加坡的水管理单位只有一个，就是新加坡公用事业局。从水资源的管理，到水的净化处理，再到输配水管网、管道检查维修以及废、污水处理均由公用事业局负责。这有助于对水资源的统一调度及管理。而我国涉及水资源管理的机构众多，包括水利部、农业部、环保部以及国土资源部，不利于水资源的统一管理。我国可以对水管理部门进行调整，设立统一的水资源管理部门。

（四）建立科学而有权威的发展规划，并严格执行

新加坡的长期供水计划已经做到2060年，而且公用事业局每年都会发起各样的涉水计划。我国对水资源也应建立相关的发展计划，包括长期的水安全计划，以及短期的水保护计划等。

（五）合理利用价格机制

合理的水价是支持新加坡水务工作健康发展的基础。水作为一种资源，其合理配置离不开价格机制的调节作用。在水资源紧缺的地区，尤其不能把水作为福利无偿地提供。我国城市应通过逐步改革和完善水的收费机制，鼓励节约用水，特别是鼓励耗水工业采取节水措施，减少水资源的浪费。

（六）发展科技，以先进科技应对水资源问题

新加坡政府高瞻远瞩，创造了得天独厚的教育和科研优势，营造了良好的投资环境，不断吸引全世界的人才和资源。新生水技术、海水淡化技术以及各种节水设备的设计等是新加坡解决水资源短缺的重要保障。这些新技术的开发和设计离不开国家的大力投资。我国也应加大对水资源保护的各种设备的投资，一是国家要加大投入，二是要鼓励企业

加强涉水技术的开发。

（七）采取多种形式的节水宣传活动，增强市民的节水意识

我国许多城市水资源短缺，供水紧张。为满足工农业发展及居民生活用水的需要，常常大量超采地下水。但是，由于宣传力度不够，人们对严峻的缺水现状缺乏了解，大量用水被浪费。因此，应借鉴新加坡的节水宣传经验，加大节水宣传力度，使节约用水蔚然成风。

参考文献

[1] 卜庆伟：《新加坡城市水管理经验及启示》，《山东水利》2012 年第 4 期。

[2] 戴长雷：《新加坡水资源承载力分析及可持续发展战略探讨》，《东北水利水电》2005 年第 4 期。

[3] 廖日红、陈铁、张彤：《新加坡水资源可持续开发利用对策分析与思考》，《水利发展研究》2011 年第 2 期。

[4] 张彤、朱启林、任大朋：《新加坡在需水管理方面的经验》，《北京水利》2010 年第 5 期。

[5] 冉连起、刘京生：《高效运行的新加坡水务工作》，《北京水利》1998 年第 6 期。

[6] 屈强、张雨山、王静、赵楠：《新加坡水资源开发与海水利用技术》，《海洋开发与管理》2008 年第 8 期。

[7] 朱晏秋、蒋元力：《对新加坡水务工作的考察与思考》，《浙江水利科技》2004 年第 1 期。

[8] 张所续、石香江：《浅谈新加坡水资源管理》，《西部资源》2007 年第 5 期。

[9] 新加坡公用事业局网站，http://www.pub.gov.sg/Pages/default.aspx。

作者简介

朱乾宇，女，1975 年 6 月生，湖北武汉人，经济学博士，应用经济学博

士后,中国人民大学农业与农村发展学院副教授。

罗　兴,男,1990年生,中国人民大学农业与农村发展学院硕士研究生。

张杰平,男,1971年生,陕西洛川人,武汉大学经济与管理学院经济学博士。

以色列节水护水经验及其对中国的启示

朱乾宇　李牧恬　张杰平

以色列是个半干旱国家，人口的快速增加和经济的持续增长对这个国家本来就稀缺的水资源构成了巨大压力。但是以色列政府以其令世界瞩目的水资源管理与利用方式，解决了这一难题。自1948年建国，以色列就开始进行大规模水利建设，使用喷灌、滴灌和科学的灌溉管理系统，改良盐碱地[1]。经过半个多世纪的努力，以色列人在干旱缺水的荒漠上创造出了现代节水农业的奇迹，不仅为本国人民提供了足够的粮食，而且农产品出口在2009年超过21亿美元，实现了以色列第一任总理本古里昂所说的让沙漠开花的宏伟设想。

以色列在国内采取的水资源综合管理（IWRM）体制，领先于世界的现代化灌溉技术和先进灌溉设备，具有高度集约化生产体系特点的节水农业技术，可以为世界上的干旱地区，尤其是为我国干旱沙漠地区农业的发展提供了宝贵经验。

一　基本概况

（一）自然地理条件

1. 地理状况

以色列国地处亚洲西部，位于亚非大陆交界处。西濒地中海，东邻约旦，北接黎巴嫩、叙利亚，南连埃及和红海亚喀巴湾。以色列总面积为 22,145 平方公里，其中陆地面积为 21,671 平方公里。以色列形状狭长，长约 470 公里，最宽处约 135 公里[①]。

以色列可以划分为 4 个地理区域：自北至南 3 条平行的狭长地带，分别为沿海平原、中部山区、约旦河谷（Jordan Valley），以及南半部大块干旱地区，即内盖夫（Negev）荒漠。沿海平原与地中海平行，由一道沙质海岸线构成，从北部的黎巴嫩边界一直延伸至南部的加沙，土壤肥沃而潮湿。沿海平原的东部是中部山区，几条山脉蜿蜒全境：北部的戈兰高地（Golan Heights）和海拔高达 500 米至 1,200 米的加利利（Galilee）群山植被丰富，四季常青；南部有起伏舒展的撒马里亚（Samari）山脉和犹大（Judea）山脉，与肥沃河谷相间。以色列东部的约旦河谷—死海—阿拉瓦（Arava）谷地是叙利亚—非洲大断裂带的一部分，其北部土地肥沃，南部为半干旱地带。[②] 南部内盖夫荒漠地势崎岖，气候干燥，占据了以色列一半的土地面积。

2. 气候

以色列有温带气候，也有热带气候，日照充足。主要有两个差别明显的季节：从 11 月至 5 月的多雨冬季，以及接着延续 6 个月的干燥夏季。

---

① Israel Ministry of Foreign Affairs, "The Land: Geography and Climate", http://www.mfa.gov.il/MFA/Facts+About+Israel/Land/THE+LAND+Geography+and+Climate.htm, 2011-11-29.

② 中华人民共和国驻以色列国大使馆经济商务参赞处：《以色列概况：地理》，http://i;.mofcom.gov.cn/aarticle/ddgk/zwdili/200705/20070504698195.html，2007-5-23。

大部分地区夏季气温20—32摄氏度,最高气温40摄氏度(8月);冬季7—17摄氏度,最低气温4摄氏度(1月)。各地气候差异较大,在沿海一带,夏季潮湿,冬季温暖;在山区,夏季干燥,冬季适度寒冷;在约旦河谷,夏季炎热干燥,冬季气候宜人;内盖夫则常年是半沙漠气候。

以色列全国降雨稀少,且分布不均,北部和中部降雨量相对较大,内盖夫北部要少得多,南部地区的降雨量则微不足道。据以色列中央统计局2010年公布的数据显示,1971年至2000年之间,以色列降雨相对丰富的北部采法特(Safad)地区年均降雨量为682毫米,降雨天数为58天,中北部海法(Haifa)地区年均降雨量为538毫米,年均降雨天数仅为50天,中部耶路撒冷地区年均降雨量仅为554毫米,年均降雨天数为45天。以色列南部降雨非常稀少,贝尔谢巴市(Be'ersheva)年均降雨量仅为204毫米,年均降雨天数为24天。以色列最南部埃拉特市(Eilat)年均降雨量仅29毫米,年均降雨天数为5天。

3. 人口

以色列人口已从1948年的65万增加到776.7万(2011年),其中犹太人约占75%[1],其余为阿拉伯人、德鲁兹人等。不断增长的人口给水资源带来了压力。

(二)水资源状况

以色列干旱半干旱地区约占国土总面积的2/3,降水量少且蒸发能力极大,导致淡水资源缺乏。2008年以色列水资源消费量约为20亿立方米,人均不足300立方米,远远小于世界银行提出的人均1000立方米的最低标准[2]。其中约38%的水被用于城市(主要是居民消费),56%用于农业,6%用于工业。在水资源消费总量中,包括天然水源:地表水和地下水,也包括净化污水、微咸水及淡化海水。2007年的数据显

---

[1] 《以色列国家概况2012》,中华人民共和国外交部网站,http://www.fmprc.gov.cn/chn/pdf/gjhdq/gi/yz/1206_41/。

[2] EMWIS,"Legal Tools for the Management of Scarce Water Resources", http://www.emwis/il.org/en/Water_legislation/legislation_04.htm, 2008-1-4。

示，64%的水资源来自于天然水源，17%来自于污水净化，以及13%微咸水、5%海水淡化和1%的咸水淡化。

1. 地表水资源

按照流量和水质特点，地表水主要存在3个区域：

第一，基内雷特（加利利）流域。该流域面积为2,730平方千米，共有大小26条河流，年混合流量近10亿立方米，年净入加利利湖的流量为5.1亿立方米。其中基内雷特湖（Lake Kinneret/ Sea of Galilee）是以色列最大的湖，也是唯一的淡水湖。湖面长21公里，宽8公里，总面积167平方公里，最大蓄水量约43亿立方米，占以色列饮用水供应的30%，起主要水库的作用。但近年来，该流域水位在不断下降。2008年，基内雷特湖湖水突破水位红线下值（-213米），并有接近黑线（-214.87米，会对水源造成不可挽回的危害）趋势。该流域的水质较好。

第二，约旦河谷。约旦河谷和阿拉瓦纵贯东部地区，全程300公里中落差达700米。约旦河汇集了来自赫尔蒙山的溪流，流经肥沃的胡拉谷地进入加利利海，再流经约旦河谷最后流入死海。1964年，以色列的国家输水网开始从约旦河水的主要来源加利利海引水，因此从加利利湖流入约旦河谷的水量减少。另外，在现代，由于约旦河水量的70%—90%都被人类使用，所以流量大为减少，20世纪30年代，约旦河的水流量曾达到13亿立方米，而目前仅剩2,000万至3,000万立方米。不仅如此，该流域的水质也因人类影响而变差。2006年9月，未处理的污水注入约旦河下游河道，导致严重的污染问题。

第三，西部径流区。在20世纪50年代，西部径流区的永久性河流支撑着该流域生态系统的平衡。在70—80年代，因为人们从上游截流利用，多数直接流入地中海的河流干涸。城镇、农业、工业的迅速发展，河流已变为季节性的径流，径流只在冬季出现。大量的人口和工农业活动集中于这个区域，常常过量抽取地下水，地下水位降低，且该流域的水质差。

2. 地下水资源

地下水主要有两大重要含水层[2]：第一，沿海平原含水层。该含水层年产水量 2.76 亿立方米，目前的问题是水位下降，超采严重；除此以外，海水的入渗和其他的污染源对水质构成威胁。20 世纪 90 年代该水层水文亏损量为 11 亿立方米。第二，中部山区含水层（Yarkon-Taninim）。该含水层年产水量 3.1 亿立方米。该区域目前由于过量提取地下水和工农业生产活动，水位在下降，同时水质还受矿化度升高和污染的危险。中部含水层是大城镇饮用水的主要来源，也是国家骨干输水网的主要水源，同时还是国家骨干输水网的主要调蓄水源。

3. 污水资源

以色列有大量的城市和工业废水，这形成了巨大的潜在水资源。以色列将大量的废水经过各种处理之后，主要用于农业灌溉。污水处理分为部分处理和完全处理，部分处理是从不同排水区收集污水，经生物氧化后，灌溉非食用植物；完全处理是把污水经过生物、化学和机械方法处理达到可饮用水标准后，灌溉大田和温室作物[1]。

4. 咸水、海水资源

以色列许多地区有丰富的中度和高度含盐地下水，尤其在南部的沙漠地区淡水非常少，多开发利用地下咸水进行农业灌溉。同时，淡化的海水资源也是淡水资源的替代选择，预计随着技术的发展，海水淡化的成本会进一步下降，从而成为未来的重要水源。

二 水资源管理

作为一个水资源十分稀缺的国家，以色列政府致力于建设节水型社会，采取水资源综合管理（IWRM）体制，运用经济、法律、行政手段对全国水资源的利用和循环进行全面、协调、可持续的管理。

(一) 法律体系

以色列建国不久，国家就陆续制定了《水法》、《水井控制法》、《量水法》等有关水的法律，明确国家对全国水资源的统一管理，形成了节约用水的法律体系。这些法律法规涉及水资源管理的各个方面，如水的生产、处理、供应及污染防治。

1.《水法》(The Water Law, 5719—1959)

1959年颁布的《水法》是以色列水资源管理方面的核心法律。这是一部操作性很强的法律，为政府提供了供水及供水收费管理等方面的法律依据。该法涉及水资源的利用、分配、供应、污染防治等各个方面。①

《水法》阐明：以色列的各类水源均属公共财产，由国家控制，用于满足公民的需要和国家的发展，国家将根据最有效的水资源保护、最优化的水资源管理和合理的水资源配置来制订水资源规划。每个人都拥有用水权，但不得使水资源被破坏。水法还规定，一个人拥有土地的产权，但并不拥有流经其土地上或通过其土地境内的水资源的权力。

《水法》的主要目的，是通过将可转让和不可转让的水权配额，交给消费者开发利用，以达到水资源有效利用。《水法》的另一个目的，是建立水价制度，并增加灌溉农业在国家财政中的比例。

1971年以色列对该法进行了修订，主要增加了关于水污染防治的条款，所有的水污染，包括点源和非点源污染都被禁止。1991年的修订版，增加了一章水污染防治内容，新的规定反映了水资源利用中环境保护的重要性，并且设定了对污染者处罚的条款[3]。

以色列的《水法》，在水资源短缺与为满足最紧要的供水需求之间创建平衡。让国家水资源的规划，建立于水资源的最大化节约、水资源

---

① Israeli Ministry of Foreign Affairs,"Israel's Water Economy - Thinking of future generations", http://www.mfa.gov.il/MFA/MFAArchive/2000_2009/2002/8/Israel-s%20Water%20Economy%20-%20Thinking%20of%20future%20genera., 2002-8-10.

的优化管理和精确的水资源分配之上。

2. 其他法律法规[4]

(1) 水测定法（The Water Measurement Law, 5715—1955）。该法规定对所有的付费水进行计量，每位用户都要求拥有独立的计量工具，如水表，以保证对用户供水量和消费量的计量。授权水资源委员会有权对没有安装水表的用户停止供水。

(2) 打井法（The Water Drillings (Control) Law, 5715—1955）。该法旨在保护地下水源，防止由于过度开采导致的水污染和盐度增加。要求任何打井活动或对现有的井进行改建，都必须向水资源委员会申请许可。如果改建和扩建现有的井未经许可，水资源委员会有权命令其停止并恢复原状。即使井只为个人消费使用，也需要许可。

(3) 排水及防洪控制法（The Drainage and Flood Control Law, 5718—1957），该法对防洪和排水活动作出了规定，以保护以色列土地和地表水资源。法律规定，在没有许可证的情况下，禁止挪用任何地表水，包括排出水。①

(4) 地方管理机构（废水）法（Local Authority Law (Sewage), 5722—1962）。该法规定了地方管理机构在规划、建设和维护废水系统方面的权力和责任。它要求地方当局维护好其污水处理系统。新的污水系统必须得到区域规划委员会以及健康与环境管理机构的批准。该法也定义了废水治理系统的收费事宜。

(5) 河流和泉水管理机构法（The Streams and Springs Authorities Law, 5725—1965）。该法授权环境部在与地方管理机构和内政部协商后，设立针对河流、泉水或其他水源的管理机构。这些机构要采取措施保护河流及其堤坝，以防治水污染。

---

① EMWIS,"Water Legislation", http://www.emwis-il.org/en/Water_legislation/legislation_01.htm, 2008-1-4.

(二) 管理机构

1. 权力机构

1959年，根据《水法》，政府设立了水资源委员会（Water Commission）、水资源计划委员会（Water Planning Commission）和水事法庭。水资源委员会直属中央政府，总体负责全国水利政策和法规、水资源的开发和利用；水资源计划委员会隶属农业部，负责水资源的规划决策、水利工程建设和水资源分配；水事法庭为独立的法制系统，负责解决用水纠纷和仲裁。所有的决策和供水管理都由国家完成，国家以下的从属行政机构并不参与这一过程[5]。

2006年之前，虽然国家委托水资源委员会进行水资源管理，但因为水资源的管理、保护和配置会影响或受到其他部门活动范围的影响，所以水资源委员会常常需要征得其他政府部门行使其权力。① 因此，水资源管理的权限分布在各个国家级职能部门：基础设施部负责水资源总体管理，主要是实施水法（1959年）以及其他的水资源管理法律，还可以颁布有关水资源的二级法规；农业部负责农业用水的分配和定价，在水资源管理和政策等相关决策方面起核心作用；环境保护部负责水质量标准控制，防治水污染，并被授权颁布有关水质方面法规；卫生部负责实施国家健康条例（1940年），并管理饮用水质量，该部门制定废水治理和排放方面的法规，与农业部一起设定水质标准；财政部负责水资源定价和水利投资，为水资源管理提供预算；内政部管理地方管理机构，负责监督地方管理机构涉及水和废水方面的活动，并负责城市用水供应。

2006年5月，以色列政府对水资源管理的职能部门进行了调整，将分散在不同部门的水资源管理职能统一划归到水资源与污水管理委员会（Governmental Authority for Water and Sewage，以下简称"水管理

---

① EMWIS, "Water Resources Management–Institutions", http://www.emwis-il.org/en/Water_legislation/legislation_06.htm, 2008-1-4.

委员会"），取代原有的水资源委员会，统筹管理全国水资源和水循环工作。该委员会是一个跨部门机构，由财政部、基础设施部、环境保护部和内政部的资深代表担任委员，在水资源管理局（Water Authority）局长的领导下开展工作。水管理委员会指导并监督水资源管理局的运作。水资源管理局局长是以色列议会任命的国家公务员，对基础设施部和议会负责，任期五年。政府在制定政策和采取措施的时候，还必须征求由政府和生产商、供应商和消费者等公众代表组成的水资源理事会的意见[6]。

2. 管理公司

以色列有两家性质特殊的国有水务公司。一个是国家水规划公司，其主要任务是负责国家和地区性主要水利工程的设计；另一个麦考罗特（Mekorot）公司，负责水利工程的建设，并从国家供水网中供水到市政部门、地方委员会、农业安置区及私人企业等。

麦考罗特有限公司是以色列的国有水利公司，也是世界上最先进的水务企业之一，在水资源管理，海水淡化，污水处理和再利用，人工增雨，水质和安全，水利工程等方面领先世界。麦考罗特公司的年供水量为15亿立方米，达到全国供水总量的70%和饮用水总量的80%，向4,800个消费群体提供服务。公司拥有3,000个生产和供应设施，8处控制中心，31家水淡化厂，6家污水处理厂，91个水库，659个水泵站，1,042口井以及长达10,500千米的输水管等。① 政府通过麦考罗特公司对国家供水网进行运行和管理，并按季节和月份配额将水及时并有保证地输送给用户。同时，麦考罗特公司下设许多管理服务公司，其职责一是负责每两月读一次水表，以监测用户执行用水配额情况，并将读数输入手提式计算机，计算出每个用户的用水时间、用水量和水费等，以便用户交费；二是负责网络的正常维修工作，包括损坏或漏水管道的更换

---

① Mekorot, "Facts & Figures", http://www.mekorot.co.il/Eng/Mekorot/Pages/FactsFigures.aspx.

和闸阀、空气阀、水泵、电机、水井和电子设备的维护等[4]。

在财政方面，麦考罗特公司占了大约80%的以色列水工业活动的开销。由于输水距离长和可能需要泵到高地，成本相对比较高。而许多其他的地方协会和私人机构能在地方上以比较低的价格供水。在过去，所有麦考罗特公司的运转成本由消费者和政府负担，自1993年起，水价不再由麦考罗特公司控制，而是由政府决定。这改变了公司的活动特点，迫使其更多地考虑商业效果。这导致了其能源效率的改进、对水设施投资的显著增加，以及对现有设备的更新。该公司还被迫进入新的领域，以拓展其商业多样性。

3. 其他实体[4]

（1）水协会和私人生产者。私人机构的供水主要集中在北部的农业上，由区域水协会管理。在大多数情况下，协会属于这些地区的农民。这些协会可能独立或与麦考罗特联合进行供水或配置水资源。由于财政能力有限，他们往往需要帮助来进行供水设施建设，并且，他们也没有像麦考罗特公司那样获得贷款的途径。

（2）水理事会。水理事会是由政府任命的国家机构，在水政策制定方面为基础设施部提供建议。在颁布二级法规之前，基础设施部必须与水理事会协商，特别是涉及到收费的事宜。理事会约有30人，包括来自农业部、水委员会和其他政府部门的代表、消费者、供应商和生产者。理事会任命一个委员会来讨论有关农业水和其他水使用的事宜。

（3）地方管理机构。地方管理机构负责当地供水和污水处理服务，也负责征收当地居民水费。

（4）国家排水理事会。国家排水理事会为实施排水法的有关事务提供建议，并与地方排水主管部门一起，进行排水及防洪控制。每个排水区有一个排水管理机构，其主要成员为来自该排水区地方政府的代表。

（三）管理制度

1. 用水许可和用水配额制

《水法》规定各种开采（生产）、供应、消费、地下回灌和水处理活动都需要得到许可。各类许可证每年发放一次，有效期一年。这些许可证被授权给所有的生产者和供应者，许可证中规定了与生产和供水的数量、质量、程序，以及提高利用效率、防止污染等相关要求。如果这些条件得不到满足，或水源受到污染威胁，如工厂的废水处理系统不达标，政府有权收回许可[4]。

《水法》确定水量由国家统一分配，对获得许可的部门确定配额。但没有确定水配置的优先次序，有关的问题在一些相关的水条例中规定。根据这些条例，对于需求超过供给的区域，水资源的配置按照下列次序进行：居民使用优先，之后依次是工业、农业、其他用途。原则上，每年要调整配置情况，以反映水的来源和需求的变化。

政府对工业企业的用水量进行严格控制，限制耗水量大的企业的发展，从而强制工业企业向节水型发展。在农业水资源管理的研究中，根据科学家研究得出的不同土地与作物的需水量，确定对生产者的配水定额，这样就有力地促进了节水高效农业的发展[2]。至于居民每年的用水量，在 1995 年以前是根据配额确定，1995 年以后取消了配额，实行了阶梯水价制，要求一户一表，单独支付水费。并且，对超出配额的企业用户实行罚款，这些罚款用以奖励按配额用水的用户。对配额以内的水费，费率较低；超出配额的部分，则要按分级提价的原则征收较高的费率（有的高出基数 3 倍）[7]。

2. 农业用水管理[3]

以色列对农业部门供水的管理是独一无二的。长期以来，以色列建立的农业安置形式主要是莫沙夫（Moshav）、基布兹（Kibbutz）。莫沙夫是一种合作农庄，由 80—100 个分散家庭组成，每户拥有 300—350 公顷土地。农田设备、机械和储藏设施等为家庭所有，但在产销方面进行有组织的合作。其耕作方式是混合耕作，主要包括种植柑橘和其他果树、蔬菜、生产奶制品、养鸡等。麦考罗特公司把莫沙夫作为一个单位供水，莫沙夫委员会负责将水输送给每个农民，并负责监测水的使用情况。基布兹是另一种安置形式，是一种公有制集体农庄。一般由 150—

400个家庭组成，每家按300—500公顷土地安置，生产和消费都是按公有化组织体系进行。耕作方式也是混合耕作，但多数部门都很大，可以按工业化规模进行地域间运输、储藏和包装方面的合作。麦考罗特公司对基布兹也作为一个单位供水，年度选举产生的基布兹管理委员会负责对不同部门的用水管理。

（四）水价体系

1. 水价标准

在以色列，水已成为商品，无论是居民生活用水，还是工农业生产用水都是有偿的，即使是城市废水也是有偿使用。在水费价格定位上，政府的原则是：不能太高，以免水费成为用户特别是工农业生产企业的沉重负担而影响国家经济的发展；也不能太低，否则用户不会因水费而充分考虑节约用水，同时也会加大国家对水费的补贴，增加国家负担；水价由国家来控制，用户根据国家制定的水价向公司购买水。

但总体上，因为水资源危机的紧迫性，国内水费处于上升趋势，如1999年以色列经历了一场严重干旱后，政府在2010年开始征收开采费，该费用根据开采行业、水源质量、开采数量和开采地点的不同而不同。水资源开采费增加了生产者的成本，影响水价并最终将费用转嫁到消费者身上，成为政府调节水资源利用的政策工具。通过直接或间接提高水费，政府一方面希望激励水资源利用效率的提高，另一方面为开发新的水源，如海水淡化，提供更多资金支持。①

2. 水费管理

以色列的水价实行累进制，对不同部门和不同地区，水价呈现差异。水价按用途不同可分为：城市居民农业用水价格、工业用水价格、家庭用水价格。总体上来看，农业用水价格低于工业用水低于家庭用

---

① Israel Water Authority, "Regulation and Rates", http://www.water.gov.il/Hebrew/Rates/Pages/Rates.aspx.

水，因为农业和工业用水多被指定用于指定产品的生产，其次农业用水的供应相比于家庭用水不够可靠且水质较差。

农业用水：农业用水价格是根据每年确定的淡水配额的三个层次予以制定。以麦考罗特公司的农业供水价格体系为例，配额的50%以内定价为每立方米0.5美元，配额的50%—80%部分定价为每立方米0.6美元，配额内的剩下部分为每立方米0.75美元。并且，为鼓励循环水的使用，政府制定了低廉的回收水价格，比如夏夫丹（shafdan）污水净化厂的净化污水价格为每立方米0.35美元，而其他净化厂的循环水低到每立方米0.24美元；另外还制定了配额激励：如果农户将年饮用水配额部分交换为污水或咸水，将免费额外供应总量的20%。

工业用水：工业用水在允许的配额内价格不变，超出配额的部分，根据超出量，费用逐渐升高。按照以色列2010年1月的水费标准，配额内为每立方米1.18美元，超出配额8%的部分为每立方米1.475美元，剩下部分价格涨到每立方米1.77美元。同样，其他来源水价低于饮用水价，比如净化污水价比饮用水价低20%；咸水则根据浓度设定价格：氯浓度在550—700毫克每升的咸水价格低于饮用水15%，超过700毫克每升的咸水则低于饮用水价25%；其他来源的低质水价格也会低于饮用水20%。

家庭用水：在1995年实现阶梯水价制之前，家庭用水采取用水配额制度，以色列家庭用水量配额为每个家庭每年100—180立方米，平均每个家庭花费在生活用水上的费用约150美元（不包括浇草坪和花园用水费用）[3]。这约占平均家庭年度费用的1%。1995年之后，阶梯水价制使家庭用水的价格根据用水量的不同由低到高分为不同级别。家庭每月用水量7立方米以内的，麦考罗特的供水价格是每立方米2.4美元；超出的部分，每立方米4美元（2011.7）。

总之，政府根据用水量和水质来确定水价和供水量，利用经济杠杆来刺激节约，并处罚浪费，以此来获得各部门生产生活的更高用水效率。

三 以色列节水护水经验

(一) 水利设施

1. 国家输水工程

以色列地形南北狭长,犹如楔形,80%的水资源集中在北部和中部地区,只有20%在南部,但南部地区却占有全国65%的耕地面积。因此将水资源从降雨丰富、土地肥沃的北部地区调配至降雨稀少、土地贫瘠的南部地区,就成为以色列不得已而为之的选择。

1953年,以色列开始兴建国家"北水南调"工程,即著名的国家输水工程,1964年基本完成并投入运营。工程投资1.47亿美元,由地下管道、水渠、隧道和过渡水坝组成,系统主管道长130千米。该工程每年从北部加利利湖向南部纳盖夫干旱地区输水约4亿立方米,通过水泵把海平面以下220米的加利利湖水抽升到海拔152米的高处,然后自流到海滨平原。中部山区和较南部地区由另外的泵站加压输送。各地的地下水井也与国家输水工程联网,由国家输水工程进行统一调配。输水工程输水到地方系统后,地方系统再进一步从主系统直接供水到每一个用户[7]。

国家输水工程是以色列中南部的用水命脉和生命线,也在世界上首次实现了全国范围内的水资源管理。自工程建成后,以色列的北水南调工程共为南部地区输送了130亿立方米的淡水,有效改善了以色列水资源配置状况的严重不平衡。该工程体现了以色列公司在水利工程方面的技术优势,其国内的泰合公司和梅卡若特公司已经在可靠的水资源运输系统、持久的储水池、雨水收集技术、能量储存技术等方面取得了突破性进展。

2. 雨洪利用

以色列降水主要集中在冬季4—6个月内,尤其是北部山区,易形成径流洪水。以色列建设了多处雨洪利用设施,主要做法是将洪水引入水库或低洼地区,雨后通过渠道将水引至沿海平原沙地渗入含水层,或就地入渗补充地下水,实现资源利用。在内盖夫降雨不足100毫米的地区也建立了一些简单的集流工程,直接收集洪水并浇灌集雨场附近的树木。集流工程的集水面一般为几十平米到100平方米。1993—2005年雨洪水年平均利用量为0.51亿立方米[8]。

(二)节水技术

1.污水处理与再利用

以色列的淡水资源十分有限,现已被充分利用,且不断增加的污水正千方百计地渗透到环境中,威胁着地下水和其他淡水资源。在以色列《水法》中,污水属于"水源"的定义范畴,污水处理和再利用是节水和增加水源的一个有效措施。以色列将污水收集进行二级处理后,再通过土地或其他深度处理系统处理,用于农业灌溉或某些工业,以替代饮用水源。目前,以色列每年产生污水5.2亿立方米,4.75亿立方米污水被回收处理,回收处理率超过90%,其中3.6亿立方米被用于灌溉农作物。以色列的污水回收利用率也以75%位居全球之首,遥遥领先于世界排名第二的西班牙,后者的污水回收利用率仅为12%[6]。2009年发布的联合国世界水资源发展报告专门提及了以色列在污水回收和利用方面的成就。以色列政府的目标是,到2015年,全国用于灌溉的回收水量超过5亿立方米,污水回收率达100%。为此,以色列致力于提高污水处理厂的数量和处理能力,并不断修建污水蓄水池。

以色列在污水回收和利用方面的成就来源于政府的周密安排和远见卓识。早在1972年,以色列就制定了"国家污水再利用工程"计划,开展利用污水进行灌溉的试验研究,并取得了很大的成功。1992年,以色列政府出台了废水回收的基本标准,但是由于国内污水回收率非常高,过低的标准难以与政府的远期目标相适应。以色列政府于2000年作出决定,要求环境保护部建立部际委员会,专门研究提高更新污水处理的标准问题。该部际委员会于2001年公布了不受限制进行灌溉和河流排放的污水处理标准，其中包含了污水中的38个生物和化学指标，并于2003年进行了经济可行性测试。2005年，以色列内阁批准了部际委员会的标准。2007年，以色列水资源管理委员会批准了更为严格的污水处理标准。2010年，以色列议会通过了《公众健康法》，规定了回收水所应该满足的悬浮物和固体的最大标准，以及经处理的污水达到不受限制进行灌溉和河流排放分别应达到的36个指标。该标准根据土地和水资源的敏感度而制定，旨在避免对土地和水资源造成损害。自20世纪末以来，以色列已在污水的运输设施和处理设施上投入了约167亿美元[6]。

以色列拥有多项污水处理技术创新。50%的水技术公司都从事着污水处理的研发活动，这些公司擅长使用紫外线灯泡、电磁、传感器、激光分析仪、紫外线结合发光细菌、滤光器以及膜产品和技术完成水处理。其中，具有代表性的创新技术包括：

磁化水处理：一种工业用专利技术，利用磁性粒子将毒性有机物质，如油、洗涤剂、酚类、染料和重金属从水中分离，同时形成有磁性的和不沾水的沉积层。

电絮凝系统技术：一种通过释放金属电极，用带正电荷的电子吸引带负电荷的粒子下沉，加速水的沉降过程的专利方法。这种工艺估计可以降低15%的运营成本，也可以用来处理工业和城市废水。

附着生长气升式反应器技术（AGAR）：一种生物载体有效提高表面面积的生物净化处理专利体系，因无须扩大工厂已有的基础设施，所以成本效率特别高。主要用于处理城市污水，也可用来处理大量含有机成分的工业用水。

紫外线净水技术：一种获专利的消毒系统。通过特制的石英管道时，可以反射紫外线光束。比起传统技术，可以杀死的微生物多出数十亿。该技术可以生产达到饮用标准的水，也可以应用于对废水的消毒处理。①

---

① 中国水网. 以色列水专题：污水处理. http://www2.h2o-china.com/report/2008Israel/wuwater.html

以及抽吸式过滤网膜技术、激光监控技术、便携式净水技术等。

2.咸水和海水淡化

咸水和海水是适合进行淡化处理的两种水类。二者作为淡水资源的替代选择，在以色列都得到了开发和利用。

(1) 咸水淡化和利用。早在20世纪60年代，以色列就已开始研究咸水淡化的方法，是世界上很早开发利用咸水的国家。在诸多方法中，反渗透法被认为较为有效且相对便宜。整个净化过程主要是由高压强迫咸水通过多次薄膜，得到60%（海水50%）的净化水和剩余的高浓度咸水，整个渗透过程中，微咸水净化要使用15个大气压迫使咸水通过7层渗透管道，而海水净化则需要75个大气压才能达到要求。目前，以色列国内有30余家咸水淡化厂，年产淡水量达3,000万立方米。以色列计划在未来几年将产量进一步提升：2013年达到6,000万立方米，2020年达到8,000万—9,000万立方米[9]。

以色列南部包括死海附近，地下水资源多为咸水，开发利用南部地区是以色列的一项国家战略。在全国输水工程难以满足南部需要时，利用本地的咸水资源就成了南部发展的基本条件。淡化工程主要位于埃特拉（Eilat）、阿拉瓦（Arava）和南部沿海平原的卡梅尔（Carmel）[9]。直到1997年，以色列南端最为干旱的埃特拉饮水都是通过淡化处理地下咸水来获得的，其淡化水主要是由两家工厂通过反渗透法来生产的[10]。其咸水来源是位于死海以南到红海亚喀巴湾（以色列称为埃拉特湾）与约旦边界的大峡谷内。

不仅咸水淡化为饮用水提供了一个重要来源，咸水还可以用于农业中的直接灌溉。以色列的农业专家一直在研究考察咸水能否用来灌溉庄稼，他们发现一些农作物耐盐性较好，在合理的灌溉管理下可以获得好的产量，并且还开发出高抗堵塞的咸水灌溉系统。因此有些地方因地制宜地发展适合咸水的农作物和经济作物，如棉花、甜菜、西红柿、土豆和部分果树等，并在作物不同的生长时期采取不同盐度的咸水，还有的采取在作物生长初期进行淡水灌溉，后期改用咸水灌溉。除此以外，以色列还发展咸水养鱼和工业利用咸水技术，海鲈鱼已用咸水养殖成功。

（2）海水淡化。对饮用水需求的持续上升，使以色列进一步引入了海水淡化技术。由于全球97.5%的水资源为海水，以色列把海水净化看作是解决水资源短缺的重要途径。随着用水需求的不断增加，以色列政府也不断提高海水淡化的目标。2000年将最初目标设定为5000万立方米，2002年调整为4亿立方米，2007年增加到5.05亿立方米，并预计2013年完成。2008年，以色列政府提出了海水淡化新目标，根据计划，到2020年，以色列全国海水淡化量将达7.5亿立方米[9]，占全国用水量的38%。

目前，以色列主要采用蒸馏法（热法）和反渗透法（膜法）等工艺，前者是将海水加热汽化，再使蒸汽冷凝为淡水；后者是给海水加压，使水分子通过半透膜而留住盐分，从而得到淡水。1999年，以色列政府启动了一项长期的、大规模的海水反渗透（SWRO）淡化项目。

以色列全国共有5家海水淡化厂，其中投入运营的有3家，包括阿什克隆海水淡化厂（Ashkelon，BOT项目）、帕玛其姆海水淡化厂（Palmachim，BOO项目）和哈德拉海水淡化厂（Hadera，BOT项目）。2010年，这3家海水淡化产量分别为1.2亿立方米、4500万立方米和1.27亿立方米，共为以色列全国提供2.92亿立方米的淡水。随着扩建项目的进行，这三家生产厂的海水淡化能力还将进一步提高。另外两家海水淡化厂为阿什多德海水淡化厂（Ashdod）和索里克海水淡化厂（Sorek，BOT项目），预计于2013年投产，产量分别为1亿立方米和1.5亿立方米[6]。

3. 节水灌溉技术

以色列在农业方面合理的水资源利用和先进而高效的农业水利灌溉技术，在全世界范围内都形成了极具特色和启示效应的高效节水型农业。

以色列的农业灌溉技术经历了大水漫灌、沟灌、喷灌和滴灌的几次革命，每次革命都是农业节水技术的一次飞跃。在建国初期，以色列就逐步开始以喷灌技术替代长期使用的漫灌方式。1965年，以色列的研究者和农户发明了滴灌技术。到了80年代，这一技术开始普遍推广开来。滴灌技术的发明使得以色列在农业用水领域处于国际领先地位，将水的利用率提升至70%~80%，居全球灌溉技术首位。国内的领先者有耐特菲姆（Netafim）、普拉斯托（Plastro）和纳安丹（Naan-Dan）公司，其中耐特菲姆是世界滴灌领先者。

（1）喷灌。喷灌和滴灌都属于压力灌溉。压力灌溉的主要特征为利用管道输水解决输水过程中的水资源浪费，通过水流加压解决农田灌溉过程中水资源的浪费，达到节水的目的[11]。

喷灌是喷洒灌溉的简称，利用喷灌系统的加压设备将灌溉水加压，或利用地形落差将灌溉水通过网输送到田间，形成具有一定压力的水，再经过喷洒器喷射到空中，形成细小的水滴，均匀喷洒在农田或作物叶面，为作物正常生长提供必要水分条件的一种先进的节水灌溉方法。该方法不但解决了输水过程中的损耗，而且降低了农田灌溉过程中毛渠输水的损失，以及田间的深层渗漏损失，与传统的地面灌溉相比，可以节水40%—50%。同时省工省地，地区适用范围广，还可以在小范围内改善生态环境，增加产量。

（2）滴灌。滴灌是利用一套设备将水加压后过滤，通过各组管道与滴水装置，把水或溶于水中的化肥液体，均匀而又缓慢地滴入到作物根部附近土壤，使作物主要根系活动范围的土壤湿度，保持在适宜于作物生长的条件下。其特点是节水（节水50%—80%）、节能，使土壤通气良好、养分充足，不破坏、结板土壤，适合于各种地形与土质条件，①因此被称为"灌溉农业的一大奇迹"。

目前以色列在滴灌技术方面的主要突破有：第一，使用盐水灌溉，

---

① 中国水网：以色列水专题：低压灌溉，http://www2.h2o-china.com/report/2008Israel/diya.html。

有效避免植物根部盐分堆积；第二，通过将管线埋藏在地下 50 厘米深处进行灌溉的埋藏式灌溉技术，既保持地表干燥，也不影响田间作业；第三，发明可以预先铸入滴灌管壁的管线滴头、可调整滴头与固定滴头、集中式滴头等设备；第四，通过滴灌系统进行施肥，使得水及肥料只滴灌到作物根部，有效控制杂草生长，确保磷等有益元素不流失[6]。

以色列滴灌都可以采用计算机控制，能长时间工作，精密、可靠、节省人力。在灌溉过程中，如果系统记录下水肥施用量与要求相比有一定偏差，系统会自动地关闭灌溉装置，计算机系统还允许操作者预先设定程序，有间隔地进行灌溉。这些系统中有可以帮助收集灌溉信息的传感器，如埋在地下的湿度传感器，负责收集土壤湿度信息[11]。以色列还发明了通过检测植物的茎和果实的直径变化，来决定植物灌溉间隔的传感器，这种传感器直接和计算机相连，当需要灌溉时，它会自动打开灌溉系统进行操作。

4. 水资源测量和监管技术

以色列全球领先水资源的测量和监管技术减少了水资源的浪费和污染。以色列相关机构研究认为，一个城市地下管道漏水造成的水资源流失可高达该城市用水量的 40%，因此减少漏水就成为当务之急，而这取决于基础设施的质量和可靠性，同时，由于污水管道损坏造成的泄漏也导致约 7,000 万立方米的市政污水渗进土壤并污染水源。以色列在制造持久耐用的阀门、管道和精确的测量仪等方面具有专门经验，在防腐蚀材料、防渗透和探测技术、市政无收益水量管理、无测量接水技术等方面都取得了突破性进展。以色列的阿拉德技术公司（Arad Technologies）研发出了世界上第一个水资源传输测量仪，能够准确地运用微电子技术对水资源进行测量和监管[10]。

（三）节水护水宣传教育[6]

为应对水资源短缺问题，以色列水资源管理局同以色列环境保护部积极建设节水型社会，以宣传画、报纸、网站、标语等宣传媒介大力号召全社会节约用水,并开展了具有影响力的宣传活动。以色列水资源管理局发布了《家庭节约用水的十项规定》和《花园节约用水的十项规定》。以色列环境保护部也发布了《节约用水的建议》,内容与水资源管理局的两项规定基本一致。

在《家庭节约用水的十项规定》中,水资源管理局号召以色列公众:(1) 在厨房、浴室的水龙头上安装控制水流的装置;(2) 洗手抹肥皂和洗碗时及时关闭水龙头;(3) 仅在洗碗机装满的时候才洗碗;(4) 仅在洗衣机装满时才洗衣服;(5) 安装可以分两次冲水、一次仅消耗半箱水的马桶冲水装置;(6) 经常检查厕所是否漏水;(7) 经常通过水表检查家里和花园的水龙头是否漏水;(8) 避免水龙头滴水;(9) 用桶水洗车;(10) 用空调漏水浇花。

在《花园节约用水的十项规定》中,水资源管理局号召以色列公众:(1) 优先种植节水植物;(2) 根据用水量等指标将植物分类种植;(3) 根据以色列农业部的建议量浇水;(4) 在土壤里散播大量肥料以提升土壤蓄水能力;(5) 用覆盖物将花园包围以防止土壤干竭和杂草生长;(6) 安装浇水计算器、定时器及水表;(7) 将浇水装置的喷洒时间设定为早晚以减少蒸发及水分流失;(8) 增加植物和草地的浇水间隔时间;(9) 频繁除草以减少耗水量;(10) 修剪树木以减少耗水量。

以色列政府的宣传在以国内产生了很大的影响,节水意识深入人心。政府对满足节水标准的产品进行蓝标(Blue Mark)标记,一方面是激励进口商和制造商去进口或生产节水型装置,另一方面,也是鼓励消费者使用节水器具。为将公众节水意识推向行为层面,以色列政府还向其国内150万户家庭免费发放了水龙头和计时器,以促使公众节省洗澡时间;要求建筑物安装节水设备;限制公众浇花时间和次数;要求地方政府确保水损失率低于15%;要求所有用水地点必须安装水表,并且每五年更换一次。

四 以色列经验对中国的启示

从总体上看，中国也是个水资源贫乏的国家，和以色列有很多相似之处，如水资源地区分布、时间分配严重不均，因此以色列的经验可以为中国提供很好的启示。

（一）建立健全的法律框架

近年来，中国在改善法律框架方面取得了很大的进步。尽管如此，水资源管理法律框架的有效性并不尽如人意。

首先，我国法律制度不完善。例如，我国1986年制定了《中华人民共和国水法》，并于2002年进行了修订。但与以色列的法律比较，它作为我国关于水资源的基本法，有些规定并不明确，如没有明确界定地方政府和流域管理机构的权限，内容也缺乏可操作性；《水污染防治法》要求国家建立和完善水环境生态保护的补偿机制，但目前没有就此制定全国性的法律法规。

其次，相关机制和程序缺乏。现行法律法规通常关注的只是各种原则，而缺乏保障法律实施所需要的各种机制和程序，例如监督、监测、报告、评估以及对违法行为的惩处等。我国的《水法》就缺乏配套的实施办法。

因此，中国有必要修订和完善现有与水相关的法律法规。如针对中国的《中华人民共和国水法》制定相应的配套立法，加强水资源的统一管理和用水管理；针对我国水资源制定专门的节水法[12]。同时也要采取一系列措施强化法律实施。比如在与水有关的法律法规中规定详细的执法程序，以使法律法规具有可操作性和可实施性；加强中央及地方行政机关的监督和检查等。

（二）完善水资源管理体制[13]

中国目前的水资源管理体制过度分割，缺乏协调。在横向上，每一级政府都有多个机构涉及水资源管理，机构之间职能常常交叉重叠甚至相互冲突。这在一定程度上导致部门间协调的行政成本增加，水资源管理有效性下降。在纵向上，中国的水资源管理系统也处于分割状态。目前的管理系统不是基于流域建立的，而主要是以不同层级政府的行政管辖范围为基础，每一级政府都有自己的关注重点和优先事项，这就使得跨行政辖区的流域管理比较困难。尽管中国在七大流域也建立了流域管理机构，隶属于水利部，但是，这些机构的权力有限，其成员也没有流域内有关地方政府的代表。因此，在流域管理中，它们很难协调相关省市和其他利益相关者。

以色列的基本经验是：

1. 设立国家级的水资源综合管理机构。一个方案是设立国家水资源委员会，作为政府最高层对全国性涉水事务进行指导和协调的机构。另一个方案是，将目前分散在不同部门（即水利部、环保部、农业部、住房和城乡建设部、国土资源部等）的与水资源管理相关的主要职能加以整合，组建一个新的大部，以对水量和水质、地表水和地下水、水资源保护利用和水环境保护实行统一管理。如同以色列的水资源管理局（Water Authority）。

2. 将现有的流域管理机构转变为部门间委员会。将现有的七大流域管理委员会（管理局）转变为真正的部门间、政府间"委员会"，其成员主要包括相关职能部门和地方政府的代表，而不是作为水利部的下属单位。从长远来看，这些流域管理委员会应该独立于水利部，直接对国务院负责。

（三）完善水污染防治手段

以色列政府对于水污染的控制极其严格，对严重的水污染的行为，可能遭到停止供水等方面的惩罚的。我国有专门治理水污染的《中华人民共和国水污染防治法》，对我国水资源污染方面提供了依据[12]。但我国对水污染的惩罚还不够严厉，最严重的也只是罚款，很少有像以色列采取的这种严厉而有效的措施。我国水资源安全中最突出的问题就是水短缺和水污染，因此，相关部门应完善水污染防治手段，加大执行力度，借鉴以色列在污染防治的经验，保护我国的水资源环境。具体建议如下[13]：

1. 统一和加强污染检测系统。为实行有效的污染控制所需的各种措施，必须提高污染监控能力。目前的水质检测系统涉及环保部、水利部、住房和城乡建设部等多个部门，这种分割的系统必须改革。就短期而言，应加强各检测系统之间的协调，采用统一的监测标准，根据相同的程序、通过同一渠道发布水质信息。就中期而言，可将这些不同的监测系统加以整合，由一个独立于各部的第三方机构进行管理。

2. 强化污水排放许可证制度。为提高其有效性，应为污水排放许可证制度提供更加坚实的法律基础，政府应为此出台专门的行政法规。许可证的发放必须符合技术合理性，以环境质量为依据，确定日最高排放量，以便实现环境目标。

3. 更多采用基于市场的手段。在污染控制中，应充分利用市场机制，克服减少污染中的市场失灵。应采用严格的经济刺激措施（如排污收费过程中增加价格激励机制），促使生产者提高用水效率，减少水污染。在流域范围内逐步采用污水排放许可证交易制度，提高污水处理的经济效率。

（四）设立完善的水价体系

传统上，中国的政策过于强调通过增加供给满足用水需求，而对需求管理重视不够。而管理用水需求的途径之一是通过价格政策。水价不能仅仅基于供水成本，而应同时考虑到环境成本和水资源耗竭成本，以充分反映出水资源的稀缺程度。价格过低或实行价格补贴会导致服务质量差、间接成本增加、效率低等问题。这意味着，中国在未来的几年里，可以适当提高水价，包括污水处理费，以使之完全反映水资源的稀缺价值。

其次，在社会用水方面可以推行以色列价格累进机制来鼓励节水。建立完善而富有激励作用的水价体系，可以促使企业、家庭、农户严格根据需求控制用水量，提高用水效率的同时减少浪费。

(五) 大力推广节水新技术，提高水资源利用效率

在农业用水上，以色列通过开发新的灌溉技术，改变种植类型，提高了农业用水效率；在城市用水方面，以色列也采取了很多手段提高用水效率，如水表测量，管道输水，研制节水马桶和制订淋浴标准等，以及对供水系统的智能控制，这些都是值得我国借鉴的。除此以外，我国还可以学习以色列在污水利用、咸水利用、海水淡化等方面的技术发展，引进先进的技术设备，同时也要大力鼓励国内节水技术的研发和创新，因地制宜地发展我国节水型社会。

(六) 开源节流，开辟新水源

学习以色列，开发利用污水、咸水、海水甚至洪水等非传统水资源，拓展供水来源，减少对自然水源的需求压力。开发咸水的利用技术和模式，重视工程节水、农艺节水、生物节水与管理节水的有机结合与集成；重视节水农业的综合效益和水资源数量相适应的节水农业技术模式，并将这些作为现代节水农业领域关注的重点内容；提高污水回收、海水淡化等技术，从而提高水资源的重复利用率，同时降低工业、城市污水对生态环境的污染。

(七) 持续开展节水教育，提高和树立全社会的节水意识

加强水管理，科学利用水资源，持续开展全民节水教育，增强水资源意识，让环保成为民众的生活方式。运用多种渠道普及节水知识，宣传媒体，如新闻广播、电视、报纸杂志、专栏板报，举办专题讲座、知识竞赛、广告信息等宣传工具，使广大群众充分认识我国水资源的现状及今后的严峻态势，增强水患意识。尤其要对用水大户的农民进行相关教育，强化他们的节水意识，促成养成节水高效的农业生产方式。

参考文献

[1] 田长彦、周宏飞、宋郁东：《以色列的水资源管理、高效利用与农业发展》，《干旱区研究》2000年第4期。

[2] 王耀琳：《以色列的水资源及其利用》，《中国沙漠》2003年第4期。

[3] 郭培章、宋群:《中外节水技术与政策案例研究》,中国计划出版社 2003 年版。

[4] 王学军:《旱环境下的水资源管理:以色列的实践及其对中国的启示》,《行中国水战略研究项目"解决中国水稀缺问题:从研究到行动"的国际经验系列报告》(2008)。

[5] Ariel Rejwan, "The State of Israel: National Water Efficiency Report", Tel Aviv: Ministry of National Infrastructures, http://www.water.gov.il/HEBREW/PROFESSIONALINFOANDDATA/Pages/6world-water-forum.aspx, 2011-4.

[6] 官松、沈海滨:《以色列水资源综合管理体制》,《世界环境》2011 年第 3 期。

[7] 丁跃元:《以色列的农业用水管理及水价》,《中国水利》2000 年第 1 期。

[8] 朱建民:《以色列的水务管理及其对北京的启示》,《北京水务》2008 年第 2 期。

[9] Abraham Tenne, "Sea Water Desalination in Israel: Planning, coping with difficulties, and economic aspects of long-term risks", Tel Aviv: Israel Water Authority, http://www.water.gov.il/HEBREW/PROFESSIONALINFOANDDATA/Pages/6world-water-forum.aspx,2010-10.

[10] 何京:《以色列的水资源现状及发展方向》,《水利天地》2005 年第 1 期。

[11] 申茂向:《以色列能给中国农业带来什么》,中国农业大学出版社 2000 年版。

[12] 包春丽:《以色列节水法律制度及对我国的借鉴和启示》,《法制与经济》(中旬刊) 2009 年第 12 期。

[13] 谢剑:《应对水资源危机:解决中国水资源稀缺问题》,中信出版社 2009 年版。

作者简介

朱乾宇,女,1975 年 6 月生,湖北武汉人,经济学博士,应用经济学博士后,中国人民大学农业与农村发展学院副教授。

李牧恬，女，1991年生，中国人民大学农业与农村发展学院硕士研究生。

张杰平，男，1971年生，陕西洛川人，武汉大学经济与管理学院经济学博士。

新木点评

不论是新加坡的节水经验，还是以色列的节水经验，都告诉我们：

一、他们水资源十分稀缺，水资源短缺倒逼他们十分重视节约措施。我们也面临水资源稀缺，但为何不如他们重视节水措施？差距在于政府的重视程度。

二、节水、治水、海水净化等技术不难引进，不难学，不难借鉴。难在一整套法律制度、政策安排、国民素质上的"学习"。看来水安全是一个政治、经济、社会、生态系统工程。

相关链接

中国"国家节水标志"的起源和含义

任俊霖

一 起 源

进入 21 世纪,人类逐渐认识到水资源已经不再是一种取之不竭的可以无偿使用的资源,水资源对人类社会持续、经济发展的重要性更加突出,保护以及可持续利用有限的可开发的水资源成为全人类的共识,为此,世界各国从多个方面进行了努力。如制定和颁发水资源保护方面的法律,召开各类型的环境保护和发展会议,共同发布环境保护和水资源保护的宣言和协议等等。

全国节水办公室为贯彻落实党和国家对节水工作的部署和精神,更为促进我国全社会节水意识,支持和鼓励节水措施的推广,节水产品的研制、生产和使用,向全社会征集"国家节水标志"图案,经专家评审和有关部门认定,最终确定江西省井冈山师范学院团委康永平所设计的图案为国家节水标志。

2001 年 3 月 22 日,"国家节水标志"

在水利部举办的以"建设节水型社会,实现可持续发展"为主题的纪念第九届"世界水日"暨第十四届"中国水周"座谈会上揭牌,这标志着我国从此有了宣传节水和对节水型产品进行标识的专用标志。

二 含 义

"国家节水标志"由水滴、手掌和地球变形而成。绿色的圆形代表地球,象征节约用水是保护地球生态的重要措施。标志留白部分像一只手托起一滴水,手是拼音字母 JS 的变形,寓意为节水,表示节水需要公众参与,鼓励人们从我做起,人人动手节约每一滴水,手又像一条蜿蜒的河流,象征滴水汇成江河。水和手的结合像心字的中心部分(去掉两个点),且水滴正处在"心"字的中间一点处,说明了节约用水需要每一个人牢记在心,用心去呵护,节约每一滴珍贵的水资源。

作者简介

任俊霖,男,1986年生,武汉大学经济与管理学院管理科学与工程博士研究生。

比尔·盖茨的马桶革命

柳德才

人类历史上最伟大的发明是什么?抽水马桶赫然排在前列[1]。

小马桶改变了大世界。如果没有马桶,现代人的生活将会无法想象。难怪有人说,今天,人们可以不要电视、电冰箱、电脑或汽车,但却离不开马桶。马桶的发展史,就是人类社会文明、干净和有秩序的历史。

一 "马桶"的进化史

吃喝拉撒,人生当中最自然不过的事情,然而有趣的是,人们津津乐道于吃喝,却对拉撒避而不谈,能在文献中或现代书籍中记载的事迹可谓少之又少,事实上,与人们日常生活最为关联密切的马桶(座便器),从"原始马桶"到"智能马桶"的进化经历了相当长的历史时期。

1. 从"原始马桶"到"抽水马桶"

世界上第一个马桶出现在公元前 2000 年的克里特岛,但真正意义上的水冲式马桶不过是 430 多年前的发明,而城市下水道系统也只有 150 年左右的历史。[2]

在现代马桶出现之前,人们排泄的地点是随意的。老百姓们大都"躲到树后面"解决个人问题,或者将自己的排泄物倒到窗外的街道上。

贵族们也好不到哪里去，1606年，亨利四世曾下令禁止贵族在卢浮宫的角落里大小便。1843年，维多利亚女王参观剑桥大学，她问陪同的校长："那些顺流而下的纸张是怎么一回事？"校长知道那些是手纸，但不想让女王难堪，遂回答道："陛下，那是禁止在此游泳的告示。"

中国可供考究的坐便器文献，可以追溯到汉朝的"虎子"，而国人对"马桶"这个称谓最早则要追溯到北宋时期欧阳修的《归田录》二卷中的"木马子"。[3] 马桶在较早时期是制作成马的形状的，后来才改成圆桶形状，这也是"马桶"称呼的由来。

第一个现代意义的马桶是英国贵族约翰·哈灵顿发明的，他于1597年设计出了使用水冲的马桶，并将这种新发明安装在了伊丽莎白女王的宫廷里。1775年，英国的钟表师卡明斯又对哈林顿马桶的储水器进行了改进，使储水器里的水每次用完后，能自动关住阀门，还能让水自动灌满水箱。3年后，伦敦工匠布拉默把储水器改设在马桶上方，并在上面安装了一个把手，用来控制储水器的出水活门，还在便池上装了盖。18世纪后期，英国发明家约瑟夫·布拉梅又改进了抽水马桶的设计，发明了防止污水管逸出臭味的U形弯管等。

马桶虽然带来了个人卫生，但由于排泄物是顺着管道直接排到河流里，就导致了严重的环境污染，从而造成了传染病的流行。直到1858夏天，伦敦泰晤士河爆发了著名的"大恶臭事件"，人们才开始进行下水道系统的建立。19世纪后期，欧洲的各大城市都安装了自来水管道和排污系统，抽水马桶才真正普及起来。

2. 从"木马桶"到"陶瓷马桶"

对早期发明家来说，制造马桶的一大难题是原材料。

最初的马桶用木头制作，但硬度不够，且容易漏水和不易打造成一定的形状。时间久了，马桶上会残存粪便，滋生细菌，传播疾病。

后来有人建议使用石头和铅来制造马桶，即把石头和铅烧热，然后用沥青、松脂和蜡来密封缝隙。这种马桶解决了渗漏问题，但制造起来十分麻烦，而且十分笨重，使用起来不方便。加上灰尘多，冬天坐在上面冰凉，也带来不少健康隐患。

中国瓷器进入欧洲后，为马桶工艺发展揭开了新的一页。随着欧洲人掌握了瓷器制作工艺，瓷器从最初的奢侈品逐步发展成制作马桶的原料。陶瓷马桶既结实又不会漏水，不会残存病菌，而且易于清洁，同时有很长的使用寿命，可谓马桶发展史上的一次飞跃。1883年，托马斯·图里费德让陶瓷质地的马桶实现了市场化，成为使用最广的卫生用具。

3. 从"传统马桶"到"智能马桶"

伴随着洗手间的日益装饰精致化，马桶也在不断升级换代。一些国家和地区已经从传统马桶演进到智能马桶。马桶的设计者们不断地改进、完善和装饰它。他们从马桶的各个环节下功夫，从外观到技术，不断改进。现在已经出现了杠杆式、按钮式、压力式马桶，以及零重力环境下的失重马桶。智能马桶也在欧美、日本等地流行起来，它们拥有自动翻盖、自动冲洗、坐圈加热、暖风烘干、自动除臭等强大功能，使得马桶让人流连忘返。不过这些智能马桶市场仅处于起步阶段。

二 比尔·盖茨的马桶革命

1. 比尔·盖茨马桶革命的缘起

抽水马桶曾经是人类史上最伟大发明，但迄今为止全球仍有26亿人无法享受到这一成果，在一些发展中国家，缺少卫生设备，特别是排污系统不完善、缺乏污水处理厂的地区导致了众多传染病，如霍乱、痢疾等。另一方面，水是生命之源，是人类赖以生存的最珍贵的资源。由于近代世界人口急剧膨胀，现在仍以每日20万或每年7,000万的速度增长，全世界耗水量在20世纪增加了6倍，加之工业化现代化对生态环境带来的负面影响，水的污染严重，地球上的水资源日益紧缺。目前，已有100多个国家缺水。水荒不仅成为许多国家经济发展的严重障碍，而且严重地威胁到人类的生活、健康与生命。面对地球生态环境的恶化，珍惜自然资源，节水，节电，节油，节约使用一切资源，应当成为人们生活的自觉方式。日常生活中，最浪费水的一个环节就是马桶，一般冲过马桶的水就会成为生活污水，该类污水又脏又臭，一向让人生厌，往往被排放掉。这样做既浪费了水资源，又污染了环境。

许多第三世界国家要么完全不用马桶，要么缺乏马桶，要么使用的马桶也多是19世纪的设计，完全不能满足人们的需求。针对这一现状，一直以来关注马桶问题的比尔·盖茨继掀起计算机革命之后，又发起和赞助了世界范围内的"马桶革命"（Reinvent the Toilet）。

2. 比尔·盖茨马桶革命的内容

2011年7月，"比尔和梅琳达·盖茨基金会"（Bill & Melinda Gates Foundation）发起了"彻底改造马桶"竞赛，向8所知名大学的研究人员提供300万美元，以重新设计瓷器"宝座"。这8所大学分别位于北美洲、欧洲、非洲和亚洲：美国加州理工学院，美国斯坦福大学，加拿大多伦多大学，英国拉夫堡大学，荷兰代尔夫特理工大学，瑞士联邦供水、废水处理与水体保护研究院（EAWAG），新加坡国立大学，南非夸祖鲁·纳塔尔大学。参赛者需要设计一个无须连接到任何排污系统、供水网或电网就能使用的经济型马桶，可持续使用、不产生污染、需产生能量、需产生营养物质，只需要少量水资源，而且每天的维护费用不能超过5美分。赛后的奖励将包括为获胜的前几名马桶研究筹措资金，并在经过测试后将其投入生产。

在卢旺达基加利举办的2011非洲会议上，"比尔和梅琳达·盖茨基金会"的全球发展计划主席西尔维娅·马修斯·伯韦尔在会上称，过去200年来，没有任何一项创新比发明马桶带来的卫生革命对拯救生命和改善健康的贡献更大了。"但这还远远不够，我们需要的是新的方法、新的想法。简而言之，我们需要彻底改造马桶。"[4]

3. 比尔·盖茨马桶革命的进展

在得到了基金会的资助后，科学家们正在使用包括蒸发、燃烧、热分解和厌氧发酵分解在内的各种方法，试图把马桶废物分解成三种基本资源：水、肥料和能源。

2012年8月，这8家大学的研究机构带着自己的研究成果齐聚西雅图，有两家机构已经开发出了可工作的原型产品，其他6家也取得了显著进展。

（1）荷兰代尔夫特理工大学（Delft University of Technology）的方案是，利用微波技术将人类粪便转变成一氧化碳和氢气，然后储存在固态氧化物燃料堆中以供发电。

（2）瑞士联邦供水、废水处理与水体保护研究院（EAWAG）的方案是，将尿液和粪便分离到不同的容器，过滤尿液后得到的水则储存在另一个容器，用来冲马桶，这样马桶就不需要连接自来水网，而剩余的马桶废物则可作为肥料再利用。

（3）加拿大多伦多大学则开发出利用阴燃技术处理粪便的系统，该系统可通过膜过滤和紫外线辐射净化尿液。

（4）新加坡国立大学也使用了燃烧技术，利用生物碳来燃烧固体废物，烧沸尿液，再利用碳过滤来制造纯净水。

（5）美国加州理工学院利用的是太阳能技术，使用太阳能电池板为马桶的电气化学系统提供能源。电极产生化学反应，清洁厕盆并将有机废物转化成一氧化碳和氢，然后储存在固态氧化物燃料堆中以供发电。

（6）南非夸祖鲁·纳塔尔大学的方案是，以化学方式处理废物，燃烧粪便，并用它带来的能源使尿液蒸发。

（7）英国拉夫堡大学和美国斯坦福大学的研究团队则分别独立研究出了将粪便转变成木炭或生物炭的技术。[5]

三 永无止境的马桶革命

从比尔·盖茨的马桶革命的进展来看，虽然都取得了一些研究成果，但大多是理论层面或技术层面的，离比尔和梅琳达·盖茨基金会的标准——无须连接到任何排污系统、供水网或电网就能使用的经济型马桶，可持续使用、不产生污染、需产生能量、需产生营养物质，只需要少量水资源，而且每天的维护费用不能超过5美分——相去甚远，有的甚至尚未开发出可工作的原型产品，离投入量产的目标更是遥远，而且这些产品目前的造价也很高。

其实，对于马桶的革命是永无止境的，除了节电、节水、节能、经济外，还必须满足人们的多种需求，它的功能还应该多样化。据报道，日本近期推出了一款号称世界上顶级马桶，它可以算是一台迷你医疗站。使用者可以边上厕所边做健康检查，除了量血压以外，马桶的高科技配件还可以做尿液分析，旁边的磅秤也可以测量血脂肪。

日本著名的东陶公司（TOTO）甚至推出了MP3马桶。人们只要一坐到上面，轻柔的音乐就会飘出来。不仅如此，该型马桶还能散发四种不同的香气，有净化盥洗室的作用。

尽管马桶已经成为人们必不可少的生活必需品，但根据世界卫生组织的调查，全球仍然有多达25亿人缺乏现代厕所设施。马桶不仅要朝着高科技的方向发展，还应当更加人性化，真正满足普通大众的需要。

印度的波塔克博士曾说过："我认为马桶与识字率、贫穷、教育同等重要。马桶的发展在欧洲与北美远未结束，在发展中国家发展的空间更大。"[6] 这段话不仅说明了小小的马桶所承载的历史使命，同时也预示着，由比尔·盖茨所发起的马桶革命注定是一场没有终点的革命，它需要人们长期不懈的努力。

参考文献

[1] 凤凰卫视中文台：《开卷八分钟》节目，《人类历史上最伟大的发明》2007年8月30日。

[2] 董世芳：《抽水马桶溯源》，《中国建材报》2003年4月2日。

[3] 窦玉玺：《欧阳修〈归田录〉读释》，《河南师范大学学报》2006年第3期。

[4] 《比尔·盖茨发起马桶革命》，《齐鲁晚报》2011年8月27日。

[5] 谭燃：《盖茨"马桶革命"进展：8所大学展示新成果》，《腾讯科技》

2012 年 8 月 15 日。

[6] 生命时报:《马桶，伟大的发明》，2008 年 12 月 19 日。

作者简介

柳德才，男，1973 年 8 月生，湖北汉川人，经济学博士，毕业于武汉大学经济与管理学院，武汉科技大学管理学院副教授，硕士生导师，湖北省工业经济学会常务理事、《武汉城市圈蓝皮书》特约撰稿人。

新木点评

我在四十多年前给本科生上课就讲"厕所经济学"，讲一个国家马桶使用普及率是现代化标志之一，后来才知道真有国际厕所经济学学会。有一年在日本举办第十四次学会大会，大会讨论的主要议题是入公厕应不应收费。

当下，一位全球著名的企业家如此关注马桶革命，中国也曾有多位高官关注入厕亲民而仕途很好。我们是否也应"与时俱进"，企业家、官员、学者、老百姓都像比尔·盖茨一样关注马桶革命，关注节约用水呢？

水龙头的技术发展

任俊霖

一　水龙头简述

水龙头指自来水管出口上的开关，是水嘴的通俗称谓，用来控制水流的大小开关，有节水的功效。英文中，表示水龙头的词汇有：stopcoc，意即截止或调节（通过管子）水流量的旋塞；swivel，意即置于泥浆泵软管和旋转钻钻杆之间的旋转接头；faucet, bibcock, watertap，意即用杠杆和偏心器控制开关的龙头。

水龙头最早出现于 16 世纪，是用青铜浇铸的，主要作用是用于控制水管出水开关和水流量的大小。水龙头的更新换代速度非常快，从老式铸铁工艺发展到电镀旋钮式的，又发展到不锈钢单温单控的。早期的水龙头是螺旋升降式的，现在市场上大多数是陶瓷阀芯的水龙头，螺旋升降式的基本上已经淘汰。现在许多家庭中，用的是不锈钢双温双控龙头，还出现了厨房组合式龙头。目前，越来越多的消费者选购水龙头，都会从材质、功能、造型等多方面来综合考虑。

二　水龙头分类

1. 按材料来分，可分为不锈钢、铸铁、全塑、黄铜、锌合金材料水龙头，高分子复合材料水龙头等。

2. 按功能来分，可分为面盆龙头、浴缸龙头、淋浴龙头、厨房水槽水龙头及电热水龙头（瓷能电热水龙头）。

3. 按结构来分，又可分为单联式、双联式和三联式等几种水龙头。另外，还有单手柄和双手柄之分。单联式可接冷水管或热水管；双联式可同时接冷热两根管道，多用于浴室面盆以及有热水供应的厨房洗菜盆的水龙头；三联式除接冷热水两根管道外，还可以接淋浴喷头，主要用于浴缸的水龙头。单手柄水龙头通过一个手柄即可调节冷热水的温度，双手柄则需分别调节冷水管和热水管来调节水温。

4. 按开启方式来分，可分为螺旋式、扳手式、抬启式和感应式等。螺旋式手柄打开时，要旋转很多圈；扳手式手柄一般只需旋转90度；抬启式手柄只需往上一抬即可出水；感应式水龙头只要把手伸到水龙头下，便会自动出水。另外，还有一种延时关闭的水龙头，关上开关后，水还会再流几秒钟才停，这样关水龙头时手上沾上的脏东西还可以再冲干净。

5. 按阀芯来分，可分为橡胶芯（慢开阀芯）、陶瓷阀芯（快开阀芯）和不锈钢阀芯等几种。影响水龙头质量最关键的就是阀芯。使用橡胶芯的水龙头多为螺旋式开启的铸铁水龙头，现在已经基本被淘汰；陶瓷阀芯水龙头是近几年出现的，质量较好，现在比较普遍；不锈钢阀芯是最近才出现的，更适合水质差的地区。

6. 水龙头净水器。用于龙头净水器的主要净水技术有以下几种：(1) 活性炭技术。活性炭在吸附饱和前对水中的氯、重金属和农药都有比较好的过滤效果。(2) 中空纤维技术。以中空纤维膜为主的净水技术可以过滤掉水中绝大多数污染物，但需定期更换滤芯。(3) 陶瓷和纳米-KDF技术。国内大部水龙头净水器采用的是以微孔陶瓷滤芯和纳米-KDF滤料、去氯球、碱性球为主的净水技术，其出水流量大于采用中空纤维技术的净水器，陶瓷滤芯可以反复清刷使用，但是到一定使用寿命后，需定期更换滤芯。

三 水龙头发展史

（一）中国

"水龙头"名字何时何处而来？

日常生活中，我们可以看到不少古代建筑或者桥梁都设计有出水口或者排水口，稍好的建筑都是用兽首作为排水口，民间建筑多用一些普通兽首，皇家建筑更是用龙头作为排水口，例如北京故宫里用来排水的龙头；而圆明园里大水法用了十二生肖青铜兽首作为喷水口，这可以看成是中国水龙头出现的雏形，从此之后民间也效仿圆明园中的十二生肖喷水池模式，在许多有出水口的地方雕刻石头龙嘴之类的兽嘴，使水从龙嘴里流出来，但这些龙头都不是现代意义上的真正的水龙头。

水龙头的真正得名，应该是在清朝。"水龙头"一词由来比较可靠的是由清初日本传入上海的一种消防灭火器材演化而来。其形状与椭圆形浴桶相似但桶壁稍高，将人工水泵安置在桶内，救火时，挑水夫将就近取来的水不断地倒进桶里，另二人或四人不停地上下推拉水泵的杠杆，抽上来的水沿水带而喷射到失火处。这种水泵比水袋[①]、唧筒[②]的喷水量大得多，且可以不间断地喷水，它与天上会喷水的"龙"有点相像，于是被叫作"水龙"，接水的带子被叫作"水龙带"，喷水头子被叫

[①] 水袋是以皮缝制的大口袋，在口袋上装上竹制或铁制的喷嘴，使用时将水灌入袋中，用力挤压水袋，袋里的水就顺喷嘴的方向射向远处，达到以水灭火的目的。

[②] 唧筒又叫水枪，以一根稍细的中空的"枪"紧密套入另一根稍粗的"枪"状筒体内，使用时将粗筒内灌满水，使劲将细筒往下压，粗筒内的水就沿细筒喷向远方，达到灭火的效果。

作"水龙头",后简称为"龙头"。因此,今人所称呼的水龙头应该是由此而来。

中国现代意义的水龙头出现在20世纪六七十年代,是铸铁外壳、螺旋升降杆、橡胶垫圈密封组成的铁质水龙头,80年代末从欧洲引进了陶瓷密封水龙头,目前水龙头已经发展到融合智能、时尚外形的数控恒温水龙头。

(二)外国

水龙头出现的时间尚没有明确的史料记载。传播较广的是:水龙头最早出现的地区是伊斯坦布尔,其水龙头最早出现于16世纪。

水龙头出现以前,供水泉墙上镶嵌着一种兽头状的,通常用石头制成,少数由金属制成的"流水嘴",从那里流出来的水一直是不加任何控制的长流水。为了避免浪费水和解决不断严重的水资源的供不应求,人们研制出了水龙头。最初的水龙头是用青铜浇铸的,后来改用便宜些的黄铜。有些水龙头只是简单实用,有些则很有装饰性,更注重外形和美观。各种不同形状的水龙头,比如蛇、龙形、公羊头等动物形状,几何形状或花草形状等都反映了那个时代的建筑装饰风格。宫廷中和其他重要建筑的水龙头多是银制、银合金或青铜镀金的,并且精雕细刻,以体现皇室和宫廷的奢华、尊贵。在18、19世纪,为宫廷和豪宅制作的水龙头相比之前更加重视装饰性,其美观功能成为首要参考指标,以至于喧宾夺主,使其实用功能屈居于装饰作用之下。此时,水龙头已经不再是简单的实用的控制水流大小和开关的工具,人类的不同需求赋予其更多的价值和功能,用于欣赏和装饰已经成为水龙头的重要功能,说它们是工艺品一点也不过分,有时候甚至成为奢侈品。

四 水龙头健康知识

美国卫生理事会指出,一半以上美国家庭的厨房水龙头上充满细菌。研究显示,厨房水龙头每平方厘米有超过1.3万个细菌,而浴室水龙头每平方厘米的细菌量则超过 6,000 个。如果平时疏于清洁，再加上不断沾上新的细菌，会为健康埋下隐患，尤其是厨房水龙头，在清洗食物时也会沾上其周围附着的细菌。水龙头一旦生锈，更危害健康。水龙头材料构成中，主要包括铅、铜、镉等金属原料。而这些金属物质也是人体所必需的元素，但是超过人体所需要的正常数量，就会对人类身体造成严重的破坏，影响人身体的正常新陈代谢，导致人体病变。因此，必须对水龙头制造环节和构成元素进行严格的约束和监管。同时，水龙头作为日常生活所必需的产品，我们应该知道其中的不足和潜在危害，从而更利于我们保障人体健康。

（一）铅对人体的潜在危害性

铅，是为我们大家所熟知的重金属，在众多严重危害人类健康的恶性事件中都有它的身影，它影响神经、造血、消化、泌尿、生殖、心血管、内分泌、免疫、骨骼等各类器官和造血系统，而且对孕妇及儿童危害尤为严重，可能影响儿童生长发育和智力发展。研究认为，当人体内血铅浓度过 30 微克/100 毫升时，就会出现头晕、肌肉关节痛、失眠、贫血、腹痛、月经不调等症状。另外，儿童对铅的吸收率可高达 50% 以上，铅中毒会影响婴幼儿的生长和智力发育，体内铅增高可引起小儿精神方面的异常，尤其是多动症，严重者有可能造成痴呆。

据调查，一直以来我们忽略的水龙头铅超标问题主要与水龙头原料——黄铜有关，由于没有成熟的工艺管制流程以及测试设备，部分厂家在铸造黄铜的过程中添加比例严重失调的铅、铝等，导致重金属超标。为了降低成本，有厂家做水龙头用回收铜、用劣质的软管、用可熏倒一屋子人的橡胶件，这都给水龙头的使用安全造成很大隐患。

（二）铜对人体的潜在危害

铜是人体内不可缺少的微量元素，它是机体内蛋白质和酶的重要组成。它对机体的代谢过程产生作用，促进人体的许多功能。铜还能抑制细菌生长，保持饮用水清洁卫生。99% 以上的水中细菌在进入铜管道五小时后消失。铜具有不可渗透性，无论是油脂、细菌、病毒、氧气和紫外线等有害特质都不能穿过它而污染水质。用铜管对人体的健康能起到积极的作用。

但是，铜超标也会对人体造成危害。尽管铜是重要的必需微量元素，但如果摄入超标，也易引起中毒反应。主要是由重金属离子铜带来的危害。当人体内残存了大量的重金属之后，急易对身体内的脏器造成负担，特别是肝和胆，当这两种器官出现问题后，维持人体内的新陈代谢就会出现紊乱，肝硬化，肝腹水甚至更为严重。

（三）镉对人体的潜在危害

镉的毒性较大，被镉污染的空气和食物对人体危害严重，对水生生物有极高毒性，可能对水体环境产生长期不良影响。镉中毒会导致高血压，引起心脑血管疾病；破坏骨钙，对肝或肾脏造成危害，引起肾功能失调。日本因镉中毒曾出现"痛痛病"。

（四）砷对人体的潜在危害

会使皮肤色素沉着，导致异常角质化。砷化物的致癌作用已为 IARC 所确定，具有潜伏期较长的远期效应。砷除了可能引起皮肤癌及肺癌外，还有可能引起肝、食管、肠、肾、膀胱等内脏肿瘤和白血病。

五　新型节水水龙头

我国是一个水资源相对缺乏的国家，因此每个公民都有在生活中节水的义务。生活中，节水的环节有很多，然而出现在用水终端的总是阀门和水龙头，因此要想有效节水，就要使用新型的节水水龙头。在自然资源日益匮乏的今天，"节水"意识越来越深入人心，为此许多厂商设计出了一些既美观又节水的新型龙头，将艺术与环保结合得更加完美。

（一）新型节水水龙头优势

新型节水水龙头的优势，来自其自身材质及构造等方面。在材质上，普通螺旋水龙头，内壁通常是铁的，容易生锈，水压大时，也易裂开，它的螺转阀门拧小后的省水情况是，形状不规则、水流细。但新型节水水龙头，内壁为全铜或不锈钢材质，不会生锈，硬度大，水压大也不易开裂。且新型节水水龙头的内置阀芯大多采用陶瓷阀，陶瓷阀密封性好，耐磨，灵敏度高，即开即关，解决了跑、冒、滴、漏的问题。

新型水龙头与旧式水龙头相比，最关键的是引入了陶瓷阀芯这一新材料。过去的水龙头是螺旋式上升下降，而新型水龙头只需搬动手柄90度就可快速地任意开启和关闭。而陶瓷阀芯由于它的高强度、高硬度、耐腐蚀、无磨损的耐久性，能使它在水的介质中长期使用，开合数十万次都可做到不漏水。

（二）新型节水水龙头节水模式

目前国内品牌的节水龙头还处在发展阶段，在市场上流通的产品大多是一些国外品牌。市场上流行的是一种两挡开关的节水龙头。这种龙头的外形并没有什么特别，只是龙头开关分为两挡，第一挡控制50%的出水流量，适合于人们洗手、洗脸等基本洗漱需求；如果是洗衣、洗菜，需要更大出水量，则将开关扳到第二挡，就会有100%的出水量了。通过两个开关挡的控制，可以达到简单但有效的节约用水。此外，有的企业也推出了一种内部设有定流阀的自动感应节水龙头，对水流进行源头控制，以便达到节水。新型节水水龙头主要依靠三个秘诀。

1. 陶瓷阀芯。节水龙头大都采用陶瓷阀芯，提高密封性，可以开合数十万次不漏水，与旧式水龙头相比，可以节水30%—50%。而最新的节水龙头又有了革新，您可以根据自身的需要，自行调节或卸下安装在水龙头内的节水器，自由转换控制节水率。

2. 起泡器。节水龙头由于装了起泡器，它可以让流经的水和空气充分混合，让水流有发泡的效果，水的冲刷力提高不少，从而有效减少用水量。

3. 恒温设计。有些节水龙头能自动地、不间断地弥补水压、水温的变化，能使水温瞬间达到用户的温度要求，减少温度过渡时的费水消耗。

（三）新型节水水龙头功能及特点

1. 结构新颖。新型节水水龙头多为不锈钢或铜制陶瓷芯片，水龙头的开关和水温的控制都由这两片陶瓷芯片前后左右移动来调节。其中的一片可以向不同方向滑动，而另一片的位置是固定的。固定的这片有三个孔，一个让热水入，一个让冷水入，第三个是出水孔，另一片则只有一个孔。这样两片陶瓷片便能以不同的接触面积引导不同量的冷热水到出水孔混合，以控制水温。有的水龙头配有出水口不锈钢网罩，放出的水呈柔性泡沫状，让人感到轻柔舒适，而且不会水花四溅。由于陶瓷片的高耐磨性，使这种水龙头的使用寿命远高于铸铁式水龙头，国际标准是30万次开闭。

2. 功能多样。新型节水水龙头如感应系列，这些产品多见于酒店及商场的洗手间。厨房用的水龙头一般都为长嘴可旋转式，安装在两个清洗盆中间，这样的水龙头可以灵活调用，同时也减少了占用的空间，有一种新式台盆用水龙头，水嘴带一软管，类似于沐浴用的花洒。

3. 造型优异。新型节水水龙头大多有流畅的造型和不同的颜色，这使水龙头多了一种装饰功能，有的水龙头表面镀钛金、镀铬、烤漆、烤瓷等；造型除常见的流线型、鸭舌形外，还有球形、细长的圆锥形、倒三角形，林林总总的这些外形使水龙头市场百花齐放，各具特色，有时看起来更像一件艺术品。

（四）新型节水水龙头分类

1. 自动蓄水型节水龙头。许多人在洗漱的过程中没有随手关龙头的习惯，从而导致水的浪费，而这款龙头就不得不让你养成随手关龙头的好习惯。龙头上层透明的水管是自动蓄水的区域，每次开龙头最多只能用一管水。这类水龙头不仅将水流大小减少，还根据日常统计出来的用水量，设计了一个小机关。水龙头会从透明蓄水管中释放用水，而只有使用者将水龙头关闭，蓄水管才会自动蓄满水，如此一来，如果人们在取用洗手液的时候没有将水龙头关闭，那么蓄水管内的水流出完毕之后，需要将水龙头关闭，再等待一段时间方能继续使用水龙头中的水。

2. 跷跷板节水龙头。针对有些人挤洗手液时不注意随手关龙头的习惯，这款龙头将洗手液容器和水龙头结合了起来，这样在用洗手液的时候，水流的一端就会翘起自动关闭，简单方便地避免了水流的浪费。利用跷跷板的原理设计出这样时尚又可爱的龙头，将节水的功能方便地融入巧妙的造型中，不仅减少了水的浪费，而且让洗手的过程更有趣。

3. 机械节水龙头。此类节水龙头的设计更加简单易懂，直接利用金属拨杆的位置，将拨杆设计在靠近手或者容器靠近龙头的位置，从而巧妙地达到及时关闭用水的目的。

4. 自动充电感应水龙头。日本INAX公司发明了一种自动充电感应水龙头，可利用出水解决自身所需电能。这种水龙头内装电脑板和水力发电机，配有红外线感应器，形成一个完整系统。将手伸到水龙头下，感应器将信号传入水龙头内的电脑，开通水源，水流时经水力发电机发电、充电，提供自身所需电力。这种水龙头还可自动限制水的流量，达到节水、省电的目的。

5. 智能磁化水龙头。这种水龙头外形与普通水龙头一样，但有自身优势：在供水网络停水时，水龙头开启或正在开启时，均能自动关闭，不会出现忘记关闭水龙头造成跑水现象；用机械方式，无须能源或动力；有磁化水的功能；制造工艺简便，以铸造为主。

6. 外线控制全自动水龙头。在手伸向水龙头下时，水龙头会自动打开，手离开后水龙头会自动关闭，非常适用于公共洗手间等场所，使用方便、卫生，不会产生冒、漏、滴等现象，且制作、安装极为容易。

（五）新型水龙头发展趋势

1. 分类日趋细化。从前，家中厨房、卫生间的水龙头，用在水池上方的只有传统的铸铁水龙头；而用在家里和澡堂里的淋浴龙头，也如出一辙。如今的水龙头却百变多样：单卫生间龙头就分为面盆龙头、浴缸龙头和净身器龙头等几大类。每个类别中，又可以根据功能、风格、材质和色彩分成很多小类别。

2. 混水龙头走俏。混水龙头能将冷热水混在一起、并能调节水温的龙头。目前许多家庭都安装了热水器，少数家庭有物业供应的24小时热水。在日常的烹饪和洁身中，我们也有了"招之即来"的热水供应。因此，能将冷热水混合成温水的"混水龙头"，就受到了许多消费者的青睐。

3. **风格多种多样**。在个性化的家庭装修中，也要考虑水龙头的种类和风格，达到搭配协调的效果。例如以金银色为主、装饰繁复的古典式龙头，可以搭配古典风格的装修；以亚光色为主、造型前卫的现代式，用在现代风格的空间里；还有以乳白色为主，线条流畅的水龙头，几乎可以适用于任何浅色的房间。

4. **功能逐渐完善**。为了满足消费者的不同需要，目前水龙头也有很多种功能：例如卫生间用的花洒龙头，就有具备按摩功能、可以使水流带气泡，或改变出水方式等许多功能，而设计独特的龙头芯设计，不仅耐磨损、不滴漏，而且有自动平衡冷热水流量、恒定水温的功能。

六　国家政策导向

目前，国外水龙头品牌如TOTO、美标、科勒等在创新能力、品牌知名度、技术水平等方面具备优势，已占领了高端市场，而国内品牌则主要占据中低端市场，主要品牌包括深圳成霖洁具、九牧集团、广州海鸥卫浴、广州摩恩水暖、唐山惠达、福建中宇等。随着全球卫浴产业的整合转移，我国未来产业转型、升级步伐的加快，循环经济和节约型经济将是主要发展模式，资源节约将会成为生产、生活的重点，国家政策层面将会为节水型水龙头的发展设计更多优惠政策，促进节水型水龙头行业的发展和壮大。

水龙头属于卫浴五金产业。目前，全球卫浴五金行业的设计、开发、制造逐渐向发展中国家转移，全球化、专业化的分工合作体系逐步建立，这有利于中国卫浴五金行业在较高层次上参与全球卫浴五金业的发展与竞争，为中国卫浴五金业发展提供了较好的市场机遇。我国卫浴五金行业较为发达的地区主要集中于浙江、福建和广东三省,目前我国十大水龙头品牌也都集中于以上地区。"目前,中国卫浴产品的产销量已经位居世界第一,其中卫生洁具产量超过世界总产量的四成,2011年卫浴行业工业总产值超过1,800亿元,比上年增长27.89%。"[①] 近年来,国内卫浴消费市场日趋壮大,购买力强大;2008年全球金融危机过后,国外市场消费力逐渐下降,不少国内的水龙头生产企业放弃了以往的OEM方式,开始开发自有品牌,发展国内市场。

产业政策支持。近几年,国家一直强调和提倡走资源节约型和环境友好型路子,鼓励企业开展节水节能技术的研发。水龙头属于五金件和卫浴行业,而五金、卫浴则属于《外商投资产业指导目录》中鼓励类产业,受国家产业政策的支持。

另外,《中华人民共和国水法》、《中华人民共和国城镇建设行业标准—节水型生活用水器具》、《关于推进住宅产业现代化提高住宅质量的若干意见》等法律法规的实施,以及中华人民共和国建筑工业行业标准《住宅整体厨房》、《住宅整体卫浴间》的发布,都大大推动了卫浴五金行业的产品更新和技术进步,促进了卫浴五金行业的规范化和标准化。相应地也促进了水龙头尤其是新型节水型水龙头的发展。

目前国内水龙头在这个方面发展很迅速,近期国家发布的GB25501-2010《水嘴用水效率限定值及用水效率等级》的企业强制性实施标准也越来越被各大企业所重视提倡。从国际卫浴市场的发展来看,未来水龙头的发展环保节能将成为长期的主题。水龙头的发展已经从以外观为卖点发展到以多功能为卖点的方向转化,高新技术不断得到发展与应用。陶瓷阀芯技术、节水技术、恒压恒温技术、PVD表面处理技术等代表市场发展趋势的新技术和新材料的应用,使得水龙头产品功能更加先进、更具时尚和艺术的设计,有效推进了水龙头等卫浴五金产品的更新换代,创造了市场需求,推动了行业的发展。水龙头行业的

---

① 中国卫浴网,http://www.wyw.cn/news/321714.html。

第二次大发展必将是高技术、节能环保、智能化的革命。这也更加符合时代发展的潮流，符合国家创建节约型社会的号召，也更符合广大消费者的根本利益。

作者简介

任俊霖，男，1986 年生，武汉大学经济与管理学院管理科学与工程博士研究生。

新木点评

水龙头经常用作节水广告，直观、形象、寓意深刻。

水龙头也经常被借用、比喻为制度、制度的关键、利益的调节开关。

30 年前我曾途经新加坡机场，那里的节水龙头给我留下深刻的印象：感应的，几秒钟放一次，水很细，一次洗手耗水的总量大概只有当时我们国内普通水龙头耗水量的 1/3 至 1/5。

在水暖市场上，我又看到许多新型节水龙头和普通水龙头竞卖，节水型一般比普通型贵 1/3。后来又看到武汉市水务局到武汉大学来推销新型节水龙头，每个水龙头政府补贴五元钱。水务公司推销节水龙头与自身利益相悖，至今节水龙头普及率不高。中国有十三亿人，有几亿家庭，中国节水有巨大潜力，我想既然使用节水龙头的经济效益、生态效益、社会效益如此之大，政府就应该加大力度，限时关闭淘汰耗水的旧式水龙头，鼓励支持新型节水龙头的规模化生产，同时出台更积极的补贴政策和宣传政策，鼓励节水龙头尽快普及化。

七种生活饮用水

王雨濛　柳德才

目前人们常饮用的水有：自来水、纯净水、矿泉水、蒸馏水、磁化水、功能水和终端管道净化水。现逐一介绍如下。

一　自来水

自来水是指通过自来水处理厂净化、消毒后生产出来的符合国家饮用水标准的供人们生活、生产使用的水。它主要通过水厂的取水泵站汲取江河湖泊及地下水、地表水，由自来水厂按照《国家生活饮用水相关卫生标准》，经过沉淀、消毒、过滤等工艺流程的处理，最后通过配水泵站输送到各个用户。

我国城镇居民多年来一直饮用自来水，但随着工农业和城市的发展，大量的工业废水和生活污水，没有得到有效的处理而排放，使有些江河、湖泊污染，也使地表水和地下水遭受到不同程度的污染。

尽管自来水公司和各自来水厂的生产过程中均作了过滤、澄清、消毒等处理，但氯气消毒本身又给水造成了污染，而且自来水水质本身虽已完全合格，但出厂后流经漫长的管网，才送到用户那里，有些管道年久失修，造成管外污染物渗入，导致水中含有过量的铁锈等杂质。因此有条件的居民最好饮用深加工以后的水。

二 纯净水

纯净水，简称净水或纯水，是纯洁、干净，不含有杂质或细菌的水，纯水又名高纯水，是以符合生活饮用水卫生标准的水为原水，通过电渗析器法、离子交换器法、反渗透法、蒸馏法及其他适当的加工方法制得而成，密封于容器内，且不含任何添加物，无色透明，可直接饮用。市场上出售的太空水、蒸馏水均属纯净水。有时候这个词也和化学实验室中提炼的蒸馏水或雨水通用。正常人适当饮用纯净水，有助于人体的微循环，但不宜长期饮用，由于它不仅除去了水中的细菌、病毒、污染物等杂质，也除去了人体有益的微量元素和矿物质，如钙、镁几乎被除净。因此，长期饮用会影响体内电解质酸碱平衡，影响神经、肌肉和多种酶的活动，特别是老人和儿童，如不及时补充营养及钙质，容易缺乏营养和患缺钙症。对于并非营养过剩的人，不宜长期饮用纯净水内含有过多矿物质的水会给人体造成不必要的负担，而且有的矿物质人体不一定能吸收，如果长期积聚体内，会直接影响人体健康。

纯净水的质量和老百姓的生活有着密切的关系。为此，国家质量技术监督部门于1998年4月发布了GB173223–1998《瓶装饮用纯净水》和GB17324–1998《瓶装饮用纯净水卫生标准》。在这两个标准中，共设有感官指标4项、理化指标4项、卫生指标11项。金属指标、有机物指标和微生物指标也是检测纯净水的重要指标。

三 矿泉水

我国饮用天然矿泉水国家标准规定：饮用天然矿泉水是从地下深处自然涌出的或经人工揭露的未受污染的地下矿泉水；含有一定量的矿物盐、微量元素和二氧化碳气体；在通常情况下，其化学成分、流量、水温等动态在天然波动范围内相对稳定。"国标"还确定了达到矿泉水标准的界限指标，如锂、锶、锌、溴化物、碘化物、偏硅酸、硒、游离二氧化碳以及溶解性总固体。其中必须有一项（或一项以上）指标符合上述成分，即可称为天然矿泉水。"国标"还规定了某些元素和化学化合物，放射性物质的限量指标和卫生学指标，以保证饮用者的安全。根据矿泉水的水质成分，一般来说，在界限指标内，所含有益元素，对于偶尔饮用者是起不到实质性的生理或药理效应。但如长期饮用矿泉水，对人体确有较明显的营养保健作用。以我国天然矿泉水含量达标较多的偏硅酸、锂、锶为例，这些元素具有与钙、镁相似的生物学作用，能促进骨骼和牙齿的生长发育，有利于骨骼钙化，防治骨质疏松；还能预防高血压，保护心脏，降低心脑血管的患病率和死亡率。因此，偏硅酸含量高低，是世界各国评价矿泉水质量最常用、最重要的界限指标之一。矿泉水中的锂和溴能调节中枢神经系统活动，具有安定情绪和镇静作用。长期饮用矿泉水还能补充膳食中钙、镁、锌、硒、碘等营养素的不足，对于增强机体免疫功能，延缓衰老，预防肿瘤，防治高血压，痛风与风湿性疾病也有着良好作用。此外，绝大多数矿泉水属微碱性，适合于人体内环境的生理特点，有利于维持正常的渗透压和酸碱平衡，促进新陈代谢，加速疲劳恢复。

选用矿泉水，不要选择限量指标超过国家标准规定的产品。在选购时，应注意瓶盖是否松动，瓶身是否透亮，有无异物漂浮等。另外，矿泉水表面张力大，用一枚硬币进行水面轻放试验，硬币可浮在矿泉水上，而不能浮于普遍饮用水上。

矿泉水中的微量元素能参与人体内激素、核酸的代谢，应该说是人体所需要的保健成分，但对其进行生理化学研究后的结果表明：有许多矿泉水不符合卫生要求，即使卫生合格的矿泉水，因人的身体条件不同，所需微量元素种类和数量也不同，所以矿泉水的微量元素和离子也并非对人人都有益。

四　蒸馏水

蒸馏水是利用蒸馏设备使水蒸汽化，然后使水蒸气凝成水，虽然除去了重金属离子，但也除去了人体所需要的微量元素，并没有除去低沸点的有机物。原因是这些低沸点有机物挥发后随水蒸气的冷凝也同时凝结回到水里。长期饮用这种水，不仅会引起缺乏某些微量元素，而且将有些有机物也饮入体内，不利于健康，故不宜于为常规饮用水。

五　磁化水

磁化水是指水经磁场作用，交叉切割磁力线，使水分子结构改变来完成磁化过程的水。据说这种水有软化心、脑血管，防治胆、肾结石的作用，但还有待长期实践后验证和进行科学论证。

六　功能水

功能水是指在用人工处理方法获得某种可再现且有用的功能的水溶液之中，那些在水处理原理和水功能方面，其科学依据已得到证实或即将得到证实的水（日本功能水协会的定义）。功能水中，其科学依据而言正逐渐明朗化的水，包括电解水、海洋深层水、超声波水、臭氧水、脱气水、膜处理水、脱氯水、超纯水等。除此之外，还有麦饭石水、电子水、波动水、高频还原水、远红外水、陶瓷水等，花样繁多，都被号称"功能水"在销售，但理论依据及再现性等方面还存在许多问题。

在这些水当中，电解水是被人们从科学的角度上认知得最透彻的，也是唯一被日本国家卫生部门所承认对人体健康具有实际功效的水。

七 终端管道净化水

终端管道净化水是指经净化器过滤的水。所谓净水器就是既能去除水中的悬浮物以及对人体有害的有机化合物、无机化合物、重金属和细菌，又能保留人体所需要的微量元素和矿物质的产品。之所以称为终端净化器就是在自来水出厂经过漫长的管道最终来到人们家庭出水口进行净化的水处理产品，把水中的余氯、重金属、铁锈、有害病菌等杂质在人们饮用前进行最后的过滤以保证水质，可以直接生饮。

以上介绍了七种不同的水，市场上的饮用水也名目繁多，让人目不暇接。那么人们到底喝什么水更好呢？从经济性、易得性等多方面考察，专家认为其实白开水（烧开后的自来水）是最好的。白开水富含多种矿物质，能够调节人体体液平衡。多喝白开水对人体有益，但是烧水应烧开3分钟。科学家研究证实，自来水含有13种对人具有潜在致癌、致畸和致突变的氯化物（为卤代烃和氯仿等）。水中这类有毒物质的含量同水温密切相关：90℃时，卤代烃含量由原来常温下每升53微克上升到191微克，氯仿则由43.8微克升到177微克；到100℃时，两者含量分别下降到110微克和99微克；继续沸腾3分钟，则降为9.2微克和8.3微克，这时的开水才称得上是符合卫生标准的饮用水。科学实验还证明，煮沸1至3分钟，水中亚硝酸盐含量增加十分缓慢；煮沸超过5分钟，其含量才会急剧增加；如果继续煮沸至10分钟，这种有害物质就成倍增加。所以，把自来水烧开3至5分钟，亚硝酸盐和氯化物等有害物的含量最低，最适合人们饮用。

总之，从饮水与健康的角度来讲，目前主流科学家都认为良好的饮用水应该符合以下几点要求：

(1) 应该是干净的，不含致病菌、重金属和有害化学物质。

(2) 应该含有适量的矿物质和微量元素。

(3) 应该含有新鲜适量的溶解氧。

(4) 应该是偏碱性的，水的分子团要小，活性要强。

饮水与人的身体健康密切相关，正确饮水，科学饮水，养成良好的饮水习惯。

作者简介

王雨濛，男，1983年生，陕西户县人，管理学博士，中国人民大学农业与农村发展学院讲师。

柳德才，男，1973年8月生，湖北汉川人，经济学博士，毕业于武汉大学经济与管理学院，武汉科技大学管理学院副教授，硕士生导师，湖北省工业经济学会常务理事、《武汉城市圈蓝皮书》特约撰稿人。

新木点评

人以食为天，食以水为先，饮水是比吃饭更重要的事。一个人七天不吃饭不一定危及生命，但一个人七天不饮水是肯定有生命危险的。

饮水不仅重要，正确饮水特别重要。难道人们不会饮水吗？以前水源、土地、空气没有被污染的时候，饮水只是举手之劳，有水则可饮。现在在高度工业化、城市化之后，饮水，饮什么水，怎么饮水，饮安全之水，安全饮水，有讲究了，有大学问了。

普及科学的饮水知识应是政府之责，应是一种民生大事，也是落实中国水安全的重要举措。

《淮河流域水环境与消化道肿瘤死亡图集》：
研究首次证实癌症高发与水污染直接相关

任俊霖

2013年6月，中国疾控中心专家团队长期研究成果《淮河流域水环境与消化道肿瘤死亡图集》数字版出版，首次证实癌症高发与水污染的直接关系。

该图集由中国协和医科大学基础医学研究院杨功焕教授和中科院资源环境科学数据中心主任庄大方主编，是"十一五"国家科技支撑计划课题"淮河流域水污染与肿瘤的相关性评估研究"成果的一部分。图集利用现有监测数据，通过对数据进行再分析，描述淮河流域过去30年来水环境变化和当地人群死因，尤其是消化道肿瘤死亡水平变化。该图集由淮河流域水污染与肿瘤的相关性评估研究和108幅地图组成，地图部分包括序图、淮河干流水环境变化、支流水环境变化、湖泊水环境变化、水环境污染频度时空变化以及淮河流域人群消化道肿瘤死亡率分布图等。

淮河流域处于黄河流域与长江流域之间，主要流经河南、安徽、江苏、山东四省，全长1,000多公里。改革开放以来，随着城镇化和工业化的发展，流域沿线水体污染相当严重，对工农业生产和居民饮用水造成极大威胁。水污染导致的水安全问题已经刻不容缓，亟需改善。

近年来，很多媒体报道淮河流域内的河南、江苏、安徽等地多发"癌症村"，尤其是水污染导致肿瘤的新闻，引起各界人士的关注，水安全与健康问题也成为社会关注的热点话题。

例如,2013年3月份,《河南商报》曾推出大型新闻专题《癌与河——河南农村治污报告》,试图通过对癌症高发村的样本透析、对污染河流的源头调查、对地方治污的现实追问,呈现河南农村水污染现状;2012年5月,《记者调查》杂志社启动了大型"走进中国癌症村"系列调查采访报道活动。据统计,被媒体曝光的癌症村"已经接近200个",曾引起较大反响和轰动。

恶性肿瘤是严重威胁人类生存与社会发展的重大疾病,也是21世纪中国和世界最严重的公共卫生问题之一,目前,它已经成为人类死亡构成的重要病因。根据WHO的统计,全球癌症死亡率仅次于脑血管疾病,死亡率居第2位。

根据《2012中国肿瘤登记年报》显示,我国近20年来癌症呈现年轻化、发病率和死亡率"三线"走高的趋势,每年新发肿瘤病例约为312万例,全国每分钟有6人被诊断为癌症,并且癌种也呈现地域化特点。

流域水环境污染引发各种疾病的案例非淮河流域独有,近些年,长江流域、西北地区、沿海地区都有类似"癌症村"的报道出现。这说明水污染已经在全国范围内爆发,水污染的严重性可能已经超出我们的想象。

肿瘤潜伏期较长,10年、20年或者更长时间。因此,相对于水污染来讲,具有明显的滞后性。当前的癌症高发是有几十年前的污染结果,长期影响而导致。以此推算,就算今后不再污染水体,并且能够很快恢复环境,癌症的高发期也将会持续10年、20年或者更长时间。由此可见,当初为了经济发展,追求GDP的快速增长忽视了环境保护,如今和今后需要付出多大的代价。

淮河流域20年前工业污染和近10年来的癌症高发,只是一个相对明显的案例,被社会了解、关注和记住;而其他地流域、其他地区的水体污染所导致的疾病也需要及时的关注。中国的经济发展,不能再以民众健康倒置作为代价，况且，公众对环境污染带来的危害，也似乎到了忍耐极限。

但愿，《淮河流域水环境与消化道肿瘤死亡图集》以及类似的研究报告，能给各级政府在经济决策时敲一敲警钟，GDP不是唯一出路，健康才是最重要的。

据悉，全国人大常委会审议的环境保护法修正案草案，已将"保护环境是国家的基本国策"纳入法律框架，"这是第一次在法律中规定环保国策，意义重大，代表了未来文明发展的方向"，说明水安全问题已经得到国家层面注视，加强水安全建设也已经纳入到国家法制建设轨道。

参考文献

[1] 咸晓鹏、计伟、任红艳、郭岩、周脉耕、杨功焕、庄大方：《淮河流域上消化道肿瘤与环境污染的模型分析》，《地球信息科学学报》2012年8月。

[2] http://money.163.com/13/0329/22/8R5TSSQ600252G50.html.

[3] http://www.map1000.com/AboutUs/NoticeDetail.aspx?NewsID=197.

[4] http://health.sina.com.cn/news/2013-02-21/095873272.shtml.

[5] http://news.sohu.com/20130628/n380100943.shtml?adsid=5.

[6] http://info.water.hc360.com/2013/06/281055418198-all.shtml.

作者简介

任俊霖，男，1986年生，武汉大学经济与管理学院管理科学与工程博士研究生。

责任编辑：李春林
装帧设计：周涛勇
责任校对：周　昕

图书在版编目（CIP）数据

中国水安全发展报告.2013／伍新木　主编．–北京：人民出版社，2013.9
ISBN 978–7–01–012387–5

I.①中… II.①伍… III.①水环境–环境管理–安全管理–研究报告–
　中国–2013　IV.① X143

中国版本图书馆 CIP 数据核字（2013）第 177060 号

中国水安全发展报告 2013
ZHONGGUO SHUIANQUAN FAZHAN BAOGAO 2013

伍新木　主编

人民出版社 出版发行
（100706　北京市东城区隆福寺街 99 号）

北京新魏印刷厂印刷　　新华书店经销

2013 年 9 月第 1 版　2013 年 9 月北京第 1 次印刷
开本：710 毫米 ×1000 毫米 1/16　印张：22
字数：295 千字　印数：0,001 – 3,000 册

ISBN 978–7–01–012387–5　定价：50.00 元

邮购地址 100706　北京市东城区隆福寺街 99 号
人民东方图书销售中心　电话（010）65250042　65289539

版权所有·侵权必究
凡购买本社图书，如有印制质量问题，我社负责调换。
服务电话：(010) 65250042